Fournier Flugzeuge

Paul Zöller

Fournier Flugzeuge

Alpavia, Sportavia-Pützer, Avions Fournier, Slingsby, Aeromot

luftfahrtarchive.bplaced.net

Bibliografische Information der Deutschen Nationalbibliothek:

Die Deutsche Nationalbibliothek verzeichnet diese Publikation in der Deutschen Nationalbibliografie; detaillierte bibliografische Daten sind im Internet über http://dnb.dnb.de abrufbar.

Herstellung und Verlag: BoD – Books on Demand, Norderstedt

ISBN: 9783746048642

VORWORT

Die Flugzeugentwürfe von Rene Fournier finden seit mehr als fünfzig Jahren hohe Anerkennung in Sportfliegerkreisen. Der Grund hierfür sind nicht nur die guten fliegerischen Eigenschaften, die Fourniers Flugzeuge auszeichnen, sondern auch die für Sportreiseflugzeuge sonst eher ungewöhnliche Ästhetik seiner Entwürfe. Von Beruf war Rene Fournier Kunstkeramiker. Die Flugzeuge dieses Künstlers mit seiner Leidenschaft für alles Fliegende werden nicht zuletzt deshalb oft als fliegende Kunstwerke bezeichnet.

Die vorliegende Veröffentlichung widmet sich zunächst den Flugzeug-Entwicklungen von Rene Fournier. Eine wichtige Quelle dafür sind die 2002 von Rene Fournier veröffentlichten Memoiren unter dem Titel *„Mon rêve et mes combats"*, die jedem Leser eindringlich als weiterführende Lektüre empfohlen werden. Rene Fournier berichtet darin nicht nur über die technischen Aspekte, sondern auch über seine Erfahrungen mit Behörden, Verwaltungen, Banken und staatlicher Politik, denen Innovation und Eigeninitiative im Leben von Rene Fournier wiederholt zum Opfer gefallen ist.

Im Laufe der Jahre waren zahlreiche Unternehmen am Bau und der Weiterentwicklung von Fournier-Flugzeugen beteiligt. Neben Antoine d'Assche trug Alfons Pützer maßgeblich mit zum Erfolg der Entwicklungen von Rene Fournier bei. Mehr als zehn Jahre arbeiteten Fournier und Pützer zusammen. Die Sportavia-Pützer KG auf der Dahlemer Binz spezialisierte sich auf den exklusiven Bau von Fournier-Flugzeugen. Fast 40% der mehr als 1000 gebauten Fournier-Flugzeuge entstanden bis Mitte der 70er Jahre auf der Dahlemer Binz. Nachdem sich die Wege von Pützer und Fournier Mitte der siebziger Jahre getrennt hatten, setzte Sportavia unabhängig von Rene Fournier die Weiterentwicklung der zuvor gemeinsam entwickelten Flugzeugmuster fort. Zahlreiche Informationen aus dieser Zeit stammen von Manfred Schliewa, der bei Sportavia für die meisten dieser Weiterentwicklungen bis in die achtziger Jahre verantwortlich war. Einen kommerziellen Erfolg bei der Serienfertigung von Fournier-Flugzeugen erzielte neben

Sportavia nur noch die englische Slingsby Aviation und die brasilianische Aeronaves e Motores (Aeromot), die gemeinsam fast 500 Flugzeuge vom Typ Firefly
bzw. Ximango über einen Zeitraum von mehr als 20 Jahren produzierten.

Den Abschluss des Buches bildet eine erstmalige Zusammenstellung der individuellen Informationen über jedes der 1000 gebauten Fournierflugzeuge in Form
einer Produktionsliste. Diese Liste erhebt keinen Anspruch auf Vollständigkeit
und Fehlerfreiheit. Jeder Leser ist herzlich eingeladen, mit seinen Informationen
und Korrekturen diese Liste für künftige Auflagen weiter zu vervollständigen.

Neben den Memoiren von Rene Fournier waren vor allem die Aufzeichnungen
von Klaus Kruber aus seiner Zeit als Werksleiter auf der Dahlemer Binz von un-
schätzbarem Wert bei der Ausarbeitung dieses Buches. Ein besonderer Dank
geht an Manfred Schliewa, der in vielen Gesprächen zahlreiche Details und Hin-
tergründe zur Geschichte der Entwicklungen bei Sportavia beigesteuert hat. Ihm
verdanken wir viele Originalunterlagen und Fotos aus der damaligen Zeit, die
zum Teil in diesem Buch ihre Wiederverwendung gefunden haben. Ein besonderer Dank geht an Ron Smith, der in den 70er Jahren mit seinem Zwillingsbruder
Jim bei Sportavia tätig war und zahlreiches Bildmaterial aus den Erfolgsjahren
von Sportavia aus seinem Fundus für dieses Buch zur Verfügung gestellt hat. Zu
erwähnen sind auch die weltweiten Vereinigungen des Club Fournier International, die zahlreiches Material zum Thema Fournier aus allen Sparten auf ihren
Webseiten für Fournier-Interessierte bereithalten. Viele der dort angebotenen
Informationen fanden auch in diesem Buch ihre Berücksichtigung. Vielen Dank
an alle, die mit ihren Beiträgen und Dokumenten zu dieser umfassenden Betrach-
tung der Geschichte der Fournier-Flugzeuge beigetragen haben!

Dem Leser wünschen wir viel Vergnügen, Erkenntnisse und Nutzen bei der Lektüre. Sie alle sind herzlich eingeladen, uns ihre Beiträge für künftige Neuauflagen
mitzuteilen.

Krefeld im November 2017,

Paul Zöller,
luftfahrtarchive@gmail.com
luftfahrtarchive.bplaced.net

RENE FOURNIER

Rene Fournier ca. 1967 (M. Küppers)

Rene Fournier wurde am 13. April 1921 im französischen Tours geboren. Seit frühester Jugend war Fournier von allem fasziniert, was mit Fliegen zu tun hatte. Kurz vor Ausbruch des zweiten Weltkriegs trat Fournier in die französische Armee ein. Er erhielt eine Ausbildung zum Flugzeugmechaniker an der Luftfahrtschule von Rochefort. Fournier wurde Flugzeugwart für die Bloch 200, die Potez 63 und die LeO 45. Die Niederlage Frankreichs überstand Fournier auf der Luftwaffenbasis El Alouina in Tunesien. Nach dem Krieg fand Fournier eine erste Anstellung bei Etienne Barret de Nazaris, der in Cahors flugtechnische Konstruktionen analysierte. In Cahors absolvierte Fournier seine ersten eigenen Flüge mit Schulgleitern vom Typ Avia XI A. Hier entstanden auch die ersten Überlegungen Fourniers zur Konstruktion eines optimalen Amateurflugzeugs.

Nach dem Tod seines Vaters kehrte Fournier von Cahors nach Tourraine zurück und eröffnete dort eine Kunstkeramik-Werkstatt. Ende der vierziger Jahre war Rene Fournier nicht nur als Künstler, sondern auch als Dichter und Violinenmusiker anerkannt. Als das Reseau du Sport de l'Air (RSA) im August 1951 in Montargis einen Wettbewerb für das beste französische Amateurflugzeug ausschrieb, erhielt Rene Fournier den Auftrag zur Gestaltung des Siegerpokals. Fournier intensivierte ab 1951 seine Arbeit an der Konzeption eines Amateurflugzeugs wieder. Bis Mitte der fünfziger Jahre schuf Fournier in seiner Freizeit den Entwurf eines leichten Sportflugzeugs unter der Bezeichnung „Avion Planeur".

Als Rene Fournier im Herbst 1957 aus gesundheitlichen Gründen an die Cote d'Azur ziehen musste, übergab er die Leitung seiner Keramikwerkstatt in Tours an seine beiden Mitarbeiter. In Cannes wendete sich Rene Fournier nun vollständig dem Bau eines Prototypen seines „Avions Planeur" zu, den er im Frühjahr 1960 fertiggestellt hatte. Fourniers erstes Flugzeug startete in Cannes am 30. Mai 1960 zum Erstflug. Im August 1960 wurde die Maschine als bestes Amateurflugzeug des Jahres 1960 in Frankreich von der RSA ausgezeichnet. Rene Fournier beendete kurze Zeit später seinen Aufenthalt an der Cote d'Azur und kehrte im September 1960 an seinen Heimatort Tours zurück, wo er sich wieder für kurze Zeit um die Belange seiner Keramikwerkstatt kümmerte.

Als die französische Luftfahrtministerium Anfang 1961 bei Rene Fournier die Herstellung eines uneingeschränkt zugelassenen, serientauglichen „Avion Planeur" in Auftrag gab, schloss Rene Fournier seine Keramikwerkstatt in Tours und wendete sich vollständig seiner Aufgabe als Flugzeugkonstrukteur zu. Im Januar 1961 richtete Rene Fournier ein kleines Ingenieurbüro in Paris ein, um dort die zulassungstechnischen Fragestellungen mit der Luftfahrtbehörde zu erörtern. Nach einer kurzen Zusammenarbeit mit Pierre Robin in Dijon zog Rene Fournier Anfang 1962 in den kleinen Alpenort Gap Tallard, wo der Prototyp fertiggestellt wurde und die künftige Serienproduktion des inzwischen als RF-3 bezeichneten Flugzeugs bei der S.A. Alpavia von Antoine d'Assche ab 1963 anlaufen sollte. Begleitet wurde Rene Fournier von seiner Ehefrau Paulette, die er bereits 1957 in Cannes kennengelernt hatte und während eines erneuten Weihnachtsurlaubs in Cannes am 27. Dezember 1961 geheiratet hatte. Drei Jahre später, nachdem die Produktion der RF-3 in Gap Tallard eingestellt und nach Deutschland verlagert worden war, kehrte Rene Fournier und seine Frau Paulette in das heimatliche Tourraine zurück.

Nach dem Tod seiner Mutter und der Schließung seiner Keramikwerkstatt hatte Rene Fournier 1961 alle Brücken zu seiner alten Heimat hinter sich gelassen. Eine neue Unterkunft fanden Rene und Paulette Fournier bei ihrer Rückkehr nach Tours 1966 auf dem Chateau Nitray von Etienne d'Halluin. D'Halluin erwarb kurze Zeit später eine RF-3 und legte zwischen den Weinstöcken des zum Schloss gehörenden Weinguts ein privates Flugfeld in unmittelbarer Nachbarschaft zum

Schloss an. Das Flugzeug wurde in einem angrenzenden Wirtschaftsgebäude des Weinguts untergebracht. Den Rest des Wirtschaftsgebäudes ließ d'Halluin zu einer Werkstatt mit angeschlossenem Büroraum für Rene Fournier umbauen. Hier richtete Rene Fournier 1967 sein Entwicklungsbüro mit angeschlossener Werkstatt für den Prototypenbau ein.

Schloss Nitray mit Fournier-Werkstatt im Vordergrund (Chateau Nitray)

Von Alpavia in Gap Tallard kam Jules-Marie Bernard in die Entwicklungswerkstatt von Nitray. Als Mechaniker war Bernard bereits 1961 beim Bau der RF-02 über Pierre Robin zu Fournier gestoßen. In Gap Tallard hatte Bernard den Aufbau der RF-3 Serienproduktion mitgestaltet und später Fournier bei der Weiterentwicklung und dem Bau von Prototypen unterstützt. Während Rene Fournier sich auf den Entwurf von Flugzeugen konzentrieren wollte, stellte er für Berechnungen und Nachweisführungen den Techniker Claude Fimbel für das Konstruktionsbüro ein. Auch Bernard Chauvreau gehörte zum festen Kreis des Entwicklungsbüros. Chauvreau und Fournier hatten in den 50er Jahren gemeinsam ihre Pilotenausbildung begonnen. Während Rene Fournier seine Ausbildung während seines Aufenthalts in Cannes unterbrach, erwarb Chauvreau seinen Flugschein Ende der 50er Jahre und absolvierte noch eine Ausbildung zum Testpiloten. Rene Fournier erwarb den PPL-Schein erst an seinem 40. Geburtstag im April 1961. Ab der RF-4 wurde jeder Fournier-Prototyp in den nächsten 30 Jahren von Bernard Chauvreau beim Erstflug geflogen. Chauvreau war bereits bei Alpavia als Werkspilot tätig und wechselte nach der Schließung des Standorts in Gap Tallard mit Antoine d'Assche nach Paris, wo er für Alpavia auf dem Flugplatz Guyancourt eine Auslieferungsstation bis in die siebziger Jahre betrieb. Für das Entwicklungsbüro in Nitray wurde Chauvreau zwischendurch als Testpilot auf spezielle Anforderung von Rene Fournier tätig. Dieses vierköpfige Team war in den folgenden zehn Jahren für die Entwicklung sämtlicher Fournier-Flugzeuge von der RF-5 bis einschließlich zur RF-9 in Nitray verantwortlich.

Rene Fournier, Jules-Marie Bernard, Claude Fimbel (Manfred Küppers)

Starken Einfluss auf die Entwicklung nahm in diesen Jahren auch Alfons Pützer, der den nach Deutschland verlagerten Produktionsbetrieb auf der Dahlemer Binz bei Schmidtheim leitete. Auf seine Anforderung hin entwickelte Rene Fournier und sein Team zwischen 1966 und 1970 die kunstflugtaugliche RF-4, die zweisitzige RF-5 und die für den amerikanischen Markt bestimmte RF-7 in Nitray.

Etienne d'Halluin, Rene Fournier, Peter Kumpel, Alfons Pützer in Nabern, 1966

Anfang der siebziger Jahre entwickelte Rene Fournier erstmals Ideen zum Einsatz seiner Flugzeuge als Trainingsmaschinen. In Anbetracht der starken Präsenz amerikanischer Hersteller, insbesondere Cessnas in diesem Segment, war Alfons Pützer an einem Trainingsflugzeug für die Dahlemer Binz nicht interessiert. Zwar entwickelte Fournier für Pützer noch das viersitzige Reiseflugzeug RF-6, die Trainerkonzepte verfolgte Fournier allerdings unabhängig vom Produktionswerk auf der Dahlemer Binz. Ab 1970 entwickelte Fournier mit dem französischen Flugzeugwerk Indraero eine auf der RF-5 basierende, zweisitzige Trainervariante für

7

die französische Luftwaffe. Diese RF-8 war das erste in Ganzmetallbauweise ausgeführte Fournier-Flugzeug. Aus der für Pützer entwickelten 2+2-sitzigen Reiseflugzeugvariante RF-6 leitete Fournier 1973 für den zivilen Trainermarkt eine zweisitzige Variante als RF-6B Club ab. Für die Serienfertigung dieser RF-6B gründete Rene Fournier 1973 in Nitray die S.A. Avions Fournier.

Privat lebten Rene Fournier und seine Frau Paulette seit 1966 in einem Seitenflügel des Schlosses. Ihr gemeinsamer Sohn Frederic wurde 1968 auf Schloss Nitray geboren. Erst 1973 erwarb Rene Fournier ein altes Landhaus in der Nähe von Schloss Nitray, das die Familie nach einigen Umbauten 1974 bezog. Trotz zahlreicher wirtschaftlicher Probleme gelang es Rene Fournier dieses Landhaus bis zum heutigen Tag als Familiensitz zu erhalten.

Nebenbei unterstützte Rene Fournier 1973 seinen Freund Robert Noirclerc bei dessen Idee zum Aufbau eines Herstellungsbetriebs für Heißluftballons in Frankreich. Noirclerc hatte im Februar 1973 an der ersten Heißballon-Weltmeisterschaft in Albuquerque teilgenommen und brachte einen der ersten Heißluftballons aus den USA nach Frankreich. Noirclerc wollte diesen Heißballon nun in Frankreich herstellen und vermarkten. Rene Fournier unterstützte Noirclerc beim luftrechtlichen Zulassungsprozess und führte die notwendigen Nachweisrechnungen für Noirclerc durch. Im Gegenzug wurde Fournier an Noirclercs Herstellbetrieb „La Montgolfiere Moderne" beteiligt, auf dessen weitere technische Entwicklung Rene Fournier jedoch keinen Einfluss mehr nahm.

Den Aufbau seines Flugzeugwerks in Nitray finanzierte Rene Fournier über verschiedene, teilweise auch private Kredite und Beleihungen seines neuen Anwesens. Mit Unterstützung von Jules-Marie Bernard konnte die RF-6B Produktion in Nitray 1976 aufgenommen werden. Allerdings verweigerten Fourniers Kreditgeber 1977 einen Umschuldungsplan, was schließlich am 30. Mai 1977 zur Insolvenz und nachfolgenden Auflösung der Avions Fournier führte. Rene Fournier blieb mit den aufgenommenen Krediten hochverschuldet zurück. Zwar war sein Entwicklungsbüro nicht von der Insolvenz der Avions Fournier betroffen, jedoch konnte Fournier seine langjährigen Mitarbeiter Bernard und Fimbel nicht weiter beschäftigten. Beide verließen Nitray Ende 1977 und wechselten zur Societe

Microturbo, wo Fimbel eine Studie zur Entwicklung des Microjet 200 anfertigte, während Bernard den Bau eines Prototyps vorbereitete.

Die Konkursmasse der Avions Fournier erwarb 1978 Robert Caillet mit der dazu gegründeten S.A. Fournier Aviation. Rene Fournier erhielt bei Fournier Aviation einen Vertrag als technischer Berater und stellte für Caillet die bereits bei Avions Fournier begonnene Entwicklung der RF-9 fertig und übertrug diese später als RF-10 in eine Verbundwerkstoffkonstruktion. Rene Caillet veräußerte 1980 die Rechte an der RF-6B an den englischen Flugzeughersteller Slingsby Aviation und 1982 die Rechte an Fourniers erster Verbundwerkstoffkonstruktion RF-10 an die brasilianische Aeromot. Die 1978 aufgenommene Serienproduktion bei Fournier Aviation wurde 1982 nach weniger als 30 gebauten Flugzeugen eingestellt.

Rene Fournier betrieb noch einige Jahre sein Ingenieurbüro in Nitray und betreute als Halter der Musterzulassungen für Fournier-Flugzeuge die Betreiber seiner Flugzeuge. In Spanien wurde Rene Fournier ab 1985 als Berater für Jose Bautista de la Torre tätig, der im andalusischen Beas de Segura bei Aeronautica de Jaen S.A. in den 90er Jahren eine RF-5 Fertigung aufnehmen wollte. Seine vorerst letzte Flugzeugentwicklung begann Rene Fournier 1991 als technischer Berater für Andre Daout, die Ende der 90er Jahre bei Euravial als RF-47 in Serie ging.

Nach Abschluss der RF47-Entwicklung Mitte der 90er Jahre beendete Rene Fournier im Alter von 75 Jahren seine aktive Zeit als Flugzeugkonstrukteur. In fast vierzig Jahren hatte Rene Fournier insgesamt 11 Flugzeugmuster entwickelt, von denen mehr als 1000 Flugzeuge gebaut wurden. Mit mehr als einem Drittel der gebauten Flugzeuge wurde die von ihm favorisierte, zweisitzige Trainervariante RF-6B zum erfolgreichsten Fournier-Flugzeugmuster, gefolgt von seinem ursprünglichen Entwurf des einsitzigen „Avions Planeur", das als RF-01, RF-02, RF-3, RF-4D und RF-7 insgesamt 265 mal bis 1970 gebaut wurde.

Seither widmete sich Rene Fournier den musischen Künsten. Im Alter von 80 Jahren verfasste er seine Memoiren unter dem Titel „Mon reve et mes combats". Lange Zeit blieb Rene Fournier regelmäßiger Gast bei Flugveranstaltungen der Fournier-Gemeinde. Im Alter von 96 Jahren lebt Rene Fournier in seinem Landhaus bei Nitray in Frankreich.

FOURNIER FLUGZEUGE

Die ersten Skizzen seines „Avion Planeur" fertigte Rene Fournier am 26. Mai 1947 in Cahors an. Obwohl der Entwurf deutlich den Charakter eines motorisierten Segelflugzeugs trug, stand bei Fournier weniger der Entwurf des Segelflugzeugs im Vordergrund. Fournier wollte mit seinem Entwurf ein Flugzeug mit maximaler Effizienz gestalten, die aerodynamisch zunächst einmal in einem antriebslosen Segelflugzeug gegeben war. Im Vordergrund stand für Fournier aber der Reiseflug, der mit minimalen Anforderungen an einen Motor realisiert werden sollte. Hierin unterschied sich der Entwurf von den bereits in den 30er Jahren bekannt gewordenen Motorseglern, die ihren Motor nur zu Start und Landung oder allenfalls zur Überbrückung kurzer thermischer Lücken verwendeten. Fourniers Flugzeuge sollten Reise- und keine Segelflugzeuge sein. Diese frühe Grundidee sollte für alle Flugzeugentwürfe bestimmend bleiben, die Rene Fournier in den kommenden 50 Jahren schuf.

Bis Mitte der fünfziger Jahre schuf Rene Fournier unter der Bezeichnung „Avion Planeur" den Entwurf eines leichten Sportflugzeugs. Da Rene Fournier über keine Metallwerkstatt verfügte, entschied er sich in dieser frühen Phase bereits für eine Ausführung in Holzbauweise, die weniger Anforderungen an die Werkstatt stellte und als preisgünstiger Werkstoff seiner Idee einer optimalen, aber günstigen Flugzeugkonstruktion am nächsten kam. Als Autodidakt verfügte Fournier über kein Konstrukteurswissen und musste sich dies während der Entwurfsarbeiten zum „Avion Planeur" aus der Literatur aneignen. Fournier beschränkte sich dabei auf Fragen der Integrität der Konstruktion und auf die konstruktive Gestaltung flugmechanischer Eigenschaften. Bei der Auslegung des Flügels entschied sich Fournier aus Gründen der strukturellen Integrität für einen durchgängigen, einteiligen Flügel mit hoher Streckung, der optimale Segelflugeigenschaften versprach. Obwohl zu dieser Zeit bereits Laminarprofile verfügbar waren, entschied sich Fournier für ein konventionelles NACA-Profil. Dies bedingte eine notwendige weitergehende Streckung des Flügels verbunden mit einer Gewichtserhöhung des Flugzeugs. Fournier sah schließlich einen sinnvollen Kompromiss aus einer praktikablen Spannweite und optimalem Flugverhalten vor.

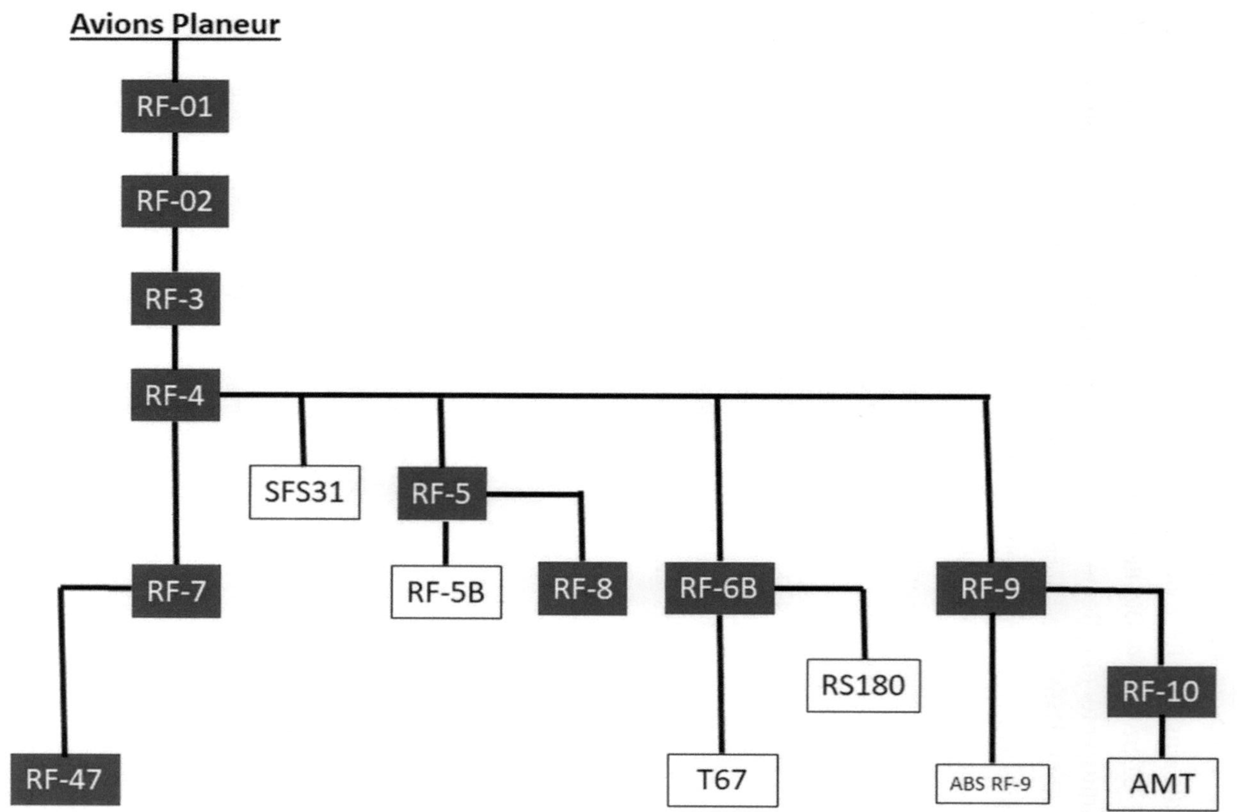

Avions Planeur
RF-01
RF-02
RF-3
RF-4
SFS31
RF-5
RF-5B
RF-8
RF-6B
RS180
T67
RF-9
ABS RF-9
RF-10
AMT
RF-7
RF-47
Fournier Flugzeug-Entwicklungen

Mit der RF-01 entstand bis 1960 der Prototyp des „Avion Planeur". Die nachfolgenden RF-02, RF-3 und RF-4 waren bis 1966 direkte Ableitungen aus der RF-01. Auch die einsitzige RF-7 war Ende der 60er Jahre noch eine direkte Ableitung aus der RF-01 bzw. RF-4. Die RF-4 diente Fournier in den 70er Jahren dann als Ausgangsmuster für eine Reihe zweisitziger Flugzeugentwürfe. Der Tandemsitzer RF-5 und der in Ganzmetall ausgeführte Trainer RF-8 stellen vom Grundentwurf her prinzipiell nur eine um einen zusätzlichen Sitz verlängerte RF-4 dar und folgen damit noch den Auslegungskriterien des „Avion Planeur" aus den 50er Jahren.

Obwohl auch die RF-6 laut Rene Fournier durch eine Rumpfverbreiterung aus der RF-4 abgeleitet wurde, entstand Anfang der 70er Jahre erstmals ein Fournier-Flugzeug, das mit seinem schweren Lycoming-Motor, Bugfahrwerk und den beiden nebeneinander angeordneten Sitzen nicht mehr wirklich den Grundzügen des Avion Planeur entsprach. Mit der RF-9 kehrte Fournier noch einmal zur Idee des Avions Planeur zurück und gab der klassischen RF-4 Holzkonstruktion ein modernes Gesicht der 80er Jahre, das mit der RF-10 schließlich in eine moderne Verbundkonstruktion überführt wurde. Das vorerst letzte Flugzeug von Rene Fournier griff die RF-4 und RF-7 Konstruktion des Avion Fournier nochmals auf und erhielt einen verbreiterten Rumpf für zwei Personen.

Weiterentwicklungen des „Avion Planeur" gab es nicht nur durch Fournier sondern auch durch seine Lizenznehmer. Diese wichen meistens aber bereits in ihrer grundsätzlichen Zielgruppenorientierung von der Idee des „Avion Planeur" als kostengünstiges, effizientes Reiseflugzeug ab. Die bei Sportavia entwickelten SFS31 und RF-5B waren von vorneherein als Motorsegler mit verbesserten Segelflugeigenschaften konzipiert. Bei ihnen stand der Reiseflug nicht im Vordergrund. Die Sportavia RS180 war ein viersitziges Motorreiseflugzeug in direkter Konkurrenz zu den marktüblichen Motorreiseflugzeugen. Die Slingsby T67 war ein leistungsstarkes Trainerflugzeug. Lediglich die Aeromot AMT „Ximango" entsprach in ihrer Auslegung zunächst noch annähernd der Fournier-Auslegung, wobei bereits die von Fournier ausgelegte RF-10 weit von dem ursprünglichen Prinzip des „Avion Planeur" entfernt war.

Der Grundgedanke des „Avion Planeur" fand damit Anfang der 70er Jahre mit den Entwicklungen der RF-5 und RF-7 seinen Abschluss. Alle späteren Entwicklungen setzten zwar auf der Konstruktion des „Avion Planeur" auf, hatten aber eine andere Zielgruppenorientierung, wie die RF-6B als Trainer oder bewegten sich aus ihrer Nischenstellung in das direkte Konkurrenzumfeld wie die Sportavia RS180 oder die RF-9. An die Erfolge des „Avion Planeur" in Form der RF-3 und RF-4 konnten diese Entwicklungen nicht mehr anknüpfen. Lediglich die beiden in Verbundbauweise überführten Entwicklungen der Slingsby T67 für den militärischen Trainermarkt und die für den brasilianischen Luftsportmarkt optimierte Aeromot AMT „Ximango" konnten über viele Jahre mit einer geringen Produktionsrate noch in einer größeren Stückzahl verkauft werden.

In den letzten Jahren gab es darüber hinaus einige Versuche, an die Erfolge des „Avion Planeur" durch Ultralight-Nachbauten der RF-3 und RF-4 anzuknüpfen. Der französisch-tschechische RF-3 Nachbau Friendship FS3 ist ein solches Beispiel, das an den hohen Kosten zur Serienüberführung letztlich gescheitert ist. Keines dieser UL-Vorhaben hat bislang erfolgreich die Serienreife erreicht.

Abschließend noch der Hinweis auf den gelegentlich zu findenden Fournier Ultralight Hubschrauber, der sich heute in einem Luftfahrtmuseum in Toulouse befindet. Hierbei handelt es sich nicht um eine Entwicklung von Rene Fournier, sondern von Lucien Fournier, der bei Aerospatiale in der Helicopter Division in den 70er Jahren tätig war. Er wird im Rahmen dieses Buches nicht weiter verfolgt.

Nach fast zehnjähriger Entwurfsarbeit, die Rene Fournier neben seiner hauptberuflichen Tätigkeit als Keramikkünstler seit seinem Aufenthalt bei Etienne Barret de Nazaris in Cahors zur Entwicklung des „Avion Planeur" geleistet hatte, begann der Bau eines Prototypen im Mai 1957. Da die Keramikwerkstatt von Rene Fournier für den Bau eines Flugzeugs zu klein war, stellte ihm Alfred Guillement einen Platz in dessen Schmiedewerkstatt zur Verfügung. Hier entstanden 1957 die ersten kleineren Baugruppen und das Leitwerk des „Avion Planeur".

Als Rene Fournier aus gesundheitlichen Gründen seinen Wohnsitz im Oktober 1957 von Tours nach Cannes an der Cote d'Azur verlegen musste, richtete er in der stillgelegten Wäscherei des Waldorf Hotels in Cannes seine neue Werkstatt ein. Zahlreiche Teile ließ Fournier von Schreinerbetrieben in Cannes und Umgebung herstellen und montierte diese in seiner Werkstatt zu Baugruppen. In zweieinhalbjähriger Bauzeit entstanden in Cannes der einteilige Flügel und der Rumpf des „Avion Planeur". Als Fahrwerk sah Fournier ein zentrales, einziehbares Rad unter dem Cockpit, sowie ein Spornrad vor. Auf jeder Flügelseite befand sich außerdem ein Drahtbügel mit dem Flugzeug am Boden seitenstabilisiert wurde.

Schwierig war die Auswahl eines geeigneten Motors. Der gesamte Entwurf war auf die Verwendung eines kleinen, preisgünstigen Motors ausgelegt. Solche Flugzeugmotore standen Mitte der 50er Jahre aber nicht zur Verfügung oder erwiesen sich als sehr störanfällig. Wie viele Amateurkonstrukteure entschied sich Rene Fournier daher für die Verwendung eines umgebauten KFZ-Motors. In Lyons hatte Lucien Miettaux einen 1131 ccm Volkswagen-Käfer-Motor für die Verwendung als Flugmotor umgebaut. Mit seinen 27 PS war dieser Motor für den einsitzigen „Avion Planeur" ausreichend.

Anfang März 1960 transportierte Fournier die einzelnen Baugruppen per LKW zum Flugplatz in Cannes-Mandelieu. Die Endmontage des inzwischen als RF-01 bezeichneten Prototypen in Mandelieu erforderte weitere zwei Monate. Mitte Mai 1960 nahm ein Prüfer des Bureau Veritas die als Amateurflugzeug eingestufte Maschine ab und erteilte die Genehmigung zu einem ersten Testflug. Da

Rene Fournier selbst über wenig Flugerfahrung verfügte und noch keinen Pilotenschein besaß, führte Charles Fauvel den Erstflug in Mandelieu durch. Fauvel unterhielt ein eigenes kleines Segelflugzeugwerk in Cannes und war ein erfahrener Einflieger. Am Abend des 30. Mai 1960 startete Fauvel zu einem ersten zwanzigminütigen Erstflug mit der RF-01.

Fournier RF-1 Erstflug im Mai 1960
(La Revue du Pilote Aviasport, Nov. 1960)

Da Rene Fournier bislang nur an eine Eigennutzung seines Flugzeugs dachte und die RF-01 ein Einzelstück bleiben sollte, war für seine Zulassung nur eine vereinfachte Nachweisführung erforderlich. Für die Zulassung musste Fournier lediglich eine Einsatzdauer von 15 Flugstunden und mindestens 50 Landungen nachweisen. Ferner musste nachgewiesen werden, dass das Flugzeug nach einer Startstrecke von 600 Metern Hindernisse von 15 Metern Höhe überfliegen konnte. Außerdem musste die mögliche Reichweite für das Flugzeug experimental für die Zulassung nachgewiesen werden. Rechnerische Nachweisführungen zur Konstruktion waren für die Zulassung von Amateurflugzeugen nicht erforderlich.

Die Flugerprobung führte Fourniers Fluglehrer Michel Ciret in Cannes durch. Als Maximalgeschwindigkeit wurden 150 km/h bei einem Verbrauch von 8,5 Litern pro Stunde ermittelt. Mit reduzierter Leistung konnte der Verbrauch auf 3,5 Liter pro Stunde minimiert werden. Bei abgeschaltetem Motor konnte das Flugzeug bei einer Streckung von 11 eine Gleitrate von 1:20 erreichen und übertraf damit viele einfache Segelflugzeuge dieser Zeit.

Mehrfach musste das Testprogramm auf Grund von Zwischenfällen unterbrochen werden. Während der Flugerprobung landete Michel Ciret mit eingezogenem Fahrwerk. Das Flugzeug blieb dabei unbeschädigt, allerdings brach der Propeller bei der Bodenberührung. Als das Flugzeug zwei Wochen später das Flugprogramm wieder aufnahm, verlor die Maschine glücklicherweise über dem Meer die Fahrwerksklappe. Fournier benötigte mehrere Wochen, um eine Ersatzklappe herzustellen. Nach zweieinhalb Monaten konnte das Testprogramm der RF-01 erfolgreich abgeschlossen werden. Am 12. August 1960 erteilte die französische Luftfahrtbehörde DGAC für die RF-01 die Zulassung in der Kategorie Amateurflugzeuge. Am 16. August 1960 wurde die Maschine mit dem Kennzeichen F-PJBX für Rene Fournier im französischen Luftfahrtregister eingetragen.

Bereits einen Tag nach der Zulassung überführte Michel Ciret das Flugzeug von Cannes nach Nogaro, wo zwischen dem 13. und 15. August 1960 das alljährliche RSA-Treffen der französischen Amateurflieger stattfand. Ciret präsentierte auf dem Treffen mehrmals die RF-01 im Flug. Aber auch am Boden fand die RF-01 allseitige Beachtung. Von der Jury wurde die RF-01 am Ende des Treffens mit dem ersten Preis des französischen Luftfahrtministeriums ausgezeichnet und zählte damit zu den besten Amateurflugzeugen in Frankreich im Jahr 1960.

Die weitere Erprobung der RF-01 fand im Oktober 1960 auf dem Flugplatz von Amboise statt, nachdem Rene Fournier aus Cannes ins heimatliche Tours zurückgekehrt war. Fourniers jugendlicher Fliegerfreund Chauvreau setzte in Amboise die Flugerprobung der RF-01 fort und führte vor allem die Erprobung der Segel- und der Kunstflugtauglichkeit durch.

Als bestes französisches Amateurflugzeug des Jahres 1960 schlug Paul Bourlanges, der Präsident des Bureau Veritas, die RF-01 zur Aufnahme in die Liste von zu fördernden Amateurflugzeugkonstruktionen in Frankreich vor. Flugzeuge auf dieser Liste wurden von der französischen Luftfahrtbehörde hinsichtlich ihrer

Möglichkeiten für eine reguläre Verkehrszulassung in Frankreich bewertet. Waren die notwendigen Voraussetzungen seitens der Amateurkonstruktion gegeben, unterstützte die französische Regierung finanziell die weitere Zulassung des Flugzeugs als reguläres Sportflugzeug. Der französische Staat wollte damit den Aufbau einer eigenen Sportflugzeugproduktion ankurbeln, um devisenintensive Flugzeugkäufe im Ausland zu vermeiden.

Am 13. Dezember 1960 präsentierten Fournier und Chauvreau die RF-01 bei der französischen DGAC in Chavenay. Im Anschluss daran übernahm die Service Technique Aéronautique (STA) das Flugzeug für eine intensive Flugerprobung. Bis zum 21. Dezember 1960 wurde ein 10-stündiges Erprobungsprogramm von insgesamt 12 STA-Testpiloten geflogen. Die STA empfahl eine Aufnahme in die Liste zu fördernder Flugzeugkonstruktionen. Anders als im Fall eines Amateurflugzeugs musste die RF-01 für die reguläre Zulassung als Sportflugzeug den geltenden Bauvorschriften der französischen Luftfahrtbehörde (DGAC) entsprechen. Rene Fournier hatte hierzu die erforderlichen Nachweise zu erbringen. Noch im Dezember 1960 richtete Rene Fournier ein kleines Büro in Paris ein, um die geltenden Vorschriften und notwendigen Nachweise mit der französischen DGAC abzustimmen. Auf Grund der speziellen Bauform stufte die DGAC das Flugzeug als Segelflugzeug ein. Da Rene Fournier aber eine Verwendung als Reiseflugzeug anstrebte, mussten sowohl die Bauvorschriften für Motor- als auch Segelflugzeuge von der RF-01 erfüllt werden. Die französischen Bauvorschriften für Segelflugzeuge erforderten eine umfangreiche Verstärkung der Struktur der RF-01. Außerdem musste das Flugzeug für den Segelflug mit Luftbremsen ausgestattet werden. Die Bauvorschriften für Motorflugzeuge erforderten wiederum die Verwendung eines in Frankreich zugelassenen Flugmotors. Der von Lucien Miettaux umgebaute Volkswagen-Motor war allerdings nur für die Verwendung in Amateurflugzeugen vorgesehen und war offiziell nicht als Flugmotor zugelassen. Miettaux war an einer Nachweisführung für die Zulassung seines Motors als Flugmotor nicht interessiert. Fournier benötigte daher für die Zulassung der RF-01 einen neuen Motor. Um die Zulassungsvoraussetzungen für die RF-01 zu erbringen, war somit eine Überarbeitung des gesamten Entwurfs erforderlich, den Rene Fournier in Paris unter der Bezeichnung RF-02 Anfang 1961 begann.

Die RF-01 diente Fournier und Chauvreau noch zur Flugerprobung und zur Präsentation auf französischen Flugtagen. Bei einem dieser Flugtage ging die RF-01 am 16. Juni 1961 durch Absturz verloren. Bernhard Chauvreau verlor bei einer Kunstflugvorführung über dem Flugplatz von Val Suzon bei Dijon die Kontrolle über das Flugzeug und konnte es nur noch mit einer Bruchlandung zu Boden bringen. Chauvreau blieb weitgehend unverletzt. Eine Instandsetzung des Flugzeugs unterblieb aber, da der RF-02 Prototyp bereits im Bau war. Am 8. November 1966 wurde die Zulassung F-PJGX für die RF-1 endgültig aus dem französischen Register gestrichen.

Der Entwurf der Fournier RF-02 entstand auf Basis ihres Vorgängers RF-01 Anfang 1961 in Paris. Rene Fournier verstärkte vor allen Dingen die Flügelstruktur, um die geforderten Belastungen der Bauvorschriften für Segelflugzeuge zu erfüllen. Hierfür erhielt der Flügel auch die geforderten Bremsklappen. Der Rumpf wurde weitgehend beibehalten, allerdings erhielt das Leitwerk eine stärkere Pfeilung nach hinten. Auch die Kabinenhaube wurde gegenüber der RF-01 etwas abgeflacht. Im Rumpf brachte Fournier zwei Kraftstofftanks mit jeweils 30 Litern Volumen unter. Das große Zentralrad der RF-01 wurde gegen ein kleines Zentralrad getauscht.

Rectimo 4AR1200 Motor (Alpavia S.A.)

Da der VW-Motor von Lucien Miettaux keine luftrechtliche Zulassung hatte, nahm Fournier Gespräche mit Andre Rosselot von Rectimo in Chambery auf, die bereits Erfahrungen in der Instandhaltung von Lycoming und Continental Flugmotoren hatten. Statt einer Zulassung des 1131 ccm großen Mittaux VW-Motors aus der RF-01 schlug Rectimo die Verwendung des etwas größeren 1192 ccm VW-Motors mit 31 PS vor, der allerdings 10 kg schwerer war als der Miettaux-Motor. Zur Einsparung von Gewicht und um den Motor einfach zu halten, verzichtete Fournier auf die Doppelzündung, den zweiten Magneto und den elektrischen Starter. Während der weiteren Entwicklung wurde die RF-02 dann mit einer hydraulischen Anlassvorrichtung ausgerüstet.

Für den Bau des Prototypen hatte Rene Fournier bereits im Dezember 1960 eine Vereinbarung mit Pierre Robin getroffen, der das Flugzeug in seinem Werk Centre Est Aeronautique (CEA) in Dijon bauen sollte. Im März 1961 stellte Rene Fournier den RF-02 Entwurf der DGAC in Paris vor. Das Luftfahrtministerium erteilte daraufhin im April 1961 den offiziellen Auftrag zur Entwicklung und zum Bau eines RF-02 Prototypen beim Centre Est Aeronautique an Rene Fournier. Außerdem wurde eine Testzelle für statische Tests während der Nachweisführung in Auftrag gegeben. Rectimo erhielt vom Ministerium den Auftrag zum Bau eines Testmotors mit dem die luftrechtliche Nachweisführung zur Zulassung als Flugmotor betrieben werden konnte. Rectimo verpflichtete sich im Gegenzug zum Aufbau einer Serienproduktion für den neuen Rectimo-Motor. Der Erstflug der RF-02 sollte spätestens bis Mitte 1962 erfolgen. Die Nachweisführung zur Erfüllung der Zulassungsbedingungen sollte bis Ende 1962 abgeschlossen werden. Die Serienproduktion sollte nach Zulassung spätestens 1963 stattfinden.

Nach der Auftragserteilung durch das Ministerium verlagerte Rene Fournier sein Entwicklungsbüro im April 1961 von Paris zum Centre Est Aeronautique CEA in Dijon, wo Pierre Robin den Bau des RF-02 Prototypen und der Testzelle übernehmen sollte. Robin war bei CEA im Frühjahr 1961 selbst mit der Einführung der Serienproduktion für die dreisitzige Jodel Ambassadeur beschäftigt. Der Baubeginn der ersten Strukturbauteile für die RF-02 verzögerte sich daher bis zum August 1961 und verlief auch danach nur schleppend. Da die Beauftragung durch das Ministerium eine Konventionalstrafe für den Fall einer verspäteten Fertigstellung des Flugzeugs vorsah und die kapazitive Auslastung bei Robin mittelfristig keine Besserung versprach, begann Rene Fournier Anfang 1962 mit der Suche nach einem alternativen Partner. Im Februar 1962 traf Rene Fournier eine Vereinbarung mit dem belgischen Comte Antoine d'Assche, der in dem Alpenort Gap Tallard ein kleines Flugzeugbauunternehmen mit dem Namen Alpavia betrieb und selbst auf der Suche nach einem Nachfolgemuster für die bisher bei Alpavia produzierte Jodel D.117A war. D'Assche sagte die sofortige Übernahme und Fertigstellung des RF-02 Prototypen und der Testzelle zu und war auch bereit die spätere Serienfertigung in Gap Tallard für die RF-02 aufzubauen. Nachdem sowohl Robin als auch die französischen Behörden dem Produktionsübergang zu Alpavia zugestimmt hatten, wurden die bei CEA bereits fertiggestellten Baugruppen am 20. März 1962 von Dijon nach Gap Tallard transportiert. Gleichzeitig verlagerte auch Rene Fournier sein Büro von Dijon in die Alpen.

Fournie RF-2 Vorserienflugzeug

Nur zwei Monate nach der Ankunft in Gap Tallard stand die RF-02 mit dem aus Chambery gelieferten Rectimo-Motor im Mai 1962 zum Erstflug bereit. Vor dem Erstflug erfolgte eine zweitägige technische Abnahme des Flugzeugs durch eine DGAC-Kommission. Den Erstflug absolvierte wenige Tage später Gerard Tahon von der Zulassungsbehörde STA in Gap Tallard. Tahon hatte bereits die RF-01 während der Bewertung ihrer Serientauglichkeit durch die STA im Dezember 1960 geflogen. Tahon musste den RF-02 Erstflug unmittelbar nach dem Start abbrechen, da die neuen Luftbremsen unkontrolliert ausfuhren. Bei der anschließenden Notlandung versagte das neue Fahrwerk und die RF-02 rutschte einige Meter auf dem Rumpf, wobei der Propeller brach.

Das Problem der Locks der Luftbremsen konnte in wenigen Stunden gelöst werden. Das weiche Fahrwerk erforderte allerdings eine komplette Neukonstruktion, die erst im Juli 1962 abgeschlossen wurde. Wenige Tage später startete Tahon in Gap Tallard zum zweiten Flug mit der RF-02, der unspektakulär verlief. Allerdings blieb die Handhabung der Luftbremsen kritisch. Da das Flugzeug ansonsten die Bestimmungen der Behörden erfüllte, erteilte die STA für die RF-02 eine eingeschränkte Betriebserlaubnis. Rene Fournier hatte damit die vertraglichen Auflagen seines Vertrags mit dem Ministerium erfüllt. Allerdings war die RF-02 nicht für den Serienbau durch die STA freigegeben. Fournier und d'Assche beschlossen daraufhin die Testzelle als flugfähigen zweiten Prototypen fertigzustellen und mit diesem überarbeiteten Prototypen die uneingeschränkte Verkehrszulassung zu erwirken. Der Prototyp 01 wurde im Juni 1962 auf der Cannes Air Show präsentiert. Alpavia erhielt dort 14 Bestellungen für die RF-02. Claude Visse führte am 14. Oktober 1962 mit der 01 einen Erprobungsflug zur Wirtschaftlichkeit durch. Mit 30 Litern Kraftstoff blieb Visse bei einer Durchschnittsgeschwindigkeit von 90 km/h sechs Stunden 42 Minuten in der Luft. Der Verbrauch lag bei 4,2 Litern pro Stunde. Nach dieser wirtschaftlichen Demonstration der RF-02 erteilte die DGAC eine Bestellung für sechs weitere RF-02 Serienflugzeuge. Rene Fournier überarbeitete den Mechanismus der Luftbremsen der RF-02 und bemühte sich, das durch Motor und verstärkte Holme um 20 kg erhöhte Gewicht der RF-02 bei der Überarbeitung des Entwurfs einzusparen. Der neue Entwurf für die Serienproduktion erhielt die Bezeichnung Fournier RF-3.

Der aus der RF-02 abgeleitete Entwurf der Fournier RF-3 lag im Herbst 1962 vor. Inzwischen war es Rene Fournier gelungen, die französische Zulassungsbehörde davon zu überzeugen, dass man die RF-3 als Reise- und Kunstflug-Flugzeug ohne Segelflugeigenschaften zulassen konnte. Dadurch konnte Rene Fournier auf den verstärkten Flügelholm der RF-02 wieder verzichten, was zu einer deutlichen Gewichtseinsparung bei der RF-3 führte. Außerdem erhielt die RF-3 einen vollständig neuen Luftbremsen-Mechanismus.

In Gap Tallard begann man Ende 1962 fast gleichzeitig mit dem Bau des RF-3 Prototypen, sowie mit dem Aufbau der Produktionseinrichtungen und dem Teilebau für die ersten zehn Serienmaschinen, um keine weitere Zeit bis zum Beginn der ersten Auslieferungen zu verlieren. Der RF-3 Prototyp stand Ende Februar zum Erstflug bereit. Gerard Tahon von der STA führte den Erstflug in Gap Tallard am 6. März 1963 durch. Danach wurde der Prototyp an das STA Flugerprobungszentrum in Bretigny übergeben, wo die Flugerprobung für die Zulassung zwischen dem 17. April und 15. Mai 1963 bei der CEV erfolgreich stattfand. Die statischen und dynamischen Tests der Zelle fanden auf den Sopeama Testständen in Issy-le-Moulineaux südlich von Paris statt. Hier wurde der Prototyp zwei Monate lang Vibrationstests unterzogen. Für die Belastungstests stellte Alpavia eine eigene Bruchzelle aus der laufenden Produktion zur Verfügung. Diese Bruchzelle wurde in Issy-le-Moulineaux bis zum Eintritt der Bruchlast belastet und dabei zerstört. Sämtliche Tests konnten mit der RF-3 erfolgreich absolviert werden. Am 3. Juni 1963 erteilte die DGAC daraufhin die Typenzertifizierung CDN 28 für die Fournier RF-3. Damit war der Zulassungsprozess der RF-02 / RF-3 endgültig abgeschlossen und die Serienfertigung durfte aufgenommen werden.

Eine Woche später wurde der RF-3 Prototyp auf dem Pariser Aero Salon 1963 der Öffentlichkeit vorgestellt und fand vor allen Dingen bei den französischen Sportfliegern viel Beachtung. Nach dem Aerosalon lagen d'Assche und Fournier genügend Aufträge französischer Luftsportvereine vor, mit denen die Auslastung des Betriebs in Gap Tallard bis Mitte 1964 gesichert war. Ein Grund für die guten Verkaufszahlen in Frankreich war die finanzielle Unterstützung, die die Luftsportvereine von staatlicher Seite Anfang der sechziger Jahre für den Erwerb von Flugzeugen erhielten. Je nach Flugzeugtyp erhielten die Vereine bis zu 40% der Aufwendungen für die Flugzeugbeschaffung erstattet. Auf internationaler Ebene hatten d'Assche und Fournier 1964 eine erste Vertriebsvereinbarung mit Alfons Pützer getroffen, der die Vermarktung der RF-3 in Deutschland und Österreich ab 1964 übernehmen sollte. Monatlich planten d'Assche und Fournier mit einem Ausstoß von 4-5 Flugzeugen in Gap Tallard. Tatsächlich erreichte Alpavia später in Spitzenzeiten bis zu drei Flugzeuge pro Monat.

RF3 Prototyp auf dem Aero Salon im Juni 1963 in Le Bourget

Die ersten Kundenmaschinen wurden im November 1963 ausgeliefert. Neben dem Prototypen wurden bis Ende Dezember sechs Kunden mit RF-3 beliefert. Bis zum Beginn der Sommerferien im Juli 1964 folgten weitere 20 Maschinen, zu denen auch die beiden von der DGAC bestellten Serienflugzeuge gehörten. Weitere 18 Flugzeuge wurden im zweiten Halbjahr ausgeliefert.

Im Mai 1964 konnte Bernard Chauvreau bei einem Auslieferungsflug in den Tschad die Leistungsfähigkeit der RF-3 demonstrieren, mit der er in einem zweiwöchigen Flug eine Distanz von 9300 km zurückgelegt hat, davon mehr als 1000 km über der Sahara. Beachtenswert war auch ein inoffizieller Höhenrekord von Gerard Pic am 15. April 1965 mit 11.200 Metern über den Pyrenäen erzielte.

24

Die erste ins Ausland gelieferte RF-3 war die WNr. 38. Sie war für die Pützer Flugzeugwerke in Bonn als Muster- und Vorführflugzeug in Westdeutschland bestimmt und wurde am 7. August 1964 von Klaus Kruber von Gap Tallard nach Bonn überführt. In Deutschland wurde das Flugzeug als D-KIKI zugelassen. Drei weitere RF-3 folgten bis Ende 1964.

Alfons Pützer vor der RF-3 Musterzulassungsmaschine D-KIKI, WNr. 38 (Manfred Küppers)

Zwei der Maschinen, darunter die D-KIKI verwendete Pützer 1965 für die Musterzulassung der RF-3 in Deutschland. Bei der Prüfstelle für Luftfahrzeuge PFL war Manfred Küppers für die Musterprüfung verantwortlich. Während die RF-3 in Frankreich nur als Motor- oder nur als Segelflugzeug zugelassen werden konnte, bestand in Deutschland die Zulassungsmöglichkeit als Motorsegler. Obwohl die 1964 gültigen deutschen Bauvorschriften BVS vom August 1939 und die Prüfordnungen für Luftfahrtgerät vom 21. August 1936 noch aus der Vorkriegszeit stammten, stimmten diese mit den französischen Bauvorschriften AIR 2052, unter denen die RF-3 in Frankreich als Motorflugzeug zugelassen wurde, überein. Bei seiner Musterprüfung konnte sich Manfred Küppers daher auf die Prüfung der Vollständigkeit aller Bau- und Instandhaltungsunterlagen der RF-3 beschränken. Küppers schloss seinen Musterprüfbericht für die RF-3 bei der PFL am 28. April 1965 ab. Das Luftfahrtbundesamt erteilte daraufhin am 25. Mai 1965 mit dem Gerätekennblatt 666 die nationale Musterzulassung für die RF-3.

In Frankreich entwickelten sich die RF-3 Verkaufszahlen 1965 rückläufig, nachdem die staatlichen Subventionen für den nationalen Luftsport neu geordnet wurden. Rene Fournier und Antoine d'Assche versuchten dies über verstärkte Flugzeugexporte ins Ausland auszugleichen. Im ersten Halbjahr 1965 konnte Alpavia 22 Flugzeuge fertigstellen. Sportavia erhielt davon 9 Maschinen für den internationalen Vertrieb. Im zweiten Halbjahr folgten 14 Maschinen, von denen sechs Maschinen ins Ausland geliefert wurden. Zwei Flugzeuge waren für die englische Sutton Aviation bestimmt, die in England den Vertrieb der RF-3 übernehmen wollte. Die erste RF-3 wurde im März 1965 nach England geliefert und wenige Tage später auf der Airshow in Biggin Hill der englischen Öffentlichkeit präsentiert. Tatsächlich war Sutton Aviation zum Zeitpunkt der Flugzeugauslieferung bereits insolvent und wurde kurze Zeit später aufgelöst. Die ausgelieferte RF-3 wurde nicht bezahlt und ging in die englische Insolvenzmasse des Unternehmens ein. Die zweite für Sutton bestimmte RF-3 verblieb daraufhin in Frankreich. Später übernahm Sportair Aviation Inc. in England den Vertrieb der RF-4.

Durch die fehlenden Erweiterungsmöglichkeiten in Gap Tallard entschieden sich d'Assche und Fournier im Sommer 1965 zu einer Verlagerung ihrer Produktion auf die Dahlemer Binz in Deutschland. Ursprünglich war diese Verlagerung nach Fertigstellung der Produktionsanlagen bei der dafür neu gegründeten Sportavia im Sommer 1966 vorgesehen.

Durch den Absturz der WNr. 32, F-BMDK während eines Kunstflugmanövers am 8. Juli 1965 in Gap Tallard, entzog die französische Luftfahrtbehörde DGAC der RF-3 allerdings kurze Zeit später die Zulassung für Kunstflugmanöver. Einige Kunden verloren daraufhin das Interesse an der RF-3. Rene Fournier überarbeitete daher den RF-3 Entwurf unter dem Aspekt verbesserter Kunstflugtauglichkeit und fügte dem neuen Entwurf eine Reihe weiterer Verbesserungen hinzu, die sich aus der zweijährigen Produktions- und Einsatzerfahrung als zweckmäßig erwiesen hatten. Der neue Entwurf wich deutlich von der ursprünglichen RF-3 ab und wurde als Fournier RF-4 bezeichnet, die erstmals im Dezember 1965 flog. Die Produktion der RF-3 in Gap Tallard wurde bereits im Dezember 1965 nach 88 gebauten Exemplaren eingestellt. Für die Serienproduktion bei Sportavia in Deutschland war inzwischen die RF-4 vorgesehen.

Sandstroem Friendship F3

Fast 45 Jahre nach der Fertigstellung der letzten RF-3 in Gap Tallard beabsichtigte Erik Sandstroem von R,S & Associes SAS in Versailles die Neuauflage eines Fournier-Flugzeugs auf Basis der RF-3. Die Neuauflage erhielt die Bezeichnung Friendship F3. Sandstroem verlängerte den Cockpitbereich der einsitzigen RF-3 nach hinten und ordnete dort, ähnlich zur RF-5 einen weiteren Sitz an. Anstelle der früheren Holzbauweise wurde der Rumpf in Verbundwerkstoffen ausgeführt. Die Flügel waren weiterhin aus Holz, erhielten allerdings einen Folienbespannung als Witterungsschutz. Der Flügelholm wurde mit kohlefaserverstärkten Kunststoffen ausgelegt. Als Motor sah Sandstroem einen 80 PS starken Rotax 912UL Motor vor. In einer späteren F3B Variante verwendete Sandstroem dann den 100 PS Rotax 912UL Motor. Anstelle des Zweiblattpropellers kam ein kleiner Dreiblattpropeller zum Einsatz. Der Fahrwerksbereich behielt zwar zentrales Rad und Stützräder unter den Tragflächen bei, allerdings wurden diese weitgehend neu gestaltet.

Mit dem Bau des Prototypen beauftragte Sandstroem Ende 2011 den tschechischen Ultralight-Flugzeughersteller Ivanov Aircraft von Marek Ivanov in Hradec Kralove. Der Erstflug der Friendship F3A erfolgte am 6. Juni 2012 in Hradec Kralove. Die anschließende Erprobung fand bei Ivanov Aircraft in der Tschechei statt. Im Gegensatz zum Vorbild RF-3 sollte die F3 nicht als Motorsegler sondern als Ultraleichtflugzeug zugelassen werden. Bis Anfang 2013 wurden mit dem Prototypen mehr als 50 Flüge durchgeführt.

Sandstroem F3A, WNr. 1, OK-RUL-90 on Tschechien 2013 (Wikimedia, Ascona2012, BY-SA-3.0)

Sandstroem gründete 2012 in Frankreich die Friendship Legend als Vertriebsunternehmen für die F3A. Ende 2013 wurde das Flugzeug in Frankreich zugelassen. Eric Sandstroem arbeitete bereits an einer weiteren Entwicklung unter der Bezeichnung F4, die aber das Entwurfsstadium nicht verließ. Die Aufnahme einer Serienfertigung der F3A bei Friendship Legend oder Ivanov Aircraft fand nicht statt. Vermutlich war der Stückpreis von 70-80 Tausend Euro zu teuer. Die Friendship Legend wurde 2014 aufgelöst.

Eric Sandstroem gründete 2012 die Ultraleichtfliegerschule ULM Academy in Frankreich, wo die Friendship F3A als Ausbildungsflugzeug zum Einsatz kam.

Fournier RF-4

Die Entwicklung der Fournier RF-4 begann im Sommer 1965 nachdem der RF-3 nach einem Kunstflugunfall die Kunstflugzulassung entzogen worden war. Zur Erhöhung der möglichen Flugbelastungsgrenzen erhielt die RF-4 einen neuen, laminierten Holm aus nordischer Kiefer, der Kunstflugbelastungen zwischen +6g und -3g erlaubte. Die Querruder wurden aerodynamisch kompensiert. Stoßstangen ersetzten die Drahtsteuerung. Außerdem wurde die Rumpfunterseite abgerundet. Die Beplankung wurde in finnischer Birke ausgeführt. Als weitere Neuerung bekam der Entwurf eine elektrische Starteranlage für den Motor.

RF-4 V1 Prototyp, F-BMKA (Alpavia S.A.)

Der Bau des ersten RF-4 Prototypen begann bei Alpavia in Gap Tallard im Herbst 1965. Der Erstflug der RF-4-V1 durch Bernard Chauvreau erfolgte am 25. November 1965 in Gap Tallard. Der Prototyp wurde gemeinsam mit einer Bruchzelle für die französische Typenzulassung verwendet. Da die RF-4 als Weiterentwicklung der RF-3 betrachtet wurde, musste eine Nachweisführung lediglich für die Bauabweichungen erbracht werden. Die Zulassung der RF-4 erfolgte als Baureihe im

Rahmen der bestehenden RF-3 Zulassung am 2. Dezember 1966. In Frankreich wurde auch die RF-4 als reines Motorflugzeug zugelassen. Für die Zulassung in Deutschland und Belgien entstanden im Frühjahr 1966 zwei weitere Prototypen, die als letzte Flugzeuge bei Alpavia in Gap Tallard im April 1966 fertiggestellt wurden. Die RF-4-V2 wurde im Mai 1966 zusammen mit dem beim Prototypenbau entwickelten Werkzeugsatz für die Musterzulassung in Deutschland an Sportavia abgegeben. Die RF-4-V3 wurde nach Belgien ausgeliefert. Am 30. Mai 1966 schlossen Rene Fournier und Sportavia den Lizenzvertrag zur Serienfertigung der RF-4 bei Sportavia auf der Dahlemer Binz.

Fournier RF-4, WNr. 2, D-KIRA für deutsche Musterzulassung (Ron Smith)

Bei Sportavia in Schmidtheim wurde im Herbst 1966 die für die Musterzulassung der RF-4 erforderliche deutschsprachige Dokumentation erstellt. In Deutschland sollte die RF-4 als Baureihe im für die RF-3 bereits bestehenden Gerätekennblatt 666 zugelassen werden. Wie bei der RF-3 war bei der Prüfstelle für Luftfahrzeuge PFL Manfred Küppers für die Musterzulassung der RF-4 zuständig. Küppers stellte auf Basis der französischen Musterzulassung am 20. Dezember 1966 seinen Musterprüfbericht. Das LBA erteilte daraufhin am 11. Januar 1967 die erweiterte

Musterzulassung für die RF-4 als Motorsegler. Da zum Zeitpunkt der Musterzulassung noch keine Nachweise zur Kunstflugtauglichkeit im Rahmen der Flugerprobung erbracht worden waren, schloss diese Musterzulassung für die RF-4 den Kunstflug ausdrücklich aus.

Die Serienfertigung der RF-4 lief im Januar 1967 auf der Dahlemer Binz an. Die erste Kundenmaschine wurde im Februar 1967 nach Belgien ausgeliefert, die allerdings wenige Wochen später im Juni 1967 durch einen Absturz bei St. Hubert in Belgien verloren geht. Drei weitere Maschinen folgten im März nach Frankreich und England. Sämtliche nach Frankreich ausgelieferten RF-4 erhielt das Alpavia-Vertriebsbüro in Paris, das auf dem ehemaligen Caudron-Werksflugplatz in Guyancourt in der Nähe von Versailles eine kleine Auslieferungs- und Wartungsstation unterhielt. Von hier aus erfolgte die Auslieferung der Flugzeuge an die französischen Endkunden. Mehr als die Hälfte der 1967 bei Sportavia gebauten 50 Flugzeuge gingen an Alpavia. Englischsprachige Endkunden erhielten ihre Flugzeuge über die in England gegründete Sportair Aviation Ltd. von David Campbell, die im ersten Produktionsjahr 9 Flugzeuge in England verkaufte. Die übrigen 15 Flugzeuge des Produktionsjahrs 1967 lieferte Sportavia direkt von der Dahlemer Binz an Kunden in Deutschland und dem restlichen Europa.

Fournier RF-4D

Sämtliche RF-4, die bis Anfang 1968 ausgeliefert wurden, waren zwar kunstflugtauglich, durften aber auf Grund der fehlenden Flugerprobung gemäß ihrer Musterzulassung nicht zum Kunstflug verwendet werden. Erst nach Abschluss der flugtechnischen Nachweisführung der Kunstflugtauglichkeit erteilte das Luftfahrtbundesamt mit einem revidierten Gerätekennblatt 666 am 6. Februar 1968 die Zulassung der bei Sportavia gebauten RF-4 für den Aufschwung- und Rollen-Kunstflug. Da diese Zulassung nicht die bei Alpavia gebauten drei RF-4 Prototypen beinhaltete, sondern nur die bei Sportavia gebauten Serienmaschinen umfasste, wurde für diese 1968 die Bezeichnung RF-4D (D für Deutschland) eingeführt. Die bereits ausgelieferten RF-4 konnten bei einem reduzierten Startgewicht von 370 kg (Sportavia IAW 008) in den Bauzustand RF-4D überführt werden und damit ebenfalls für den Kunstflug genutzt werden. Lediglich die drei in Frankreich gebauten Prototypen behielten die Bezeichnung RF-4.

Die Leistungsfähigkeit der RF-4D demonstrierte Bernard Chauvreau im April 1967 bei einem Auslieferungsflug der Werknummer 4010, die Alpavia an den Aeroclub Brazzaville im Kongo verkauft hatte. Chauvreau übernahm das Flugzeug auf der Dahlemer Binz und überführte es an den Alpavia-Standort in Guyancourt, wo das Flugzeug die französische Zulassung F-OCJO erhielt. Am 19. April 1967 startete Chauvreau zum Überführungsflug nach Brazaville, wo Chauvreau am 4. Mai 1967 nach 62:33 Flugstunden und mehr als 8000 km Flugstrecke mit der RF-4 eintraf.

Auslieferungsflug WNr. 4010 „Paris-Brazzaville", April 1967

	Ziel	Flugstrecke
April 1967	Dahlemer Binz	0 km
19.04.1967	Paris-Guyancourt	370 km
22.04.1967	Orleansville (Algerien)	1420 km
23.04.1967	Algier (Algerien)	170 km
25.04.1967	In-Salah (Algerien)	1060 km
	Tamanrasset (Algerien)	590 km
28.04.1967	Agadez (Niger)	700 km
	Zinder (Niger)	370 km
29.04.1967	Fort Lamy (Tschad)	750 km
01.05.1967	Ngaoundere (Kamerun)	860 km
	Yaounde (Kamerun)	450 km
02.05.1967	Port Gentil (Gabun)	590 km
03.05.1967	Pointe Noire (Kongo)	570 km
04.05.1967	Brazzaville (Kongo)	390 km

Im Dezember 1967 wurde auch die erste RF-4D für den amerikanischen Markt ausgeliefert. In den USA war für die Vermarktung von Fournier-Flugzeugen bereits ein Regionalnetzwerk von fünf Vertriebsorganisationen eingerichtet worden, die über die englische Sportair Aviation organisiert wurden. In Whooster,

OH hatte Bert Buytendyk einen Montagestandort der Sportair Aviation Inc. eingerichtet, an dem die aus Deutschland kommenden, zerlegten RF-4D montiert wurden und von dem dann die Auslieferungsflüge an einen der vier anderen U.S. Vertriebspunkte stattfand. Als erste RF-4D traf am 1. Dezember 1967 die Werknummer 4049 per Schiff über New York in Whooster in Ohio ein. Sie wurde nach Abschluss der Montage bei Sportair Aviation Inc. als N7719 zugelassen und als Vertriebsflugzeug in den USA verwendet. In den USA wurden die RF-4D als Experimentalflugzeuge zugelassen, da der Rectimo-Motor 4AR-1200 als Einfachzünder keine offizielle Zulassung als Flugmotor in den USA erhielt.

Mira Slovak, N1700, WNr.4115, Atlantic Flyer beim Abflug auf der Dahlemer Binz 1968 (Küppers)

Große mediale Beachtung fand der Transatlantikflug einer RF-4 im Jahr 1968. Mira Slovak, ein Verkehrspilot bei Continental Airlines und Sieger des National Air Race 1964, der 1953 als Kapitän einer CSA-Verkehrsmaschine aus der Tschecheslowakei nach Westdeutschland geflohen war, erwarb bei Sportavia im März 1968 die RF-4 mit der Werknummer 4115. Slovak beabsichtigte eine Überführung des Flugzeugs auf dem Luftweg in die USA und ließ weitere Tanks in die Tragflächen integrieren, um die Reichweite des Flugzeugs von 650 km auf bis zu

2000 km zu vergrößern. Außerdem erhielt die Maschine ein Funknavigationssystem und einen Stauraum für eine Rettungsinsel im Fall einer Notlandung auf dem Wasser. Durch die Zusatzeinbauten erhöhte sich die Leermasse des Flugzeugs gegenüber der normalen Serienmaschine um 30%. Das Flugzeug wurde noch in Deutschland mit der amerikanischen Zulassung N1700 versehen und auf den Namen „Spirit of Santa Paula" getauft. Am 7. Mai 1968 startete Slovak von der Dahlemer Binz. Kritisch waren nicht nur die langen Flüge über See zwischen den Färöer-Inseln, Island und Grönland. Auch der Flug über das grönländische Hochplateau zwang die schwer beladene RF-4 bis an ihre Dienstgipfelhöhe. Slovak erreichte den amerikanischen Kontinent bei Cape Dyer in Kanada am 15. Mai 1968 und setzte seinen Flug danach bis an die Westküste der USA fort.

Nordatlantikflug 1968, WNr. 4115, Mira Slovak
(Quelle: Thirty-Six Horsepower over the Atlantic, M. Slovak)

	Ziel	Flugstrecke
April 1968	Dahlemer Binz (D)	0 km
07.05.1968	London-Luton (UK)	500 km
	Glasgow (UK)	510 km
12.05.1968	Stornaway (UK)	290 km
	Vagar (Faröer)	430 km
13.05.1968	Reyjavik (IS)	760 km
14.05.1968	Kulusuk (Grönland)	740 km
	Sondrestrome (Grönland)	390 km
15.05.1968	Cape Dyer (kanadisches Festland)	470 km
	Frobisher (CA)	460 km
16.05.1968	Fort Chimo (CA)	630 km
	Schefferville / Lac Knob (CA)	380 km
17.05.1968	Sept Isles (CA)	510 km
18.05.1968	Quebec (CA) /Montreal (CA)	750 km
	Odgensburg (US) US-Einreise	180 km
	Endicott / Three Cities Airport (US)	300 km
19.05.1968	Youngstown (US)	400 km
	Whooster (US) Sportavia US-Center	110 km
20.05.1968	Kansas City	1090 km
	Wichita (US)	285 km

21.05.1968	Denver (US)	700 km
22.05.1968	Las Vegas (US)	600 km
23.05.1968	Reno (US)	560 km
	Watsonville (US), „Antique Aircraft Show"	335 km
26.05.1968	Santa Paula (US) Bruch bei Landung	370 km

Beim Anflug auf Santa Paula am 26. Mai 1968 hatte Slovak 11.700 km Flugstrecke zurückgelegt, als ihn eine Fallbö erfasste und das Flugzeug auf den Boden drückte. Das Flugzeug wurde schwer beschädigt und nicht wieder aufgebaut. Slovak wachte erst nach mehreren Tagen im Krankenhaus wieder auf. Trotz des tragischen Endes des Flugs war Slovaks RF-4 das bis dahin kleinste Flugzeug, das den Atlantik fliegend überquert hatte. Als die britische Tageszeitung „Daily Mail" ein Jahr später einen Wettbewerb für eine Atlantiküberquerung mit einem maximal 2000 kg schweren Flugzeug aus Anlass des 50. Jahrestages der Atlantiküberquerung von Allock und Brown ausschrieb, entschloss sich Slovak zu einer erneuten Atlantiküberquerung mit einer RF-4D. Slovak startete mit der in die USA auf dem Seeweg ausgelieferten Werknummer 4064, die erneut als N1700 zugelassen worden war im Mai 1969 von Santa Paula zu einem West-Ost-Flug, der ohne Zwischenfall auf der Dahlemer Binz endete. Slovaks Flugzeug wurde nach dem Flug zerlegt und ins Museum of Flight in Seattle gebracht.

Sportavia erreichte 1968 mit 74 RF-4D Flugzeugen ihre höchste Ausstoßrate. Alpavia verkaufte nochmals 20 Flugzeuge an Luftsportvereine in Frankreich. In England setzte Sportair Aviation Ltd. 7 Flugzeuge ab. Die amerikanische Sportair Aviation Inc. konnte 16 Maschinen im U.S.-Markt absetzen. Vier weitere Maschinen gingen nach Südafrika, auf die Philippinen und nach Mexiko. Die übrigen 27 Flugzeuge wurden in Deutschland, Österreich, Italien und Belgien abgesetzt. 11 Maschinen wurden davon in Skandinavien, vornehmlich Finnland verkauft.

Mit 30 Flugzeugen lief die RF-4D Produktion bei Sportavia 1969 bis auf späte Einzelstücke aus. Die letzte RF-4D wurde 1974 fertiggestellt. Im wichtigsten Absatzmarkt Frankreich konnten nur noch 7 Maschinen verkauft werden. Auch Sportair Aviation in England konnte nur noch zwei Maschinen in England absetzen, während in den USA kein Flugzeug mehr verkauft wurde. Nach Skandinavien konnten nochmals 5 Maschinen verkauft werden, zwei Maschinen gingen nach Holland, zwei weitere Flugzeuge nach Südafrika. Die übrigen 12 Flugzeuge wurden in Deutschland, Österreich und der Schweiz verkauft.

Einen hohen Bekanntheitsgrad hatte in den 80er Jahren die Kunstflugstaffel „Skyhawks", die mit drei englischen RF-4D (G-AVNX/Z) Kunstflüge zu Pink Floyd Musik zwischen 1980 und 1992 vorführten und dabei überzeugend die Leistungsfähigkeit der RF-4D in diesem Segment demonstrierten.

Skyhawks RF-4D Kunstflugpräsentationen (Ron Smith)

Die Herstellung der RF-4D bei Sportavia endete mit Werknummer 4158 nach 156 Serienflugzeugen und drei noch bei Alpavia hergestellten Prototypen. Mehr als ein Drittel der Produktion ging über Alpavia nach Frankreich. Je 16 Flugzeuge wurden über Sportair nach England und in die U.S. geliefert. Weitere 16 Flugzeuge wurden in Skandinavien verkauft. Die übrigen 51 Flugzeuge verteilen sich auf Italien, Österreich, Schweiz, Spanien, Südafrika und hauptsächlich Deutschland. Als Reiseflugzeug bot Sportavia ab 1969 nur noch die zweisitzige RF-5 an.

Scheibe-Fournier-Sportavia SFS-31

Alfons Pützer sah den Bedarf für das einsitzige Reiseflugzeug RF-4D Ende der 60er Jahre zumindest in Deutschland als erschöpft an. Um den Markt der Segel-

SFS-31 Milan Prototyp D-KORO
(Sportavia via Ron Smith)

flieger zu erschließen, benötigte die RF-4 verbesserte Segelflugeigenschaften. Beim Scheibe Flugzeugbau wurde dazu 1969 der Rumpf einer RF-4D mit den Tragflächen des Segelflugzeugs Scheibe SF-27M ausgerüstet. In dieser Konfiguration flog die umgebaute RF-4, D-KORO erstmals im August 1969. Die Segelflug-Tragflächen verhalfen der RF-4 zu den erwarteten, verbesserten Segelflugeigenschaften. Sportavia und Scheibe vereinbarten daraufhin eine gemeinschaftliche Vermarktung des Flugzeugs als Scheibe-Fournier-Sportavia SFS-31 Milan.

Die Typenkennziffer „31" entstand aus der Addition der Typenziffer der beiden Ausgangsmuster SF-27 und RF-4. Die Aufnahme der Serienproduktion erfolgte 1970. Bei Sportavia entstand der RF-4 Rumpf, während Scheibe die SF27M Tragflächen für die Produktion zur Verfügung stellte. Die Endmontage und Auslieferung erfolgte auf der Dahlemer Binz bei Sportavia. Die Vermarktung erfolgte sowohl durch Sportavia als auch durch den Scheibe-Flugzeugbau. Bei Sportavia wurde die Produktion des RF-4 Reiseflugzeugs bereits Ende 1969 eingestellt. Ab 1970 vermarktete Sportavia ausschließlich die RF4 Motorsegler-Variante SFS-31 als Nachfolgemuster für die RF-4D. Die Musterzulassung der SFS-31 durch das LBA wurde mit dem Gerätekennblatt 755 am 30. Juli 1971 erteilt. Die Produktion lief 1970 an, die Auslieferung an Kunden erfolgte ab 1971.

SFS-31 Milan, WNr. 6604, D-KIFF mit SF27M-Tragflügel (Ron Smith)

Das Kundeninteresse an der Milan blieb aber deutlich hinter den Erwartungen zurück. Ein erhebliches Defizit der SFS-31 war die fehlende Optimierung des Übergangs von Rumpf zu Tragflügel. Insgesamt wurden nur 12 Flugzeuge bis Ende 1972 gebaut. Drei Maschinen wurden in die USA verkauft, wo sie mit einer Experimentalzulassung betrieben wurden. Drei weitere Flugzeuge gingen nach Österreich und England. Sechs Maschinen blieben in Deutschland.

RF-4 Ultralight-Nachbauten

In den vergangenen zehn Jahren gab es mehrere unabhängige Versuche, eine RF-4 Produktion für Ultralight-Varianten aufzunehmen. Eric Sandstroem hatte bereits den Prototyp einer zweisitzigen Ultralight-Variante der RF-3 unter der Bezeichnung Friendship F3 fertiggestellt und geflogen. Die Pläne für eine vergleichbare zweisitzige UL-Variante der RF-4 waren unter der Bezeichnung Friendship F4 bereits 2013 in Arbeit. Ebenso wie die F3 wäre auch die Friendship F4 in Verbundwerkstoff-Bauweise ausgeführt worden. Noch vor der Musterzulassung der

F3 fehlten Sandstroem allerdings die Mittel zur Fortsetzung der Entwicklungsarbeiten. Die Friendship F3 blieb ein Einzelstück, die Friendship F4 wurde vor Beginn eines Prototypenaufbaus aufgegeben.

Mit Unterstützung von Rene Fournier entstand in Frankreich um Michel Daubagna, Michel Fert und Olivier Petri seit 2010 die Fournier RF4UL. Ein Prototyp war 2011 im Bau. Anders als Sandstroem's Verbundwerkstoff-Variante bestehen die wesentlichen Baugruppen der RF4UL nach wie vor aus Holzstrukturen. Dennoch konnte beim Prototyp bisland eine Gewichtsreduzierung von 25% gegenüber der ursprünglichen RF-4 bei gleichbleibenden Kunstflugeigenschaften erreicht werden. Um das vereinfachte Zulassungsverfahren für UL-Flugzeuge durchlaufen zu können, soll das Gewicht der RFUL unter 300 kg bleiben. Geplant war die Aufnahme einer Kitproduktion für den Eigenbau ab 2012. Über den aktuellen Status dieses Vorhabens gibt es aber keine Informationen.

Fournier RF-5

Die Fournier RF-5 war der erste zweisitzige Entwurf von Rene Fournier. Er entstand in Nitray ab 1966 auf Anforderung von Alfons Pützer, der bei Sportavia ein vergleichbares Flugzeugmuster zur erfolgreichen Scheibe SF-25 anbieten wollte. Bei der grundlegenden Auslegung war Fournier darum bemüht, möglichst viele Komponenten und Baugruppen der RF-4 auch in der zweisitzigen RF-5 wiederzuverwenden. Der Rumpf wurde weitgehend von der RF-4 übernommen und im Cockpitbereich für den zweiten Sitz verlängert. Zwischen den beiden Sitzen war beim Prototyp ein Gepäckraum vorgesehen, der später allerdings verschwand.

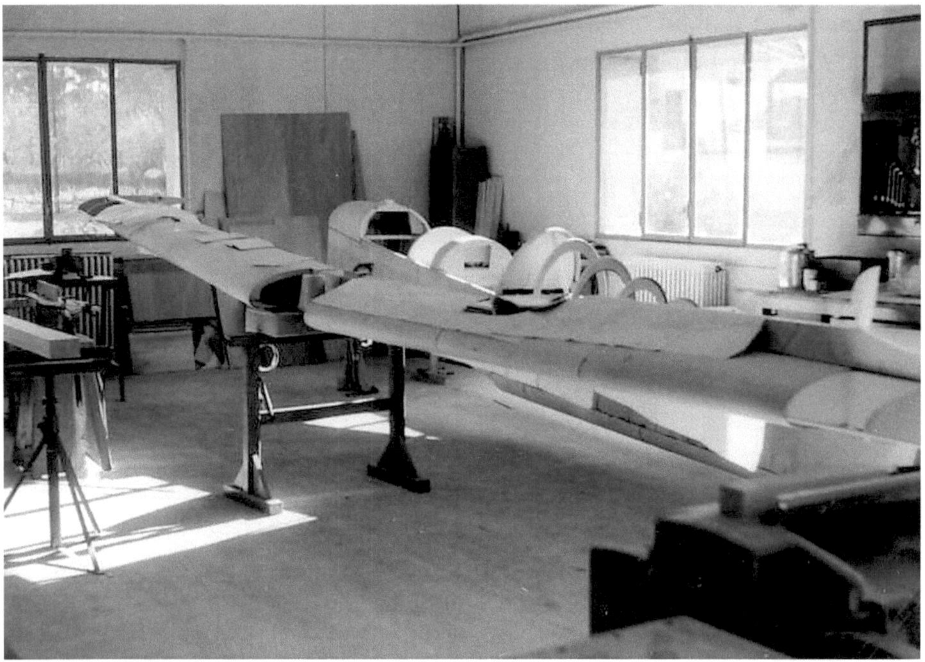

RF-5 Prototypenbau in der Fournier-Entwicklungswerkstatt Nitray März 1967 (Sportavia)

Der Flügel sollte durch eine Verlängerung des RF-4 Flügels um drei weitere Rippen an der Flügelwurzel auf 13,75 Meter verlängert werden. Bei dieser Spannweite musste der Flügel abnehmbar oder einklappbar gestaltet werden, um in den üblichen Sportflugzeughallen Platz zu finden.

RF-5 Besichtigung durch Alfons Pützer in Nitray im März 1967 (Sportavia)

RF-5 mit Klappflügel und Gepäckraum zwischen den Sitzen (Sportavia)

Um anspruchsvolle, teure Anschlussstücke am Rumpf zu vermeiden und dem Piloten eine Flügelmontage zu ersparen, sah Fournier einen Klappmechanismus vor. Durch diesen Mechanismus war der Flügel bei 2/3 der Spannweite zwischen Luftbremse und Klappen umlegbar. Die Spannweite im eingeklappten Zustand wurde auf 8,60 Meter verkürzt.

Klappmechanismus des RF-5 Prototyp-Flügels (Sportavia)

Luftbremsen sollten von der RF-4 übernommen werden. Der zweisitzige Rumpf entstand durch Verlängerung der Cockpitsektion der RF-4 und bot zwei Insassen in Tandemanordnung Platz. Das Leitwerk der RF-5 entsprach in seiner Grundform einem vergrößerten RF-4 Leitwerk. Als Motorisierung benötigte Fournier einen 65 PS Motor, der bei Rectimo auf Basis eines 1600 ccm Volkswagen Automotors für Fournier abgeleitet wurde. Bereits im Oktober 1966 lag der fertige RF-5 Entwurf in Nitray vor und Sportavia beauftragte Rene Fournier mit dem Bau eines Prototyps. Für den Bau des Prototypen erhielt Fournier von Sportavia einen RF-4 Flügel aus der laufenden Produktion. Die restlichen Baugruppen ließ Rene Fournier in lokalen Schreinerbetrieben herstellen. Die Montage des Prototypen, WNr. 5001 erfolgte durch Fournier und Bernard in Nitray bis Ende 1967. Schon am 26.

Dezember 1967 unterzeichneten Fournier und Sportavia den Lizenzvertrag zur Serienfertigung der RF-5 durch Sportavia.

Da der kleine Platz in Nitray in den Wintermonaten witterungsbedingt für den Erstflug nicht geeignet war, wurde der Prototyp per LKW auf die Dahlemer Binz gebracht, wo Bernard Chauvreau am 22. Januar 1968 mit D-KOLT zum Erstflug startete. Während der anschließenden Erprobung erwies sich der neue Rectimo 1600 Motor auf Grund eines Kühlungsproblems als unzureichend. Da Rectimo keine kurzfristige Lösung für dieses Problem anbieten konnte, zog Alfons Pützer die Firma Limbach aus Königswinter hinzu. Limbach war auf das Tuning von Volkswagen-Motoren für Sportwagen im U.S.-Markt spezialisiert. Peter Limbach rüstete in nur einer Woche einen getunten 1700 ccm Volkswagen-Motor für die

Limbach L1700E (Limbach)

Nutzung in der RF-5 um, der sich als zuverlässig erwies. Alfons Pützer beauftragte daraufhin Peter Limbach mit dem Bau eines zweiten Motors, mit dem die luftrechtliche Zertifizierung für die Verwendung in Motorseglern stattfinden sollte. Die Zulassung des Motors sollte als Bestandteil der RF-5 Flugzeugzulassung erfolgen. Als eigenständiger Motor wurde der Sportavia-Limbach SL1700E mit dem Gerätekennblatt 4582 ab 1972 zertifiziert. Später kamen auch Sauer S2100 und weitere Triebwerke bei der RF-5 zum Einsatz.

Die Flugerprobung der RF-5 erfolgte in Deutschland durch Klaus Kruber und Manfred Küppers, der 1967 von der Prüfstelle für Luftfahrzeuge zu Sportavia gewechselt war. Die Zulassung der RF-5 durch das Luftfahrtbundesamt wurde am 28. Mai 1969 mit dem Gerätekennblatt 695 erteilt. In Frankreich führte Bernard Chauvreau mit den WNr. 5002, D-KIGA und 5003, D-KIGE das Nachweisprogramm für die französische Zulassung durch. Allerdings stufte die französische Zulassungsbehörde SGAC die RF-5 in Frankreich als nicht zulassungsfähig ein. Die später nach Frankreich gelieferten RF-5 wurden dort mit Sondergenehmigungen betrieben, was den Absatz der RF-5 in Frankreich zusätzlich erschwerte.

RF5 Prototyp WNr. 5001, D-KOLT auf der Dahlemer Binz (Ron Smith)

Die RF-5 Produktion bei Sportavia war bereits Ende 1968 angelaufen. Im ersten Produktionsjahr 1969 wurden 43 RF-5 auf der Dahlemer Binz hergestellt. Fünf Maschinen erwarb der Finne Saalasti für den finnischen Markt. Weitere Maschinen gingen nach Österreich und Südafrika. Alpavia erhielt die ersten Flugzeuge für den französischen Markt Ende 1969. Sie wurden ab März 1970 an französische Kunden von Guyancourt ausgeliefert. Im Vergleich zur RF-4 konnten im französischen Markt von der RF-5 aber auf Grund des schlechten Währungsverhältnisses von D-Mark zu Franc und der Einschränkungen bei der Zulassung nur noch wenige Exemplare abgesetzt werden. Nur neun der fast 130 bei Sportavia gebauten Exemplare wurden nach Frankreich verkauft.

Weitere 47 Flugzeuge wurden 1970 gebaut. Der englische Vertriebspartner Sportair erhielt im März 1970 die ersten für den englischen Markt bestimmten RF-5. Aber auch in England konnten nur 3 RF-5 im laufenden Jahr abgesetzt werden. Insgesamt sieben Flugzeuge gingen nach Österreich, Belgien, Spanien und in die Schweiz. Einige Einzelexemplare wurden nach Chile, Brasilien und Japan verkauft. Mehr als 25 Flugzeuge blieben allerdings zunächst im deutschen Markt.

Obwohl die RF-5 ihrem Konkurrenzmodell Scheibe SF-25 technisch überlegen war, gelang es Sportavia nicht an die Verkaufszahlen des Konkurrenten aufzuschließen. Die meisten Kunden bevorzugten die einfachere, aber preiswerter SF-25 von der bis Mitte der 70er Jahre fast 1000 Exemplare verkauft wurden. Bereits Mitte 1970 stieg Sportavia daher auch in die Lizenzfertigung der SF-25 für den Scheibe Flugzeugbau ein. Die Produktion der RF-5 wurde bei Sportavia ab 1971 auf 10 Exemplare und 1972 auf 14 Exemplare zurückgefahren. Sechs Flugzeuge der Produktion aus 1972 wurden nach England verkauft, zwei weitere gingen über England nach Kenia. In die USA wurde die RF-5 nicht verkauft, da der Limbach 1700E Motor als Einfachzünder die Auflagen der amerikanischen Zulassungsbehörden nicht erfüllte. Lediglich einige Einzelexemplare kamen später über den Gebrauchtflugzeugmarkt in die USA und wurden wie die RF-4 als Experimentalflugzeuge zugelassen. Nach 1972 entstanden bei Sportavia nur noch 11 Einzelstücke auf Kundenanforderungen. Die Produktion wurde Mitte der 70er Jahre nach 135 gebauten Exemplaren eingestellt. Weitere vier RF-5 entstanden als Eigenbauten in den Jahren 1984 bis 2000 in Frankreich vermutlich aus noch existierenden Baugruppen der Sportavia-Produktion. Bei der spanischen Aerojaen entstanden Anfang der 90er Jahre noch einmal etwa 10 RF-5.

Schon 1970 begannen Alfons Pützer und Rene Fournier den RF-5 Entwurf für andere Nutzergruppen und Märkte zu optimieren. Insbesondere die schlechten Segelflugeigenschaften sollten mit der RF-5B Sperber verbessert werden. Ebenfalls untersucht wurden aber auch alternative Motorisierungen für eine Zulassung in den USA. Rene Fournier dachte an den Einsatz der zweisitzigen RF-5 als Trainingsflugzeug, welches er später mit der RF-8 und RF-6B in die Realität umsetzte.

Sportavia RF-5B Sperber

Während die RF-5 als Reiseflugzeug befriedigende Ergebnisse zeigte, blieb sie dem Vorbild Scheibe SF-25 beim Segelflug unterlegen. Aus diesem Grund forderte Alfons Pützer 1969 von Rene Fournier die Überarbeitung des RF-5 Entwurfs unter dem Gesichtspunkt der Bedürfnisse von Segelfliegern. Da das Entwicklungsbüro in Nitray bereits mit dem Entwurf der 2-3 sitzigen RF-6 und der für den amerikanischen Markt bestimmten RF-7 ausgelastet war, überarbeitete Fournier den RF-5 Entwurf lediglich durch eine Verlängerung der Tragfläche um drei Meter durch zusätzliche Einschübe an der Flügelwurzel. Ansonsten blieben Flügel, Luftbremsen und Klappmechanismus weitgehend unverändert.

RF-5B Sperber Prototyp, WNr. 51001, D-KHEK (Sportavia via Ron Smith)

Die weiteren Modifikationen und der Bau eines Prototyps wurden vom Sportavia Entwicklungsbetrieb durch Manfred Schliewa übernommen. Schliewa übernahm den RF-5 Rumpf, senkte diesen aber hinter der Kabine ab, wodurch sich eine bessere Sicht nach hinten ergab. Das Leitwerk blieb unverändert. Die beiden Flügeltanks der RF-5 wurden wieder durch einen Zentraltank im vorderen Rumpf, wie bereits bei der RF-4, ersetzt. Letztlich wurde auch für den Tragflügel eine komplette Neuberechnung durchgeführt. Die von Schliewa auf den Segelflug optimierte RF-5 wurde als Sportavia RF-5B Sperber bezeichnet. Der Prototyp mit der WNr. 51001 startete am 15. Mai 1971 auf der Dahlemer Binz zum Erstflug. Die Musterzulassung durch das Luftfahrtbundesamt erfolgte als Baureihen-Erweiterung des RF-5 Motorsegler-Kennblatt 695 am 10. Mai 1972.

Die Serienproduktion der RF-5B Sperber lief Anfang 1972 an. Im ersten Produktionsjahr entstanden 22 RF-5B auf der Dahlemer Binz. Fünf Maschinen gingen nach Belgien, Österreich und die Schweiz. Drei Flugzeuge wurden nach Skandinavien verkauft. Weitere drei Sperber gingen nach Australien und Südafrika.

Die RF-5B wurde 1973 mit optionaler Ausrüstung aufgewertet. Maschinen erhielten eine verbesserte Kabinenheizung und eine einstellbare Ventilation. Zur Lärmreduzierung in der Kabine und außen waren Motorschalldämpfer verfügbar. Außerdem konnte der Kunde optionale Scheibenbremsen und verschiedene Instrumentierungen bestellen. Statt des Sportavia-Limbach SL1700E kam bei den späteren Maschinen der SL1700E1 Motor zum Einsatz.

Von der verbesserten RF-5B wurden 1973 allerdings nur 14 Flugzeuge gebaut. Sechs Maschinen gingen mit Experimentalzulassung in die USA. Ein Flugzeug ging nach England, drei weitere Maschinen nach Italien und Holland. Vier Maschinen gingen 1973 nach Ägypten. Von den 15 Flugzeugen des Jahres 1974 wurden 6 Sperber in den USA abgesetzt. Je eine Maschine ging nach Italien, Holland und Australien. Zwei Flugzeuge wurden an die Turkish Aeronautical Association übergeben, die die Flugzeuge in der Türkei für die Pilotenausbildung ab 1975 nutzte. Drei der neun gebauten RF-5B des Jahres 1975 gingen in die USA. Zwei weitere Sperber wurden nach Spanien geliefert. 1976 wurden noch einmal acht Flugzeuge gebaut. Zwei werden in die USA und jeweils ein Flugzeug nach Österreich und Griechenland geliefert. Die letzten acht Flugzeuge entstanden 1977, davon drei Maschinen für Holland, eine für die USA und ein Einzelstück für Nigeria. Die RF-5 Produktion wurde Ende 1977 nach 80 gebauten Exemplaren eingestellt.

Helwan RF-5B (Ägypten)

Einer der ersten Kunden für die RF-5B war das Misr Flying Institute in Kairo, das 1973 einige Maschinen für das Pilotentraining in Ägypten bestellte. Eine Maschine D-KCAV wurde im April 1973 zu Demonstrationszwecken nach Kairo gebracht. Vier weitere Flugzeuge (D-KEAL, D-KEAV) folgten im November 1973 und Januar 1974.

RF-5B Demonstrationsflüge D-KCAV bei MFI in Ägypten (Alfons Pützer)

Als auch die ägyptische Luftwaffe an weiteren RF-5B interessiert war und erwarb die ägyptische Flugzeugbaufirma Helwan bei Sportavia die Lizenzrechte für den Nachbau von 20 Maschinen. Die Produktionslinie wurde bei Helwan Aircraft Factory in Heliopolis bei Kairo aufgebaut. Bei Helwan war in den 60er Jahren der ägyptische Kampfjet HA-300 von Kurt Tank entwickelt worden. Schon in den 50er Jahren hatte Helwan Bücker Bu181 in großen Stückahlen als „Gomhouria" nachgebaut. Neben einigen RF-5B, die aus Deutschland 1973 nach Ägypten gebracht wurden, entstanden bei Helwan ab 1974 weitere 20-30 RF-5B.

Die ägyptischen RF-5B flogen bei den Ausbildungsstaffeln des Misr Flying Institute bis 1983. Ein Teil der Flugzeuge wurde später in der Wüste abgestellt und befindet sich zum Teil auch heute noch dort. Einige Maschinen wurden an Siegel & Borkmann in Deutschland verkauft. Sie wurden bei Sportavia einer Nachprüfung unterzogen und flogen danach in Deutschland als normale RF-5B weiter.

Sportavia RF-55

Da der Limbach L1700E nicht den amerikanischen Bauvorschriften genügte, konnte die RF-5 nur mit einer Experimentalzulassung in den USA betrieben werden. Auf Grund der betrieblichen Einschränkungen eines Flugzeugs mit Experimentalzulassung konnten nur wenige RF-5 in den USA verkauft werden. Um eine uneingeschränkte Musterzulassung für die RF-5 in den USA zu erlangen, wurde eine RF-5B 1972 bei Sportavia mit einem 60 PS starken 2A-120 Zweizylinder Viertakt Motor von Franklin umgerüstet. Franklin hatte für diesen Motor 1971 die amerikanische Zulassung erhalten.

Die mit dem Franklin-Motor ausgestattete RF-5 erhielt eine elektrische Kraftstoffpumpe und einen größeren Kraftstofftank. Sie wurde als Sportavia RF-5S bezeichnet. Der 2A-120 ging bei Franklin nicht in Serie. Die RF-5S wurde daraufhin aufgegeben. Franklin verkaufte die Rechte an der 2A-120 Entwicklung 1975 an die polnische PZL, die den Motor in größeren Stückzahlen bis 2002 produzierte.

Sportavia RF-5D

Die Sportavia RF-5D entstand bei Sportavia 1974 als möglicher Ersatz für die auf Reise- und Kunstflug optimierte RF-5. Die Tragfläche des Sperber wurde dazu auf 15 Meter Spannweite reduziert. Außerdem erhielt die RF-5D den 74 PS starken Limbach SL1700ED Motor. Damit sollte die RF-5D auf kürzeren Startstrecken zum Einsatz kommen und eine bessere Steigleistung von 250 m/Min. gegenüber der RF-5 erreichen. In dieser Form wurde allerdings nie eine RF-5D fertiggestellt.

Stattdessen wurde die Bezeichnung RF-5D später für umgerüstete RF-5 mit SL1700ED Motor verwendet, von denen einige wenige Exemplare bekannt sind.

Fournier Aviation RF-5C

Fournier Aviation bot 1982 eine überarbeitete Version der RF-5 unter der Bezeichnung RF-5C an. Sie erhielt einen deutlich kürzeren Flügel und einen stärkeren Limbach L2000E01 Motor. Damit konnte die Kunstflugtauglichkeit nochmals gesteigert werden. Die RF-5C konnte mit geschlossenem oder offenem Cockpit erworben werden. Ein festes Doppelfahrwerk ersetzte das Zentralrad unter dem Rumpf. Eine Serienproduktion von Kits fand in Nitray allerdings nicht statt. Ein Einzelexemplar mit offenem Cockpit ist allerdings bekannt. Möglicherweise handelt es sich hierbei um die Umrüstung einer Sportavia RF-5 auf die RF-5C.

Sportavia Versuchsträger S-5

Anfang der 70er Jahre untersuchte man bei der Sportavia-Muttergesellschaft VFW ein sogenanntes „Unbemannten Kampfflugzeug" UKF, das für die gegnerische Flugabwehr möglichst nicht erfassbar sein sollte. Daraus entstand die Überlegung für ein Mini-UKF, das möglichst langsam und leise fliegen sollte, um die radarseitige Bewegungserkennung und die Erfassbarkeit über Flugzeuggeräusche einzuschränken. Außerdem sollte die Infrarot-Ausstrahlung minimiert werden, um infrarotgesteuerte Raketensysteme auszuschalten. Alfons Pützer schlug den Umbau einer RF-5 als Erprobungsträger für die Untersuchungen vor. Sportavia erhielt daraufhin vom Bundesverteidigungsministerium den Auftrag zum Bau eines Versuchsträgers. Unter der Bezeichnung „Leiseflieger" entstand unter Mitwirkung von Manfred Schliewa der Erprobungsträger S-5.

S-5 Auspuffanlage (Ron Smith)

Sportavia S-5 Versuchsträger D-EAFA (Ron Smith)

Der Rumpf einer RF-5 wurde Anfang 1971 bei Sportavia mit einen 115 PS Lycoming Motor mit einer speziellen schallisolierten Cowling und einem Schalldämpfer ausgerüstet. Die Abgase des Motors wurden in spezielle Boxen geleitet, in den sie zunächst abgekühlt und danach über ein Auspuffsystem hinter das Cockpit nach oben abgeleitet wurden. Hoffmann stellte einen speziell auf Lärmemission optimierten Dreiblattpropeller zur Verfügung.

Die S-5 V1 D-EAFA startete im Mai 1971 zu ihrem Erstflug. Bei den anschließenden Testreihen konnte die S-5 mit ihren Lärmemissionen in einer Höhe von 200 Metern bei vollem Schub und einer Fluggeschwindigkeit von 80 Meilen pro Stunde am Boden unter 50 dBA bleiben. Die Sportavia S-5 blieb zwar ein reiner Versuchsträger, lieferte allerdings für die weitere Mini-UKF Entwicklung beim Mutterkonzern VFW wichtige Grundlagen-Erkenntnisse. Die S-5 wurde im Februar 1979 stillgelegt. Laut Klaus Kruber gab es noch drei weitere S-5K.

Sportavia Versuchsträger C-1

Während der S-5 „Leiseflieger" ausschließlich der Lärmmessung und den Infrarottests diente, wurde Mitte der 70er Jahre ein zweiter Versuchsträger zu Radarversuchen herangezogen. Dieser Versuchsträger wurde von Helmut Schrecker unter der Bezeichnung Sportavia C.1 entwickelt.

Bei der C.1 wurde der hintere Kabinenteil vom Pilotensitz abgetrennt und zur Aufnahme von Messeinrichtungen vorbereitet. Der Raum war von oben über eine eingelassene Plexiglasscheibe erreichbar. An der C.1 wurde auch eine vergrößerte Tragfläche, ähnlich zur RF-5B Sperber, über einen dreispantigen zentralen Flügelkasten verbaut. Wie die S-5 war auch die C-1 mit einem 150 PS Lycoming-Motor und von Sportavia entwickelten Abgaskühlung ausgerüstet.

Unter dem zentralen Tragflächenkasten wurden Aufnahmeeinrichtungen montiert, die eine Montage des Flugzeugs auf einem Mast für Bodentests ermöglichten. Außerdem verfügte die C-1 über eine Bodenklappe im hinteren Bereich des Rumpfs, die im Flug geöffnet werden konnte.

Bauphase der Sportavia C.1, 1971 (Helmut Schrecker)

Sportavia C.1, D-EHUT (Helmut Schrecker)

Der Erstflug der C-1 V1, D-EBUT erfolgte im November 1975 auf der Dahlemer Binz. Das Flugzeug wurde sowohl im Flug als auch in statischen Tests am Boden hinsichtlich seiner Erfassbarkeit durch ein Dopplerradar untersucht. Für die Bodentests wurde die C-1 beweglich auf einen Mast montiert.

Sportavia C-1 und S-5 (oben)

Sportavia C-1
Masterprobung (links)

Nach Abschluss der militärischen Tests wurde die C-1 auf der Internationalen Luftfahrtausstellung in Hannover als Demonstrator für die Möglichkeiten des künftigen Lärmschutzes in der Privatfliegerei präsentiert, nachdem die Bundesregierung 1974 erstmals Richtwerte für die Lärmbelastung durch überfliegende Flugzeuge festgelegt hatte.

Die D-EBUT wurde, wie die S-5, Anfang 1979 stillgelegt. Sie scheint allerdings im Sommer 1979 noch einmal als D-EBUC erneut zugelassen worden zu sein. Heute befindet sich die C-1 V1 D-EBUC im Luftfahrtmuseum in Wernigerode in einem teilweise zerlegten Zustand.

Aeronautica de Jaen RF-5-AJ1 (Serrania)

Die letzten RF-5 entstanden Mitte der 70er Jahre bei Sportavia auf der Dahlemer Binz. Nach dem Ende der Produktion wurden die Betriebsmittel für die Serienproduktion auf der Dahlemer Binz eingelagert. Die Lizenzvereinbarung zum Serienbau der RF-5 zwischen Rene Fournier und Sportavia aus dem Jahr 1967 wurde offiziell 1979 beendet. Dies ermöglichte Rene Fournier in den achtziger Jahren eine erneute Vergabe von Lizenzrechten an Serienbaubetriebe in Europa.

Mitte der 80er Jahre entstand im andalusischen Beas de Segura das kleine spanische Flugzeugwerk Aeronautica de Jaen. Rene Fournier unterstützte den Werksaufbau als technischer Berater und empfahl eine erneute Aufnahme der Serienfertigung der RF-5. Rene Fournier stellte dazu seine Pläne aus den 70er Jahren zur Verfügung. Die spanische RF-5 erhielt allerdings anstelle des Limbach L1700 den 80 PS starken Limbach L2000E01 Motor. Die Betriebsmittel zur Serienfertigung erhielt Aeronautica de Jaen von Sportavia aus Deutschland. Die spanische Variante wurde als RF-5-AJ1 unter dem Namen „Serrania" vermarktet.

Aeronautica de Jaen AJ1 um 1992 (Aerodrome de Beas, LEBE)

Der erste in Spanien gebaute Prototyp der RF-5-AJ1 stand Anfang 1991 in Beas zum Erstflug bereit. Bernard Chauvreau führte diesen Erstflug am 23. Februar 1991 in Beas de Segura durch. Die Typenzertifizierung 73/1 durch die spanischen Behörden wurde im März 1992 abgeschlossen. Die Serienproduktion lief im Frühjahr 1992 an. Im Juli 1992 wurden die ersten RF5-AJ1 in Spanien zugelassen.

Aerojaen Prototyp E-01, EC-650 (Manfred Schliewa)

Ein wirklicher Vertrieb der spanischen RF-5 fand allerdings nicht statt. Vier der zehn gebauten Maschinen wurden von der spanischen Luftfahrtbehörde DGAC übernommen, drei Maschinen verblieben bei Aerojaen. Nur zwei Flugzeuge kamen in Privatbesitz. Die Produktion wurde 1995 nach der Fertigstellung von 10 Flugzeugen wieder eingestellt. Das kleine Flugzeugwerk in Beas wurde kurze Zeit später geschlossen. Die letzte Maschine blieb unmontiert bis 1999 in Beas de Segura und wurde dann als Kitsatz zum Eigenbau verkauft.

Fournier RF-6

Die Idee zur Entwicklung eines Motorflugzeugs in konventioneller Auslegung entstand bei Rene Fournier aus Überlegungen zur Verwendung des RF-5 Doppelsitzers für Schulungszwecke. Während für Segelflugschulen die RF-5 mit ihrer Tandemsitzanordnung akzeptabel war, waren Motorflugschulen an konventionellen Bauformen mit nebeneinander angeordneten Sitzen interessiert. Fournier skizzierte daher ein konventionelles Motorflugzeug mit fixem Dreibein-Fahrwerk und zwei nebeneinanderliegenden Sitzen als Vorschlag für ein Trainingsflugzeug. Sportavia war in Anbetracht der Dominanz amerikanischer Anbieter allerdings an einem Einstieg in den Trainingsflugzeugmarkt nicht interessiert. Stattdessen schlug Pützer eine vergrößerte Variante der von Fournier skizzierten Maschine für 3-4 Personen vor, bei der zwei Erwachsene vorne und zwei Kinder oder ein Erwachsener hinten in der Kabine Platz finden sollten. Für diese 2+2-sitzige Variante erteilte Alfons Pützer Rene Fournier 1969 den Entwicklungsauftrag. Unter der Bezeichnung Fournier RF-6 wurden daraufhin zwei separate Entwicklungen verfolgt. Für Sportavia entstand die 2+2-sitzige RF-6, während Rene Fournier für sich selbst die zweisitzige RF-6B Club als Trainervariante verfolgte.

Mit dem Entwurf der RF-6 begann Rene Fournier im Dezember 1970, Ausgangspunkt der Entwicklung war die Fournier RF-4, deren Rumpf Fournier zunächst soweit verbreiterte, dass hierin zwei nebeneinander sitzende Passagiere aufgenommen werden konnten. Die erfolgreiche Aerodynamik des Tragflügels und des Leitwerks sollten hingegen von der RF-4 übernommen werden. Um Probleme bei der Zulassung in den USA zu vermeiden, erhielt das Flugzeug einen FAA-zugelassenen 100 PS starken Lycoming O200 Motor. Da das Flugzeug auch zur Ausbildung im Kunstflugbereich verwendet werden sollte, sah Fournier Kunstflüge im Bereich von +6g bis -3g für den Entwurf vor. Statt des Spornrads und einziehbaren Zentralrads seiner bisherigen Entwürfe, sah Fournier bei der RF-6 ein festes Hauptfahrwerk und ein Bugrad vor. Diese Basisauslegung entsprach zunächst der von Fournier angestrebten Trainervariante RF-6B. Aus dieser leitete Fournier durch Verlängerung der Kabine nach hinten für Sportavia die RF-6 ab.

Sportavia RF-6

Nachdem es Alfons Pützer nicht gelungen war, Fördermittel für den Aufbau einer Produktion für die RF-6 zu erhalten, stellte der neue Sportavia-Eigner Rhein-Flugzeugbau die notwendigen Mittel zur Verfügung. Dafür sollte der Bau des RF-6 Prototypen allerdings nicht bei Fournier in Nitray stattfinden, sondern bei Sportavia. Da Rene Fournier mit der Entwicklung der RF-8 für Indraero und seiner eigenen RF-6B in Nitray ausgelastet war, stimmte Fournier zu.

Im Frühjahr 1972 begann auf der Dahlemer Binz der Bau von zwei Prototypen der 2+2-sitzigen RF-6 Variante. Der erste Prototyp D-EHYO stand ein Jahr später zum Erstflug bereit. Am 15. März 1973 erfolgte der Erstflug auf der Dahlemer Binz durch Klaus Kruber. Der zweite Prototyp D-EASK wurde im Frühjahr 1974 fertiggestellt und war als Schleppversion für Segelflugvereine mit einem stärkeren Lycoming O320 Motor ausgelegt.

Basis RF-6 von 1973 in 2+2 Konfiguration, WNr. 02, ILA 1974 (VFW-Fokker)

Beide Flugzeuge wurden auf der Internationalen Luftfahrtausstellung in Hannover 1974 ausgestellt. Auf dem Höhepunkt der Ölkrise bestand aber nur wenig Interesse an neuen Sportfliegern, zumal die beiden hinteren Sitze der RF-6 nur Behelfssitze für einen Erwachsenen oder allenfalls zwei Kinder darstellten. Die 2+2-sitzige RF-6 wurde daraufhin zugunsten einer neuen Variante RF-6C mit ausreichendem Platzangebot für vier Erwachsene aufgegeben.

Fournier RF-6B Club

Unter der Bezeichnung Fournier RF-6B verfolgte Rene Fournier unabhängig von Sportavia die Entwicklung der kleineren, zweisitzigen Trainervariante der RF-6. Der erste Grobentwurf entstand im Winter 1970 als Ausgangsentwurf für die gesamte RF-6 Familie. Aus ihm wurde die vergrößerte RF-6 für Sportavia abgeleitet. Durch die parallelen Konstruktionsarbeiten an der RF-7 und RF-8 erhielt die zweisitzige RF-6B Variante zunächst geringe Priorität. Erst im Herbst 1972 begann Jules-Marie Bernard in Nitray mit dem Bau des zweisitzigen Prototypen.

Avions Fournier RF-6B Prototyp, Aero Salon 1974 (Jim Smith)

Am 12. März 1974 startete Bernard Chauvreau in Nitray mit dem RF-6B Prototypen zum Erstflug. Die anschließende Erprobung erstreckte sich bis August 1974. Die Vibrationstests erfolgten ab Ende September bei Sopemea in Villacoublay. Am 22. Oktober 1974 wurde das Flugzeug den Zulassungsbehörden in Istres übergeben. Die Typenzulassung Nr. 76 für die RF-6B wurde am 26. April 1975 durch die DGAC erteilt. Am 25. August 1975 war eine statische Testzelle in Nitray fertiggestellt und an die CEAT in Toulouse übergeben worden.

Zur Serienfertigung der RF-6B gründete Rene Fournier im Januar 1974 in Nitray die Societe des Avions Fournier und errichtete auf dem Privatflugplatz eine Produktionshalle. Fournier beschränkte sich bei Avions Fournier auf die Endmontage der RF-6B. Der Rumpf wurde bei Roger Valladeau in Guéret gebaut. Bei Rocheteau in Migennes entstanden die Flügel, während Francis Sire mit seiner Siravia in Pons das Leitwerk fertigte. In Nitray erfolgte die Montage der Strukturen und der Komponenteneinbau. Im Herbst 1975 begann der Bau der Hauptstrukturen für die ersten fünf Vorserienflugzeuge bei den Zulieferern. Am 4. März 1976 startete in Nitray die erste der fünf Maschinen. Für die mit einem 100 PS Motor ausgerüsteten Flugzeuge RF-6B-100 erteilte die DGAC eine erweiterte Typenzulassung am 30. Juni 1976.

Die Auslieferung der ersten Kundenflugzeuge begann im September 1976. Insgesamt 17 Flugzeuge konnten bis Jahresende ausgeliefert werden. Die WNr. 14 wurde im Spätherbst an Sportavia in Deutschland für die Musterzulassung durch das Luftfahrtbundesamt abgegeben. Die endgültige Musterzulassung in Deutschland scheiterte allerdings nach der Schließung von Avions Fournier.

Weitere 19 Maschinen folgten im ersten Halbjahr 1977 bevor die Banken Avions Fournier weitere Kredite verweigerten und Rene Fournier die Fertigung am 30. Mai 1977 einstellen musste. Im August und Oktober 1977 können zwar noch vier fertiggestellte Maschinen ausgeliefert werden. Vier noch im Bau befindliche Flugzeuge bleiben allerdings unfertig stehen. In dem knappen Jahr seines Bestehens hatte Avions Fournier damit 40 Flugzeuge produziert.

Im Sommer 1978 erwarb Rene Caillet mit der neu gegründeten Fournier Aviation die Produktionsrechte an der RF-6B und die ehemaligen Avions Fournier Produktionsanlagen in Nitray. Da die früheren Zulieferbetriebe für die Großbauteile nach der Insolvenz der Avions Fournier nicht mehr zur Verfügung standen, musste sich Fournier Aviation auf die Fertigstellung der sechs Maschinen beschränken, für die Baugruppen und Material bereits vor der Insolvenz nach Nitray ausgeliefert wurden. Mit einigen wenigen früheren Mechanikern der Avions Fournier wurden diese sechs Flugzeuge bis Ende 1979 fertiggestellt und ausgeliefert. Danach endete die Produktion der RF-6B in Nitray nach 45 fertiggestellten

Exemplaren. Im französischen Luftfahrtregister ist die F-PYIU enthalten, die mit Werknummer 51 angegeben wird. Möglicherweise waren die Baugruppen für weitere RF-6B 1980 bereits fertiggestellt und wurden später an Interessenten zum Eigenbau abgegeben.

Die letzte in Nitray gebaute RF-6B verwendete Rene Fournier 1980 als Vorführmaschine für die leistungsstärkere RF-6B-120 Variante mit einem 120 PS Contintental O235 Motor. Auf Grund der fehlenden Bauteilzulieferer für die RF-6B bestand bei Fournier Aviation aber kein Interesse an einer eigenen Serienproduktion. Die Vorführmaschine diente dazu, mögliche Lizenznehmer für eine Fortführung der RF-6B-120 Serie zu gewinnen und die erweiterte Typenzulassung zu erwirken. Für die RF-6B-120 erteilte die DGAC am 7. November 1980 die Zulassung. Einen Lizenznehmer fand Fournier Aviation 1980 mit dem englischen Flugzeughersteller Slingsby Aviation. Slingsby überarbeitete den Entwurf grundlegend und nahm später die Fertigung einer in Verbundwerkstoffen hergestellten RF-6B unter der Bezeichnung T-67 Firefly auf. Sie wurde in größeren Stückzahlen in den achtziger Jahren u.a. für die USAF erfolgreich produziert.

Sportavia RF-6C

Die von Alfons Pützer favorisierte 2+2-sitzige RF-6 Variante konnte bei ihren ersten öffentlichen Auftritten auf der ILA 1974 nicht überzeugen. Der ohnehin durch die Ölkrise eingetrübte Reiseflugzeugmarkt zeigte für die mit zwei Behelfssitzen auf der Rückbank ausgestattete RF-6 kein Interesse. Auch die Hoffnung auf einen erfolgreichen Absatz im amerikanischen Markt, den Pützer mit seinem neuen Partner Grumman erschließen wollte, wurde durch eine erneute Aufwertung der D-Mark 1973 enttäuscht. Der Exportpreis der RF-6 wurde durch diese Aufwertung um weitere 20% verteuert. Um den amerikanischen Markt für die RF-6 zu erhalten, schlug Pützer Grumman den Aufbau einer eigenen Fertigungslinie für amerikanische RF-6 bei Grumman in Cleveland vor. Grumman kooperierte inzwischen allerdings mit der Sportavia-Muttergesellschaft Rhein-Flugzeugbau bei dem zweisitzigen RFB Fanliner, für den Grumman die Tragflächen der AA-5 liefern sollte. Beide Unternehmen schlugen Pützer daher 1974 den Bau einer größeren RF-6 Variante mit einer komfortablen viersitzigen Kabine vor. Für den europäischen Markt sollte die vergrößerte RF-6 in klassischer Holzbauweise bei Sportavia produziert werden, während die bei Grumman American gebauten RF-6 in der in den USA bevorzugten Metallbauweise hergestellt werden sollten.

Bei Sportavia nahm Manfred Schliewa 1974 die Entwicklungsarbeiten an der als RF-6C bezeichneten, vergrößerten Maschine auf. Rene Fournier und Claude Fimbel waren parallel zu Schliewa in Nitray mit der Entwicklung der zweisitzigen RF-6B Club beschäftigt und waren für die RF-6C nicht tätig. Obwohl Rene Fournier für die RF-6B erstmals seit 1960 einen eigenen Produktionsbetrieb unter dem Namen Avions Fournier aufbaute und trotz der getrennten Entwicklung war die spätere gemeinsame Vermarktung beider RF-6 Varianten geplant.

Mit begrenzten finanziellen Mitteln begann Manfred Schliewa mit der Verlängerung des Kabinenbereichs der 2+2-sitzigen RF-6 unter weitgehender Beibehaltung der übrigen Abmessungen. Als Motor sah Schliewa einen 125 PS starken Lycoming IO235 vor, der zuvor bereits im zweiten RF-6 Prototypen D-EASK erprobt worden war und aus Lärmschutzgründen einen Hoffmann Dreiblatt-Propeller antrieb. Zum Witterungsschutz der Holzkonstruktion erhielten Rumpf und Tragflügel einen Folienüberzug aus Verbundwerkstoffen.

Zur Erprobung des Cockpits und zur Untersuchung der optimalen Anordnung von Komponenten im Rumpf entstand zunächst ein Mockup-Aufbau des künftigen RF-6C Rumpfs bei Sportavia. Erst danach begann im Oktober 1975 der Bau des ersten RF-6C Prototypen auf der Dahlemer Binz. Bereits im Frühjahr 1976 stand der Prototyp zum Erstflug bereit. Der RF-6C Prototyp erhielt die Zulassung D-EHYO des bereits stillgelegten ersten RF-6 Prototypen aus dem Jahr 1973. Den Erstflug führte Klaus Kruber am 28. April 1976 auf der Dahlemer Binz durch. Nur wenige Wochen später wurde das Flugzeug auf der Internationalen Luftfahrtausstellung ILA in Hannover im Mai 1976 der Öffentlichkeit vorgestellt. Das Flugzeug wurde auf der Messe zu einem Stückpreis von 90.000 DM angeboten.

RF-6C Mockup bei Sportavia 1975 (Jim Smith)

RF-6C Prototyp D-EHYO (2), ILA 1976 mit Manfred Schliewa (links) und Günter Mertens

Während der anschließenden Flugerprobung zeigte die RF-6C bereits bei Trudelversuchen ein kritisches Verhalten. Bei einem Testflug mit dem Prototypen D-EHYO am 16. Mai 1977 verlor der Testpilot Otto Schuler bei einem solchen Trudelversuch die Kontrolle über das Flugzeug und stürzte über der Dahlemer Binz ab. Schuler kam bei diesem Absturz ums Leben. Es folgten daraufhin umfangreiche Messungen an Modellen im vertikalen Windkanal von IMFL in Lille, bei denen schließlich die Anordnung des Höhenleitwerks als Ursache identifiziert wurde.

RF-6C Windkanalmodelle mit verschiedenen Leitwerksanordnungen (IMFL)

Das Leitwerk hatte Fournier bereits bei der 2+2-sitzigen RF-6 fast unverändert von der RF-5 übernommen. In bestimmten Fluglagen wurde das auf der Rumpfoberseite aufliegende Höhenleitwerk nicht mehr ausreichend angeströmt und es kam zum Kontrollverlust. Ein Problem der Höhenleitwerks-Anordnung führte vier Jahre später erneut zum Absturz eines Prototypen als Bernard Chauvreau bei Trudelversuchen den RF-10 Prototpyen nicht mehr abfangen konnte und das Flugzeug mit dem Fallschirm verlassen musste. Auch die auf der RF-6B basierende Slingsby T67 verzeichnete später mehrere Abstürze wegen Trudelns.

RF-6C, WNr. 6004, D-ENNI mit tiefliegendem Höhenleitwerk (Jim Smith)

Sportavia RS-180, WNr. 6018 mit modifiziertem Leitwerk ab 1978 (Ron Smith)

RFB-Sportavia RS-180

Manfred Schliewa legte daraufhin 1977 die gesamte Leitwerkskonstruktion noch einmal neu aus. Aus dem tiefliegenden Leitwerk wurde ein Kreuzleitwerk. Auch das Seitenleitwerk wurde komplett verändert. Den Motor tauschte Schliewa bei dieser Überarbeitung gegen den 180 PS starken Lycoming O360-A3A Motor aus. Nachdem Rene Fournier durch die Insolvenz der Avions Fournier die Rechte an der RF-6 Entwicklung verloren hatte und die RF-6C nur noch wenige Merkmale der ursprünglichen RF-6 trug, wurde das Flugzeug im Mai 1978 in Rhein-Flugzeugbau – Sportavia RS-180 umbenannt und erhielt den Beinamen „Sportsman".

Die Modifikationen wurden 1977 in die beiden bereits zum Zeitpunkt des Absturzes des Prototypen im Bau befindlichen WNr. 6003 und 6004 integriert. Die WNr. 6003, D-ESCQ absolvierte Anfang 1978 ihren Erstflug als RS-180. Am 20. Juni 1978 erteilte das Luftfahrtbundesamt schließlich die Musterzulassung für die RS-180 mit dem Gerätekennblatt 1014.

Die Serienproduktion der RS-180 lief im Sommer 1978 an. Neben den drei Prototypen aus den Jahren 1973-1976 und den beiden modifizierten Serienmaschinen aus dem Jahr 1977 entstanden 1978 und 1979 jeweils sieben RS-180. Vier weitere Flugzeuge entstanden bis Ende 1982. Abgesehen von zwei Flugzeugen, die in die Schweiz geliefert wurden und einer RS-180, die aus England bestellt wurde, verblieben die übrigen 19 Flugzeuge in Deutschland. Die angestrebte Vermarktung in den USA über den Partner Grumman American Aircraft kam nicht zustande, da der amerikanische Partner Grumman kurz nach Anlaufen der RS-180 Produktion in Deutschland seine Zivilflugzeugsparte im Herbst 1978 an American Jet Industries verkaufte. Die Pläne zur Aufnahme einer Metallflugzeugproduktion der RS-180 in den USA waren bereits Anfang 1977 aufgegeben worden. American Jet Industries, die spätere Gulfstream, war an einer Vermarktung der RS-180 aus produktpolitischer Sicht, aber auch wegen des hohen Preises nicht interessiert. Die ohnehin wegen des Wechselkurses von D-Markt zu Franc als kritisch betrachtete Vermarktung in Frankreich über Avions Fournier scheiterte nach der Insolvenz Fourniers im Jahr 1977. Die RS-180 Produktion wurde 1983 nach 18 Exemplaren, sowie drei RF-6C und zwei RF-6 Prototypen bei Sportavia eingestellt.

Sportavia-Pützer RS-180 Produktion auf der Dahlemer Binz
Ehemalige RF-6C Rümpfe mit tiefliegendem Höhenleitwerk vor Umbau (Sportavia)

Die RF-6C / RS-180 war das letzte von Sportavia zwischen 1967 und 1983 produzierte Flugzeugmuster. Das Mutterunternehmen Rhein-Flugzeugbau wies 1983 die Auflösung des Flugzeugbaus auf der Dahlemer Binz an und integrierte den Standort vollständig in die Unternehmensstruktur von Rhein-Flugzeugbau. Der Name Sportavia wurde gleichzeitig vom Markt genommen.

Slingsby T67 Firefly

Nachdem Fournier Aviation die RF-6B Produktion in Nitray nach 44 gebauten Exemplaren 1980 eingestellt hatte, verkaufte Rene Caillet noch im gleichen Jahr sämtliche Rechte an der RF-6B, sowie die in Nitray vorhandenen Produktionsmittel für die RF-6B an den englischen Segelflugzeughersteller Slingsby Engineering Ltd. in Kirkbynoorside. Slingsby beabsichtigte die Aufnahme einer Produktion der leistungstärkeren RF-6B-120 mit dem Lycoming O235 Motor. Statt der Holzkonstruktion sollte dabei eine Verbundwerkstoffkonstruktion zum Einsatz kommen, wie sie bei den Slingsby Segelflugzeugen bereits im Einsatz war. Die Vermarktung sollte unter der Bezeichnung Slingsby T67 Firefly vorrangig in den Commonwealth Staaten und früheren englischen Kolonialstaaten erfolgen.

Die Produktion der T67 begann 1981 nach Übernahme der Betriebsmittel von Fournier Aviation aus Nitray in Kirkbymoorside. Die ersten zehn Flugzeuge wurden als T67A in konventioneller Holzbauweise nach den Plänen von Rene Fournier ausgeführt. Sie entsprachen damit der RF-6B-120 von Fournier Aviation.

Slingsby T67 Firefly Produktionslinie in Kirkbymoorside (Slingsby Aviation via Ron Smith)

Die erste in Kirbymoorside produzierte T67, WNr. 1988, G-BIOW flog am 15. Mai 1981. Sie wurde im Herbst 1981 auf der Farnborough Air Show der Öffentlichkeit noch als RF-6B-120 der Fournier Aviation vorgestellt. Sämtliche T67A wurden 1981 gebaut und verblieben zunächst bei Slingsby. Die Zulassung BA17 durch die englische Luftfahrtbehörde erfolgte am 1. Oktober 1981. Zwei Maschinen wurden im Mai 1982 an Kunden ausgeliefert, die übrigen Flugzeuge wurde zwischen 1983 und 1985 an Specialist Flying Training in England für die Pilotenschulung der Royal Air Force abgegeben.

Slingsby Aviation T67A Firefly Prototyp 1981, Wnr. 1988 (Jim Smith)

Slingsby Aviation T67M Prototyp, WNr. 1999 Farnborough Airshow 1982 (Ron Smith)

Parallel zum Bau der Holzflugzeuge T67A arbeitete der Ingenieurstab von Slingsby an der Konstruktion in Verbundwerkstoffbauweise. Zunächst entstand die T67M in Glasfaserbauweise aus der T67A. Sie war für die militärische Pilotenausbildung vorgesehen und erhielt als T67M-160 zunächst den 160 PS starken Lycoming AEIO320-D18 Motor. Ein spezielles Kraftstoff- und Ölsystem war für Flüge mit negativen g-Kräften vorgesehen. Eine T67A, WNr. 1993 wurde auf den Ausrüstungsstand der geplanten T67M mit einem 160 PS Lycoming Motor versuchsweise aufgerüstet. Die erste in Glasfaserwerkstoffen erbaute T67M-160 mit der WNr. 1999, G-BKAM flog am 5. Dezember 1982. Sie war zuvor bereits auf der Farnborough Air Show 1982 im Static Display gezeigt worden. Die Zulassung der T67M-160 wurde am 2. August 1983 durch die englische Luftfahrtbehörde erteilt. Von dieser ersten militärischen GFK-Variante wurden zwischen 1982 und 1984 nur sechs Flugzeuge gebaut.

Als zivile GFK-Variante kam die T67B ab 1983 auf den Markt. Sie entsprach der T67M, hatte jedoch den 118 PS starken Lycoming O235-N2A Motor. Kraftstoff- und Ölsystem waren wie bei der T67M für negative g-Belastungen ausgelegt. Die T67B flog erstmals 1983 und wurde am 18. September 1984 durch die Luftfahrtbehörde zertifiziert. Jeweils 7 T67B entstanden 1984 und 1985 für zivile Kunden.

Ab 1985 kam die Slingsby T67M Mk2 als Ablösung für die T67M-160. Sie war äußerlich von der T67M durch die zweigeteilte Kabinenhaube zu unterscheiden. Außerdem wurde der Rumpftank hinter dem Brandschott gegen zwei größere Tragflächentanks und der Lycoming O320-D18 durch den -D2A Motor ersetzt. Die Typenzertifizierung der Mk2 durch die englische Behörde erfolgte am 20. August 1985. Insgesamt 26 Mk2 wurden zwischen 1983 und 1993 gebaut.

Mit der T67C erschien 1985 eine leistungsstärkere Zivilvariante mit einem 160PS Lycoming O320-D2A Motor. Sie entsprach der militärischen Mk2 allerdings ohne Kraftstoff- und Ölsystem für Kunstflüge Die T67C wurde am 16. Dezember 1987 durch die englische Luftfahrtbehörde zertifiziert und löste die T67B im Markt ab. Bei den Zivilvarianten wurde unterschieden zwischen der T67C1 mit einteiliger Kabinenhaube und Tanks im Rumpf wie bei T67M-160 und T67B, der T67C2 mit Flügeltanks und zweiteiliger Kabinenhaube wie die militärische Mk2 und der

T67C3 (auch als T67D bezeichnet) mit dreiteiliger Haube. Die zivilen T67B/C wurden an zivile Flugschulen und Airlines für die Pilotenausbildung geliefert. Zwischen 1985 und 1992 entstanden 29 zivile T67C.

Kanadische T67C2 bzw. CT134 (Wikimedia CC-BY-SA 2.0, Sanchom)

Ab 1987 kam die T67M-200 als stärkere militärische Variante auf den Markt. Sie erhielt den 200 PS starken Lycoming AEIO360-A1E Motor und war äußerlich von der -160 durch einen Dreiblattpropeller zu unterscheiden. Die T67M-200 flog am 16. Mai 1985 erstmals und wurde am 19. Juni 1987 durch die Luftfahrtbehörde zugelassen. Sie wurde als leistungsstärkere Variante neben der kleineren Mk2 angeboten. Zwischen 1985 und 1989 entstanden 37 T67M-200.

Als letzte Firefly-Variante kam 1993 die T67M-260 mit einem 260 PS Lycoming AEIO540-D4A5 Motor als Ablösung für die T67M-200 auf den Markt. Auch sie hatte einen Dreiblattpropeller. Die T67M-260 wurde am 11. November 1993 zertifiziert. Als T3A wurde die T67M-260 bei der US Air Force als Trainerflugzeug betrieben. Der einzige Unterschied zwischen der -260 und der T3A bestand in der zusätzlichen Klimaanlage, die die US Air Force für ihre Trainerflugzeuge forderte.

Zwischen 1989 und 2002 wurden 51 T67M-260 gebaut. Weitere 113 Maschinen wurden als T3A an die US Air Force ausgeliefert. Seit 1993 lieferte Slingsby nur noch die militärische Variante in Form der T67M-260 aus.

Slingsby T67M-260, Defense Military Flying School (Wikimedia, GNU1.2, MilborneOne)

Anfang der 80er Jahre war auch eine viersitzige Variante der T.67 Firefly bei Slingsby Aviation unter der Bezeichnung T.68 in Arbeit. Sie sollte 1983 erstmals fliegen. Für 1984 war eine sechssitzige Variante unter der Bezeichnung T.69 angekündigt, die mit einem 200/240 PS starken Lycoming Motor ausgerüstet werden sollte. Beide Muster wurden noch vor dem Prototypenstadium aufgegeben.

Als ersten Kunden für ihre GFK-Version der T67 gewann Slingsby Aviation die 1981 gegründete Specialist Flying Training Ltd., eine Flugschule, die sich auf das Training von Militärpiloten fremder Luftwaffen spezialisiert hatte. SFT war allerdings an einer militärischen Trainervariante interessiert. Daher wurden die ersten GFK-Versionen der Firefly als militärische Varianten mit der Bezeichnung T67M fertiggestellt. Die ersten T67M wurden im Februar 1983 an SFT ausgeliefert. SFT erwarb 1985 auch sämtliche T67A Holzvarianten des Fireflys. Insgesamt erwarb SFT 13 Exemplare der T67, die sie bis 1988 betrieb.

Die militärischen T67M wurden für das Grundtraining und das Piloten-Screening bei Luftwaffen in aller Welt genutzt. Neben der erwähnten Specialist Flying Training gehörte die türkische Luftwaffe zu einem der ersten Besteller der T67M. Die Türk Hava Kurumu übernahm zwischen 1985 und 1989 bis zu 16 Maschineni.

Der größte Kunde für die T67M wurde die U.S. Air Force, die zwischen 1993 und 1995 insgesamt 113 T67M unter der Bezeichnung T-3A bei Slingsby erwarb. Sie waren bei der USAF auf dem Hondo Municipal Airport in Texas und bei der USAF Academy in Colorado stationiert. Mit der T67M wurden die T-41 Maschinen abgelöst, mit denen die USAF ihr Piloten-Screening durchführte. Nachdem zwischen Februar 1995 und Juni 1997 bei der USAF drei Totalverluste durch Pilotenfehler zu verzeichnen waren, wurde die gesamte T-3A Flotte im Juli 1997 gegroundet. Ein Teil der T-3A wurde in einem 10 Millionen Dollar teuren Modifikationsprogramm überarbeitet bevor das gesamte Flight Screening Programm der USAF im September 1999 eingestellt wurde. Die ersten 53 Maschinen wurden an der USAF Academy in Colorado bis 2003 zerlegt. Die übrigen T-3A wurden in Hondo bis zum September 2006 eingelagert und danach ebenfalls verschrottet.

Slingsby T-3A der USAF (Slingsby Aviation via Ron Smith)

Auch bei der kanadischen Luftwaffe kam die T67M ab 1992 als Ersatz für die CT134 zum Einsatz. Insgesamt 15 Flugzeuge kamen bei der Canadian Aviation Training, einem Tochterunternehmen der kanadischen Bombardier-Gruppe, für die Grundausbildung der kanadischen Luftwaffenpiloten zum Einsatz. Die Maschinen wurden im August 2005 ausgemustert und über Gemini Aircraft an zivile Nutzer in den USA verkauft. In England erwarb die Hunting Aircraft Ltd. ab 1993 insgesamt 46 T67M mit denen sie militärische Pilotenausbildung im Unterauftrag von verschiedenen Luftwaffen betrieb, unter anderem mit 22 Maschinen ab 1995 auch für die Royal Air Force in England. In März 2001 übernahm Babcock Support Services Ltd. von Hunting Aircraft Ltd. die gesamte T67-Flotte und setzte das Ausbildungsprogramm bis zum Frühjahr 2010 fort. Hunting und Babcock wurden damit neben der USAF zum größten Betreiber der T67.

Auch die Piloten der jordanischen Luftwaffe wurden seit 2002 auf Maschinen der Babcock Support Services geschult. Im August 2011 übernahm Swift Aircraft. Seit dem August 2015 wurden 14 Swift-Maschinen von der jordanischen Luftwaffe übernommen und seither in Malfraq bei Amman selbst betrieben. Die Rijksluchtvaartschool in Eelde in den Niederlanden beschaffte 1990-91 ebenfalls neun zivile T64-C3 für die Ausbildung niederländischer Militärpiloten. Die KLM übernahm diese Flugzeuge 1991 und war bis 2002 für die gemeinsame Ausbildung von Militär- und Zivilpiloten in den Niederlanden verantwortlich.

Nur etwa 70 von fast 300 gebauten Flugzeugen wurden an Einzelnutzer abgegeben, davon viele an kleine Luftwaffen- und Polizeidienste, wie etwa Belize (1), Bahrain (3), Hongkong (2) oder private militärische Flugschulen. Die Abgabe an Privatpersonen oder Fliegerclubs beschränkte sich in der Erstauslieferung von Slingsby Aviation auf einige wenige Exemplare. In der wirklichen zivilen Nutzung der Privatfliegerei fand man die T64 vermehrt erst in der Zweit- und Drittnutzung nach 2000. Auffällig viele T64 gingen durch Absturz verloren. Zwischen 1981 und 2002 wurden insgesamt 287 T67 bei Slingsby gebaut. Nur 53 Maschinen wurden an zivile Nutzer abgegeben. Die zivile Flugzeugproduktion wurde bei Slingsby 1992 eingestellt. Mehr als 230 Flugzeuge gingen an militärische Nutzer. Die letzten Flugzeuge wurden 2002 ausgeliefert. Mehr als die Hälfte der Produktion waren leistungsstarke T67M-260.

Die Fournier RF-7 war die letzte Entwicklungsstufe der einsitzigen Motorflugzeuge von Rene Fournier. Ursprünglich stand bei dieser Entwicklung nur die Anforderung an eine neue Motorisierung der RF-4D im Vordergrund, die einerseits die kompakte und preisgünstige Anforderung des Fournier-Konzepts erfüllte, andererseits aber auch die Zulassungsanforderungen der amerikanischen FAR-33 Regularien abdeckte. Der Rectimo 4AR-Motor der RF-4 konnte als Einfachzünder-Motor diese Anforderung nicht abdecken. Ein geeigneter Doppelzünder-Motor stand bei Limbach mit dem SL1700D, der für die RF-5 entwickelt worden war, bereits zur Verfügung. Dieser Motor war allerdings nicht kunstflugtauglich. Pützer beauftragte daher Limbach den SL1700D mit einer lageunabhängigen Ölversorgung und einem Rückenflugvergaser auszurüsten.

Mit der Verfügbarkeit eines Doppelzünder-Motors bestand für Rene Fournier erstmals aber auch die Möglichkeit seinen Einsitzer als reines Motorflugzeug zuzulassen. Die RF-4D mit dem Einfachzünder-Motor Rectimo 4AR konnte auch in Deutschland nicht als Motorflugzeug, sondern nur als Motorsegler zugelassen werden. Hierzu erforderte die RF-4D aber ausreichende Segelflugeigenschaften. Bei einer mit Doppelzünder ausgerüsteten und als Motorflugzeug zugelassenen RF-4D konnte Fournier auf die Segelflugeigenschaften verzichten. Daher reduzierte Rene Fournier die Spannweite der RF-4D um fast zwei Meter. Rumpf und Leitwerk wurden unverändert beibehalten. Neben einigen weiteren, kleineren Änderungen verlagerte Fournier außerdem den im Rumpf hinter dem Brandschott liegenden Zentraltank in zwei Tragflächentanks, die in der Flügelwurzel hinter dem Flügelholm angeordnet wurden. Auch das Fahrwerk wurde für den neuen Entwurf modernisiert.

Da die so modifizierte RF-4D nicht mehr segelflugtauglich war, musste für sie eine komplett neue Musterzulassung als Motorflugzeug beantragt werden. Daher wurde für den überarbeiteten Entwurf die Bezeichnung Fournier RF-7 eingeführt. Die Fournier RF-7 war im Gegensatz zu den bisherigen Fournier-Motorseglern das erste reine Motorflugzeug von Rene Fournier. Der Bau des Prototypen begann im Juli 1969 in Nitray. Der Erstflug der WNr. 7001, F-WPXV durch Bernard

Chauvreau erfolgte am 26. Februar 1970 in Nitray. Im April 1970 wurde das erste, reine Motorflugzeug von Rene Fournier auf der Internationalen Luftfahrtausstellung ILA 1970 in Hannover der Öffentlichkeit vorgestellt. Im Juni 1970 erschien die RF-7 auch auf der Cannes Air Show. Das Flugzeug fand in Kunstflugkreisen Anerkennung und erste Bestellungen gingen bei Sportavia bereits ein. .

Fournier RF-7, WNr. 02 mit verkürzten Tragflächen (Ron Smith)

Während des Zulassungsprozesses durch das Luftfahrtbundesamt traten dann allerdings Probleme in Verbindung mit dem SL1700D Motor von Limbach auf, der die Anforderungen für die Motorflugzeug-Zulassung in Deutschland nicht erfüllte und nachhaltig überarbeitet werden musste. Peter Limbach gab daraufhin die Arbeiten an dem modifizierten SL1700D auf und zog sich aus dem RF-7 Projekt zurück. Da andere, bereits zugelassene Flugmotore deutlich schwerer und damit für die RF-7 ungeeignet waren, war eine Zulassung außerhalb der Motorsegler-Klasse in Deutschland oder der Experimentalflugzeug-Klasse in den USA auch mit der RF-7 nicht möglich. Das Projekt wurde 1971 aufgegeben. Der Prototyp wurde später nach England verkauft, zwei bereits fertiggestellte Kitsätze gingen später zum Eigenbau nach Frankreich.

Fournier RF-8

Die Fournier RF-8 war das erste und einzige Metallflugzeug von Rene Fournier. Nachdem Alfons Pützer am Bau und Vertrieb einer Trainervariante der RF-5 nicht interessiert war, führte Fournier 1969 Gespräche mit verschiedenen Vertretern der französischen Luftwaffe und gelangte schließlich zu General Bonte im französischen Wehrbeschaffungsamt. Bonte forderte Fournier zur Vorlage eines Entwurfs für einen zweisitzigen Trainer auf Basis der RF-5 in Metallbauweise auf und stellte für den Bau eines Prototyps und eine mögliche künftige Serienfertigung in Frankreich eine staatliche Förderung in Aussicht.

Fournier überführte daraufhin den RF-5 Entwurf in eine Metallkonstruktion unter Beibehaltung der Tandemsitzkonfiguration. Statt des Spornrads sah Fournier für die Trainerversion ein einziehbares Bugrad vor. Das zentrale Fahrwerk unter dem Rumpf und die beiden Stützräder unter den Tragflächen behielt Fournier bei. Optisch erinnerte dieses Fahrwerk an den amerikanischen U2-Aufklärer, wodurch das Flugzeug oft auch als „U2 der armen Leute" bezeichnet wurde. Als Motor sollte ein 80 PS Motor zum Einsatz kommen, der die notwendigen Voraussetzungen für eine Zulassung als Motorflugzeug erfüllte, wie er zeitgleich bei Limbach in Königswinter für die RF-7 entwickelt wurde. Diese Metallvariante der RF-5 erhielt die Bezeichnung Fournier RF-8.

Fourniers Produktionspartner Sportavia fehlte für den Bau des RF-8 Prototypen die Metallbau-Erfahrung, zumal die Produktionskosten in Deutschland durch die mehrfachen Aufwertungen der D-Mark Ende der 60er Jahre die RF-8 in Frankreich unverkäuflich gemacht hätten. Ebenso war eine Förderung des Prototypenbaus und der Serienaufnahme für ein in Deutschland ansässiges Unternehmen durch den französischen Staat ausgeschlossen. Fournier benötigte daher einen Produktionspartner für die RF-8 in Frankreich. Rene Fournier entschied sich daher für eine Zusammenarbeit mit Jean Chapeau, der knapp 100 km von Nitray in Argenton-sur-Creuse einen eigenen Luftfahrtbetrieb unter dem Namen Indraero mit knapp 100 Mitarbeitern unterhielt. Da der französische Staat die Fördermittel nur an den künftigen Produktionsbetrieb vergab, übernahm Indraero im Weiteren die Leitung des RF-8 Projekts und beantragte die staatliche Förderung des

Prototypenbaus. Indraero beauftragte Rene Fournier mit der Entwicklung und Zulassung der RF-8. Im Oktober 1969 bewilligte die französische Regierung die Mittel für den Prototypenbau.

In Nitray entstand zunächst ein Holz-Mockup der RF-8, in dem Fournier das Kabinenlayout testete. Ende 1969 gingen die ersten Baupläne für die RF-8 an Indraero. Als sich 1970 zeigte, dass der L1700D von Peter Limbach nicht für die Zulassung eines Motorflugzeugs ausreichend war und auch Rectimo keinen geeigneten Motor anbieten konnte, entschloss sich Rene Fournier zur Entwicklung eines eigenen Motors für die RF-8 in Nitray. Dieser Motor basierte auf einem 1700 ccm Volkswagen-Motor, der auf 1850 ccm aufgebohrt wurde und eine Leistung von 80 PS lieferte. Die für die Zulassung als Motorflugzeug notwendige Doppelzündung und indirekte Kraftstoffeinspritzung wurde in Nitray ergänzt. Nach umfangreichen Tests im Winter 1971/72 in Nitray wurde der Motor im Februar 1972 an die staatliche Testzelle in Saclay übergeben. Dort sollten die Leistungsdaten ermittelt werden. Bei einem der Testläufe wurde der Testmotor nach mehr als 200 Betriebsstunden im Juni 1972 durch einen mechanischen Fehler zerstört. Da für die Fortführung der Eigenentwicklung kein ausreichenden Mittel mehr zur Verfügung standen, entschieden sich Fournier und Indraero zur Übernahme des in den USA bereits zugelassenen, amerikanischen 115 PS Lycoming-Motors. Dieser Motor war für die RF-8 einerseits überdimensioniert. Er war andererseits aber auch schwerer und komplexer in Hinblick auf die zu verwendenden Komponenten. Aus der ursprünglich als preisgünstiges Metallderivat der RF-5 angedachten RF-8 wurde auf diese Weise ein schweres Hochleistungsflugzeug, das nun in direkter Konkurrenz zu normalen Motorflugzeugen stand. Die notwendigen Änderungen an der RF-8 für den neuen Motor wurden bei Indraero bis Ende 1972 abgeschlossen.

Der Erstflug der RF-8 mit der Zulassung F-WSOY durch Bernard Chauvreau erfolgte am 19. Januar 1973 bei Indraero in Argenton-sur-Creuse. Vor den ersten größeren Belastungstests wurde das Flugzeug bei Sopemea in Villacoublay bis Ende März zunächst verschiedenen Vibrationstests unterzogen. Im Mai 1973 wurde das Flugzeug auf dem Pariser Aero Salon der Öffentlichkeit vorgestellt. Danach erfolgte eine umfangreiche Erprobung durch das französische Militär.

Eine zweite Zelle für statische Tests wurde am 30. November 1973 an das Aeronautical Test Center in Toulouse übergeben. Als die Zelle im April 1975 versagte und ein partieller Umbau der Testzelle gefordert wurde, standen hierfür bei Indraero keine Mittel mehr zur Verfügung. Weitere staatliche Mittel konnten in Frankreich nicht beschafft werden. Der Zulassungsprozess in Frankreich wurde daraufhin von Indraero 1974 angebrochen. Die französische Luftwaffe wählte später die Socata TB30 Epsilon als Trainingsflugzeug aus.

Fournier RF-8 Ganzmetall-Flugzeug (Rene Fournier)

Indraero und Fournier boten die RF-8 daraufhin anderen Luftwaffen in Europa an, unter anderem auch der Bundesluftwaffe. Das Flugzeug wurde letztmalig auf dem Pariser Aero Salon 1975 gezeigt. Nachdem sich keine anderen Käufer für das Flugzeug fanden, lagerte Indraero die Maschine ein. Im Januar 2015 übergab die inzwischen zur Airbus Group gehörige Indraero die RF-8 an das Luftfahrtmuseum in Angres.Marce, wo das Flugzeug Bestandteil der ständigen Ausstellung ist.

Die RF-8 blieb das einzige Metallflugzeug von Rene Fournier.

In seinem 1974 gegründeten eigenen Flugzeugwerk Avions Fournier in Nitray wurde anfänglich nur das Trainerflugzeug RF-6B produziert. Fournier beabsichtigte mit der Entwicklung eines neuen Motorseglers an die Erfolge der RF-4 und RF-5 aus den 60er Jahren bei Avions Fournier anzuknüpfen. Die Entwicklung der als RF-9 bezeichneten Maschine begann 1976 bei Avions Fournier in Nitray.

Im Gegensatz zu den frühen Fournier-Entwürfen der sechziger Jahre erhielt die RF-9 einen breiten Rumpf, in dem zwei nebeneinander angeordnete Sitze untergebracht werden konnten. Fournier verwendete bei der RF-9 die für ihn typische Holzbauweise. Um die Witterungsbeständigkeit zu erhöhen, erhielt die Holzoberfläche einen Polyesterüberzug aus Dacron. Um das Flugzeug besser in Hallen unterbringen zu können, sah Fournier klappbare Flügelenden vor, mit denen die Spannweite von 17 Metern auf 10 Meter reduziert werden konnte. Als Antrieb kam der 68PS starke Limbach L1700 Motor zum Einsatz, der eine Reisegeschwindigkeit von 150 km/h ermöglichte. Für die Serienmaschinen sah Fournier dann den 80PS starken Limbach L2000 Motor vor, um das Startverhalten der RF-9 zu verbessern. Anstelle des Zentralrads bei den früheren RF-4 und RF-5 erhielt die RF-9 ein einklappbares Doppelfahrwerk mit einer Spurweite von 2,70 m. Fournier verwendete bei der RF-9 auch Wölbklappen, mit denen das Flugverhalten im Langsamflug verbessert werden sollte. Beim Prototypen konnten damit aber nur mäßige Ergebnisse erreicht werden, sodass Fournier die Klappen auf Grund des konstruktiven Mehraufwands wieder entfernte. Beibehalten wurden allerdings die Schempp-Hirth Bremsklappen auf der Flügeloberseite.

Fournier begann noch 1976 bei Avions Fournier mit dem Bau zweier Prototypen, von denen der erste Prototyp, WNr. 02, F-WARF am 20. Januar 1977 mit Bernard Chauvreau zum Erstflug startete. Als Avions Fournier im Sommer 1977 Insolvenz anmelden musste, befand sich der zweite Prototyp und eine strukturelle Testzelle noch im Bau. Mit der Insolvenz der Avions Fournier kam die weitere Erprobung des RF-9 Prototypen und die Fertigstellung des zweiten Prototypen im Sommer 1977 komplett zum Erliegen. Zwar konnte Rene Fournier den von den Banken eingesetzten Insolvenzverwalter noch von einer Fertigstellung der struktu-rellen Testzelle überzeugen, die noch im Dezember 1977 für die Durchführung der statischen Tests nach Toulouse geliefert wurde. Eine Beauftragung der Test-läufe in Toulouse erfolgte durch Avions Fournier nicht mehr.

Fournier RF-9 Prototyp, WNr. 02, F-CARF in Zeeland, 1989
(Wikimedia.org, Haro Ranter, CC-BY-3.0)

Anfang 1978 erwarb die von Rene Caillet neugegründete Fournier Aviation die Rechte an der RF-9 Entwicklung, sowie die beiden Prototypen und die in Toulouse befindliche Testzelle aus der Insolvenzmasse der Avions Fournier. Rene Fournier wurde als technischer Berater bei Fournier Aviation eingestellt und setzte die Entwicklungsarbeiten an der RF-9 für Fournier Aviation im Frühjahr 1978 fort. Im Mai 1978 wurde der RF-9 Prototyp für die zwei Monate dauernden Zulassungstests an die CEV in Istres übergeben. Der zweite Prototyp wurde bei Fournier Aviation in Nitray fertiggestellt und startete im April 1979 zum Erstflug. Die Tests an der statischen Testzelle in Toulouse verzögerten sich allerdings bis zum August 1979. Die französische DGAC erteilte am 20. Dezember 1979 die Musterzulassung Nr. 167 für die RF-9. Die ersten Teile für die Serienmaschinen wurden bereits im Sommer 1979 gefertigt. Rumpf und Flügel wurden als Baugruppen bei Siravia von Francis Sire gefertigt und zur Endmontage nach Nitray geliefert. Im Oktober 1980 wurden die ersten Flugzeuge an Kunden ausgeliefert. Monatlich wurde in Nitray ein Flugzeug fertiggestellt.

Der Verkauf der RF-9 Holzkonstruktion gestaltete sich Anfang der 80er Jahre bereits schwierig, da eine Reihe von Konkurrenzprodukten in moderner Verbundfasertechnologie gebaut wurden. Mit einem Stückpreis von 200.000 FF war die RF-9 auch nicht preisgünstiger als die Konkurrenzmodelle. Auch die schwache Motorisierung mit negativen Auswirkungen auf das Startverhalten hielten Interessenten vom Kauf der RF-9 ab. In Frankreich konnten nur sieben Flugzeuge abgesetzt werden. Zwei weitere Maschinen wurden an Luftfahrtvereine in Spanien geliefert. Ein Flugzeug ging an Gomolzig Aviation in Deutschland. Fournier Aviation stellte die RF-9 Produktion nach zehn gebauten Serienflugzeugen Ende 1981 ein. Drei weitere Flugzeuge wurden in den 90er Jahren von Privatpersonen im Eigenbau mit bereits für die Serie gefertigten Baugruppen montiert.

ABS Aircraft RF-9

Zehn Jahre nach dem Ende der RF-9 Produktion in Frankreich kam es in Deutschland zu einer Neuauflage eines überarbeiteten Entwurfs der RF-9. Nachdem Albert Blum 1991 die ehemalige Sportavia-Muttergesellschaft Rhein-Flugzeugbau erworben hatte, gründete Blum 1992 den ehemaligen Sportavia-Standort auf der Dahlemer Binz wieder als eigenständiges Unternehmen unter dem Namen ABS Aircraft GmbH aus. Gemeinsam mit der Firma Gomolzig, die die RF-9 mit der WNr. 10 besaß, nahm ABS Aircraft GmbH ab 1992 eine Überarbeitung des RF-9 Entwurfs vor. Grundsätzlich sollte dabei die bestehende Holzkonstruktion beibehalten werden, allerdings sollte der hölzerne Flügelholm durch einen Karbonholm zur Gewichtseinsparung ersetzt werden. Statt des Limbach L1700 Motors beabsichtigte Gomolzig die Verwendung eines Rotax-Motors.

Bei der ABS Aircraft GmbH entstand bis zum Frühjahr 1993 ein Prototyp des überarbeiteten RF-9 Entwurfs, der auf dem Aero Salon 1993 in Paris als Static Display der Öffentlichkeit vorgestellt wurde. Gegenüber der ursprünglichen RF-9 wies die Carbon-Variante eine Gewichtseinsparung von 5% des Leergewichts auf. Von der Insolvenz der ehemaligen Muttergesellschaft Rhein-Flugzeugbau im Sommer 1993 war die inzwischen zur Schweizer ABS Aircraft AG gehörende ABS Aircraft GmbH auf der Dahlemer Binz zunächst nicht betroffen. Der Erstflug der ABS RF-9 mit dem Kennzeichen D-KHGO fand 1994 auf der Dahlemer Binz statt. Auch die Kitsätze für zwei weitere Flugzeuge waren 1994 bereits fertiggestellt, als weitere Mittel für die Musterzulassung und den Aufbau einer Serienproduktion nach der Übernahme der ABS Aircraft GmbH durch die IVG-Gruppe und Umbenennung in E.I.S. Aircraft GmbH fehlten.

Das Herbert Gomolzig Ingenieurbüro in Wuppertal betrieb daraufhin die Musterzulassung ohne den bisherigen Partner alleine weiter. Das Luftfahrtbundesamt erteilte mit dem Gerätekennblatt 824 am 28. November 1997 die Zulassung der im Besitz von Gomolzig befindlichen, überarbeiteten RF-9 ABS mit der WNr. 9021 als Einzelstück. Für die Aufnahme einer Serienproduktion fehlten aber auch bei Gomolzig die Mittel.

Der Prototyp und die beiden Kitsätze wurden vor dem Verkauf der ABS Aircraft GmbH zur Muttergesellschaft ABS Aircraft AG in die Schweiz gebracht. Der Prototyp wurde bei ABS Aircraft einige Zeit als Reiseflugzeug genutzt und später an den Luftsportverein Siebengebirge verkauft. Die beiden Kitsätze übernahm 2008 das polnische Unternehmen Polavia in Deblin. Eine der beiden Sätze wurde in Polen 2009 aufgebaut und mit dem Kennzeichen SP-0065 in Polen zugelassen. Das zweite Kit scheint bis 2014 in Holland bei WZL aufgebaut worden zu sein.

Ende der 70er Jahre zeichnete sich eine grundlegende Wandlung bei der Konstruktion preisgünstiger Motorsegler ab. Die Verwendung von Verbundwerkstoffen beendete den Entscheidungsbedarf zwischen preisgünstiger Holzkonstruktion und langlebiger Metallkonstruktion. Während Rene Fournier bei der RF-9 1976 nach wie vor auf die kostengünstige und leichtere Holzkonstruktion setzte, gingen andere Hersteller Ende der 70er Jahre bereits den Weg in Richtung Verbundwerkstoff-Konstruktionen. Als Fournier Aviation 1980 mit der Vermarktung der klassischen Holzkonstruktion RF-9 begann, musste man schnell feststellen, dass diese Art der Konstruktion gegenüber Konkurrenzmodellen in Verbundwerkstoff-Ausführung, wie etwa der Grob G-109 oder der Hoffmann HK36 Dimona am Markt nicht mehr durchsetzbar war.

Caillet beauftragte Rene Fournier daher bereits Anfang 1980 mit dem Entwurf einer auf Verbundwerkstoffe umgestellten RF-9 Konstruktion mit der Fournier Aviation wieder Anschluss an die Mitbewerber finden sollte. Fournier behielt das grundsätzliche Layout der RF-9 bei der neuen Fournier RF-10 Konstruktion bei. Die Verwendung der Verbundwerkstoffe ermöglichte ihm aber den hinteren Rumpfbereich zu verschlanken, wodurch die RF-10 sehr gut von der RF-9 zu unterscheiden war. Die Kabinenhaube der RF-10 wurde gegenüber dem Vorgänger etwas abgeflacht. Ansonsten behielt Fournier aber Flügel, Leitwerk, Fahrwerk und Motor wie beim Vorgänger RF-9 bei.

Der Bau eines Prototypen, F-WARG begann bei Fournier Aviation im Herbst 1980. Für die Fertigung der Kunststoff-Baugruppen griff Fournier auf die Erfahrungen von Robert Jacquet bei Aerostructure SARL zurück. Im Sommer 1980 trafen die ersten Baugruppen des RF-10 Prototypen in Nitray ein. Anfang 1981 war die Montage des RF-10 Prototypen abgeschlossen. Die DLVFR führte für Fournier Aviation im Februar 1981 die Vibrationstests durch und am 6. März 1981 startete der RF-10 Prototyp, WNr. 01, F-WARG mit Bernard Chauvreau zu seinem Erstflug. Nur einen Monat später am 11. April 1981 musste Bernard Chauvreau das Flugzeug während eines Trudelversuchs mit dem Fallschirm verlassen, nachdem es ihm nicht gelungen war, das Flugzeug zu stabilisieren.

RF-10, WNr. 2 mit tiefliegendem Höhenleitwerk 1981(Jim Smith)

Fournier RF-10 WNr. 4, Prototyp mit T-Tail, Aero Salon 1984 (Ron Smith))

Interessanterweise stabilisierte sich das führerlose Flugzeug von selbst und setzte später fast ohne Beschädigungen sogar auf dem Boden auf. Lediglich die Tragflächen wurden beim Einrollen in ein Waldgelände zerstört. Interessanterweise erwies sich wieder das tiefliegende Höhenleitwerk der RF-10, wie bereits einige Jahre zuvor beim Absturz des RF-6C Prototypen, bei bestimmten Schwerpunktlagen als kritisch.

Rene Fournier überarbeitete daraufhin bis zum Sommer 1982 die gesamte Leitwerkskonstruktion und ersetzte das konventionelle Kreuzleitwerk durch ein neues T-Leitwerk. Aerostructure hatte inzwischen von Fournier Aviation den Auftrag zur Fertigung von Baugruppen für drei Vorserienflugzeugen erhalten. Diese wurden nach dem Trudelunfall gestoppt. Die erste Vorserienmaschine wurde als Ersatz für den Prototypen fertiggestellt und flog im Juni 1981 erstmals. Mit dem ursprünglichen Kreuzleitwerk wies auch der zweite Prototyp das kritische Trudelverhalten bei bestimmten schwanzlastigen Schwerpunktslagen und stehendem Motor auf. Da die zweite Vorserienmaschine bereits zu weit fortgeschritten war, wurde die dritte Vorserienmaschine erstmals mit dem neuen T-Leitwerk ausgestattet. Sie flog erstmals am 13. Dezember 1983. Die neue RF-10 erhielt statt des 65 PS starken Limbach L1700 den leistungsstärkeren 80 PS Limbach L2000 Motor, um das durch die Verbundwerkstoffe um 60 kg gestiegene Gewicht gegenüber der RF-9 Holzvariante auszugleichen. Auf Basis der WNr. 4 erteilte die DGAC am 23. Oktober 1984 die Typenzulassung für die RF-10.

Ursprünglich beabsichtigte Caillet eine Vermarktung der RF-10 als Bausatz, den der Käufer selbst montieren sollte. Die Herstellung der Baugruppen sollte die auf Kunststoffteile spezialisierte Aerostructure SARL von Robert Jacquet übernehmen, die bereits die Baugruppen für den Prototypen und die Vorserienmaschinen hergestellt hatte. Nachdem sich 1982 Interessenten für bis zu 50 Einheiten der RF-10 bei Fournier Aviation gemeldet hatten, entschloss sich Caillet doch zum Aufbau einer eigenen Montagelinie für die RF-10. Da die Kapazitäten in Nitray für die Nachfrage nicht ausreichten, erhielt Aerostructure SARL 1982 die Produktionsrechte für die RF-10. Rene Caillet behielt allerdings die Vermarktungsrechte für die RF-10 bei Fournier Aviation. Aerostructure SARL blieb damit Unterauftragnehmer für den Serienbau der RF-10.

Aerostructure RF-10

Bei Aerostructure SARL entstand im Herbst 1982 die vierte RF-10, die gleichzeitig die erste Serienmaschine sein sollte. Bei ihr kam erstmals auch das neue T-Leitwerk zum Einsatz. Die erste Serienmaschine erhielt außerdem je einen 45 Litertank für jeden Flügel anstelle des 30 Liter Rumpftanks beim Prototypen und den beiden Vorserienmaschinen. Am 13. Dezember 1982 startete diese nochmals überarbeitete Variante zum Erstflug.

Mit Werknummer 5 nahm Aerostructure SARL die Serienfertigung der modifizierten RF-10 im Frühjahr 1984 auf. Sie startete am 10. Mai 1984 zum Erstflug. Fünf Flugzeuge wurden 1984 fertiggestellt, als die kleine Aerostructure SARL neuen Finanzbedarf hatte. Daraufhin übernahm Robert Creuzet die Fertigung der RF-10 für Aerostructure SARL in seinem kleinen Virazil-Werk in Marmande. Weitere 5 Maschinen folgten 1985. Als der brasilianische Luftfahrtverband auf dem Aero Salon 1983 in Paris 100 RF-10 für verschiedene brasilianische Luftsport-Organisationen bestellte, waren die bestehenden Kapazitäten nicht mehr ausreichend. Caillet fand in der brasilianischen Aeronaves e Motores S.A. (Aeromot) in Porto Alegre ein Partnerunternehmen, dass die Fertigung der brasilianischen RF-10 übernehmen sollte. Gleichzeitig sollte Aeromot den offenen Auftragsbestand bei Aerostructure mit Lieferungen aus Brasilien bedienen. Jacqeut und Creuzet stellten daraufhin die RF-10 Produktion nach 14 gebauten RF-10 Flugzeugen einschließlich der Prototypen und Vorserienmaschinen 1986 ein und verschifften die Produktionsanlagen nach Porto Alegre. Außerdem erhielt Aeromot die Produktionsrechte für die RF-10, sowie die RF-10 WNr. 11 als Mustermaschine.

Die als Mustermaschine an Aeromot gelieferte RF-10 mit der WNr. 11, PT-ZAM wurde 2001 von dem in Brasilien lebenden Schweizer Gerard Moss für einen Weltflug verwendet. Die Flügel der Maschine waren bei Aeromot in Porto Alegre für diesen Flug speziell verstärkt worden, um höhere Lasten laden zu können. Der beiden 45 Liter Tanks wurden um einen weiteren 200 Liter Tank im Rumpf vergrößert. Damit konnte die Reichweite auf fast 3000 km erweitert werden. Moss startete am 20. Juni 2001 in Rio de Janeiro zu seinem Weltflug, der von einem brasilianischen Fernsehsender als „Flug des Windes" finanziert wurde.

RF-10, WNr. 011, PT-ZAM Weltflug-Maschine von Gerard Moss (Gerard Moss)

Der Flug führte über die USA, die Beringstraße und Sibirien weiter Richtung Südostasien. Von dort ging es über den indischen Subkontinent nach Europa. Über Afrika führte der Rückflug auf die Kapverdischen Inseln, wo der kritischste Teil des Flugs mit der 12-stündigen Überquerung des Atlantiks bis zur 2315 km entfernten Insel Fernando de Noronha am 24. September begann. Moss legte mit der Maschine 55.000 km in 60 Tagesetappen zurück und durchquerte in 100 Tagen 40 Länder im Alleinflug. Am 29. September 2001 landete Moss die RF-10 wieder in Rio de Janeiro. Mit dem Weltflug demonstrierte Moss die Leistungsfähigkeit und Stabilität der RF-10 Konstruktion. Es war gleichzeitig der erste Weltflug, der mit einem Motorsegler absolviert wurde.

Moss-Weltflug „Flug des Windes" 2001
(Quelle: http://mundomoss.com.br)

	Ziel	Flugstrecke
06.06.2001	Porto Alegre (Flugzeugübernahme)	
20.06.2001	Rio de Janeiro (Start des „Flug des Windes")	0 km
20.06.2001	Sao Jose dos Campos (BR)	280 km
21.06.2001	Sorocaba (BR)	160 km
23.06.2001	Goiania (BR)	780 km
24.06.2001	Alta Floresta (BR)	1050 km
25.06.2001	Boa Vista (BR)	1520 km

Date	Location	Distance
26.06.2001	Cuidad Guyana (VZ)	650 km
27.06.2001	Canaima (VZ)	230 km
28.06.2001	Valencia (VZ)	710 km
30.06.2001	Cartagena (CO)	915 km
01.07.2001	Liberia (Costa Rica)	1150 km
02.07.2001	Guatemala City	695 km
05.07.2001	Toluca (MX)	1110 km
07.07.2001	Torreon (MX)	795 km
08.07.2001	Tucson (US)	1085 km
10.07.2001	Salt Lake City (US)	1165 km
12.07.2001	Seattle (US)	1347 km
	EAA Flyin Arlington	
18.07.2001	Williams Lake (CA)	665 km
19.07.2001	Whitehorse (CA)	1500 km
22.07.2001	Fairbanks (US)	435 km
24.07.2001	Nome (US)	840 km
26.07.2001	Anadyr (RU) (via Gambell)	835 km
28.07.2001	Magadan (RU)	1490 km
29.07.2001	Okhotsk (RU)	425 km
31.07.2001	Polina Osipenko (RU)	880 km
02.08.2001	Khabarovsk (RU)	455 km
04.08.2001	Juzhno Sakhalinsk (RU)	595 km
06.08.2001	Nigata (JA)	1040 km
07.08.2001	Gakuen (JA)	200 km
08.08.2001	Kushidagawa (JA)	220 km
09.08.2001	Ishigaki (JA)	1700 km
10.08.2001	Macau (China)	1110 km
13.08.2001	Nha Trang (VI)	1600 km
14.08.2001	U Taphao (TH)	875 km
17.08.2001	Rangoon (MY)	350 km
18.08.2001	Bophal (IN) via Patna in zwei Etappen	2340 km
20.08.2001	Ahmedabad (IN) via Mumbai	1110 km
22.08.2001	Muscat (OM)	2170 km
23.08.2001	Djibouti	2170 km
25.08.2001	Luxor (EG)	1930 km
27.08.2001	Heraklion (GR)	1295 km
28.08.2001	Brindisi (IT)	1130 km
29.08.2001	Lausanne (CH)	1130 km
03.09.2001	Grenchen (CH)	125 km
05.09.2001	Aschaffenburg (D)	330 km

06.09.2001	Worms (D)	80 km
07.09.2001	Amboise (F) via Brüssel	800 km
09.09.2001	Dieppe (F)	220 km
10.09.2001	Denham (UK)	220 km
13.09.2001	Cuatro Vientos Madrid (ES)	1270 km
14.09.2001	Cascais Lisabon (PO)	510 km
16.09.2001	Marrakesch (MC)	800 km
18.09.2001	Nouadhibou (MR)	1575 km
19.09.2001	Dakar (SG)	690 km
23.09.2001	Ilha do Sal-Praia (Kapverden)	660 km
24.09.2001	Fernando do Noronha (BR) Atlantiküberquerung und längste Flugetappe	2315 km
25.09.2001	Recife (BR)	545 km
26.09.2001	Lencois (BR)	915 km
27.09.2001	Linhares (BR)	780 km
28.09.2001	Rio de Janeiro (BR)	570 km

Aeromot Ximango (AMT100/200)

Aeronaves e Motores S.A. (Aeromot) aus Porto Alegre in Brasilien erwarb 1985 von Rene Caillet die Rechte an der RF-10 Entwicklung und Vermarktung einschließlich der Produktionseinrichtungen bei Aerostructure, Marmande und Fournier Aviation und der bereits fertiggestellten Baugruppen. Auch eine Mustermaschine mit der WNr. 11 ging aus Frankreich nach Brasilien. Rene Caillet übernahm für Aeromot die Vermarktung der RF-10 in Europa. Bei Aeromot wurde der RF-10 Entwurf geringfügig angepasst und der brasilianischen Zulassungsbehörde CTA als Aeromot AMT-100 „Ximango" vorgelegt. Die CTA erteilte für die „Ximango" am 5. Juni 1986 die Musterzulassung EP-8602.

Die ersten AMT100 Serienflugzeuge aus Porto Alegre entsprachen weitgehend der von Aerostructure und Fournier Aviation zuletzt in Europa gefertigten Fournier RF-10 mit einem 68PS Limbach L2000-E01 Motor. Ab 1988 bot Aeromot die AMT100 ersatzweise mit einem brasilianischen 72PS Imaer T2000-M1 Motor an.

Die Produktionsrate für die AMT100 lag bei zwei Flugzeugen pro Quartal. Insgesamt 44 Maschinen des Typs AMT100 in beiden Motorvarianten wurden zwischen 1986 und 1993 in Porto Alegre gebaut. Davon gingen 7 Flugzeuge ab 1991 an Rene Caillet für den europäischen Markt, nachdem die DGAC am 10. Oktober 1990 die französische Musterzulassung erteilt hatte. Die AMT100R war ein Beobachtungsflugzeug mit Kamera- und Wärmesensoren-Pods unter dem Rumpf und die AMT100P wurde für Militär und die Polizei als Polizeiflugzeug geliefert.

Aeromot AMT-100 Ximango, WNr. 022, Zeeland, 1991 (Wikimedia, Harro Ranter, CC-BY-SA 3.0)

Ab 1995 ersetzte die AMT200 „Super Ximango", die im Juli 1992 ihren Erstflug absolvierte und am 3. Februar 1993 die CTA Typenzulassung für Brasilien erhielt, mit einem 80 PS starken Rotax 912-A2 Motor die AMT100. Das Startgewicht der AMT200 stieg um 50kg. Ab Mai 2000 wurde die AMT200 mit den 98 PS starken Rotax 912-S2 und –S3 und optionalen Winglets ausgestattet und als AMT200S vermarktet. Der Prototyp der AMT200S flog erstmals im September 1999. Im Oktober 2001 kündigte die USAF Academy Division den Kauf von 14 Exemplaren der

AMT200S als Ersatz für seine veralteten TG-7 aus der Schweiz und der stillgelegten Slingsby T.67 an. Als TG-14A kamen die ersten AMT200S am 24. Juni 2002 bei der 94th Flight Training Squadron der USAF Academy in Colorado Springs zum Einsatz. Bedeutung erzielte die „Super Ximango" auch als Überwachungsflugzeug bei Polizei-Dienststellen in Brasilien und in einigen Sheriff Counties in den USA. Mit der „Super-Ximango" wurde auch die Produktionsrate verdoppelt. Pro Quartal entstanden ab 1996 etwa 4-5 Flugzeuge in Porto Alegre. Insgesamt wurden 126 AMT200 und AMT200S zwischen 1995 und dem Produktionsende der „Ximango" im Jahr 2007 gebaut.

Ab 1999 kam eine Turbolader-Variante der „Ximango" als AMT300 „Turbo Ximango" auf den Markt. Sie war mit einem 85 PS starken Rotax 914-F3 Motor ausgestattet und flog erstmals im Juli 1997. Von der AMT200 unterschied sich die AMT300 durch ihre standardmäßigen Winglets. Die Zertifizierung der AMT300 durch die CTA für Brasilien wurde am 31. März 19999 erteilt. Von der Turbo-Variante entstanden allerdings nur einige wenige Exemplare. Unter der Bezeichnung AMT300R „Reboque" entstand eine spezielle Schleppversion der AMT300. Als die Verkaufszahlen des inzwischen 20 Jahre alten RF-10 Designs ab 2004 zurückgingen, versuchte Aeromot noch einmal eine „Ximango"-Variante mit einem um 150 kg erhöhten Startgewicht als AMT200SO und AMT300SO ab 2007 auf den Markt zu bringen. Hiervon entstanden aber 2009 nur Einzelstücke.

Mit der Aeromot AMT600 „Guri" entstand bereits 1998 auf Basis der „Ximango" eine stark überarbeitete Variante mit Bugfahrwerk. Der Rumpf wurde weitgehend von der „Ximango" übernommen. Die Tragflächen wurden hingegen deutlich verkürzt und die Rotax-Motore durch einen Lycoming O235-N2C Motor ersetzt. Die AMT600 konnte mit ihren kurzen Tragflügeln nur noch als Motorflugzeug betrieben werden und zählte daher mehr zur Gruppe RF-6 Motorflugzeuge als zur Gruppe der RF-9/10 Motorsegler. Sie flog am 13. Juli 1999 erstmals und wurde am 19. Dezember 2001 durch die brasilianische CTA zertifiziert. Im Februar 2004 schloss Aeromot und die chinesische Luftfahrtfirma Guizhou Aviation Industry of China einen Kooperationsvertrag über die Produktion der AMT600 in China. Dieses Joint-Venture kam nicht zustande. Es blieb bei wenigen Exemplaren der AMT600, die für den brasilianischen Markt bis 2008 gebaut wurden.

Aeromot AMT-600 Guri, WNr. 002 auf der Aero Brasil 2004 (
Wikimedia, Renato Carvalho, GFDL 1.2)

Mit der Insolvenz von Aeromot im Jahr 2009 endete auch der AMT-Nachbau der RF-10 in Brasilien nach 202 Exemplaren im gleichen Jahr. Der überwiegende Teil der „Ximango"-Flotte blieb in Brasilien und wurde hier von örtlichen Luftfahrtvereinen oder Regierungsstellen geflogen. In größeren Stückzahlen ging die „Ximango" auch in den US-Markt. In kleinen Stückzahlen wurden „Ximangos" auch nach England, Australien und Iran verkauft. Insgesamt sieben „Ximangos" wurden 1991 an Rene Caillet in Frankreich geliefert, der damit die RF-10 Bestellungen in Frankreich und Europa abdeckte.

Mit dem Ende der „XImango" Produktion endete 2009 auch die letzte Serienfertigung eines von Rene Fournier entwickelten Flugzeugmusters. Gleichzeitig endete damit die mehr als fünfzigjährige Geschichte der Fournier-Motorsegler, die 1960 mit der RF-1/2/3 begonnen hatte und über die RF-4 und RF-5, sowie deren Weiterentwicklung in Form der RF-7 und RF-9 schließlich zum finalen Entwurf der RF-10 und der späteren „Ximango" geführt hatte.

Die Fournier RF-47 aus dem Jahr 1991 war die vorerst letzte Flugzeug-Entwicklung von Rene Fournier. Sie entstand als zweisitziges Trainingsflugzeug auf Anforderung der Tours Aviation von Andre Daout, nachdem der französische Luftsportverband FNA den Bedarf von bis zu 1000 Trainingsflugzeugen bis zum Ende des Jahrtausends angekündigt hatte. Rene Fournier wurde von Andre Daout als technischer Berater für die Entwicklung eines geeigneten Flugzeugs bei Tours Aviation, der späteren Arc Atlantique, eingestellt.

Da Fournier weder über die Rechte der bei Slingsby in Produktion befindlichen RF-6B, noch der bei Aeromot gebauten RF-10 verfügte, begann er mit der Konstruktion eines neuen Flugzeugs, das offiziell aus der RF-4 und RF-7 abgeleitet wurde und dementsprechend als RF-47 bezeichnet wurde. Wie beim Entwurf der RF-6 wurde für die RF-47 der Rumpf einer RF-4 soweit verbreitert, dass zwei Personen nebeneinander Platz fanden. Anstelle des Spornrads und Zentralrads erhielt die RF-47 ein Doppel- und Bugfahrwerk. Es entstand eine verkleinerte RF-6.

Der Prototyp entstand bei Tours Aviation auf dem Militärflugplatz St. Symphonerien. Rene Fournier betrieb die grundlegenden Auslegungsarbeiten für die RF-47, während Jean-Marie Klinka für die Nachweisführung der Auslegung verantwortlich war. Für den Prototyp sah Fournier die Verwendung eines 90 PS Sauer Motors vor, der weitgehend dem Limbach L2400 Motor entsprach.

Um die hohen Investitionskosten für eine Autoklave-Anlage zu sparen, verwendete Fournier eine aus Holz- und Verbundwerkstoffen zusammengesetzte Konstruktion. Die Herstellung des Rumpfs übernahm Jean Claude Desire aus Charentes, der bei Siravia Mitte der achtziger Jahre für Fournier bereits Baugruppen der RF-6B und RF-9 gefertigt hatte. Die ersten Baugruppen für den Prototypen der RF-47 wurden im April 1991 bei Desire in Auftrag gegeben. Im Januar 1992 begann in Tours die Montage der Baugruppen.

RF-47 Prototyp, WNr 01, F-WNDF im Sommer 1993 mit Rene Fournier (Ron Smith)

2. Prototyp 1995, WNr. 02, F-WWTJ mit vergrößertem Rumpf und Nase (Ron Smith)

Der Prototyp F-WNDF startete mit Bernard Chauvreau am 9. April 1993 zum Erstflug. Ursprünglich war die RF-47 für eine vereinfachte Zulassung als Experimentalflugzeug in Frankreich vorgesehen. Als die Stadt Poitier Daout allerdings Mittel für den Aufbau eines lokalen Flugzeugwerks in Aussicht stellte, musste der RF-47 für den normalen Zertifizierungsprozess angepasst werden. Fournier überarbeitete daraufhin den Entwurf. Für den Flügelholm verwendete Fournier beim zweiten Prototypen eine Gemischtbauweise aus Holz und Kohlefaserwerkstoff, die zu einer deutlichen Gewichtseinsparung führte. Der Rumpf wurde verbreitert, um den beiden Insassen mehr Raum zu geben. Tanks, Frachtraum und Motor wurden weiter nach vorne verlagert. Als Motor wurde statt des Sauer-Motors ein 87 PS starker Limbach L2400 eingesetzt. Der überarbeitete, zweite Prototyp entstand bei der 1993 in Arc Atlantique umbenannten Tours Aviation und flog erstmals am 30. März 1995 in Tours. Danach durchlief der zweite Prototyp das Zertifizierungsverfahren der DGAC, die am 4. Oktober 1995 die Musterzulassung Nr. 187 für die RF-47 erteilte.

Erst 1998 fand Andre Daout in Epinal in den strukturschwachen Vogesen einen Produktionsstandort für die RF-47. Hier wurde die Euravial SA von Jacques Florence speziell für die RF-47 Produktion gegründet. Mit 45 Mitarbeitern sollten bei Euravial im Ortsteil Juvaintcourt monatlich bis zu 4 Flugzeuge gebaut werden.

Vor Aufnahme der Serienproduktion überarbeitete Rene Fournier den inzwischen drei Jahre alten Entwurf der RF-47 1998 noch einmal geringfügig. Inzwischen war man wieder zur ursprünglichen Produktionsidee der Fertigung von Flugzeugbau-Kitsätzen zurückgekehrt. Bei Euravial entstand 1998 zunächst ein Musterbaukit, das anschließend in Epinal zusammengebaut wurde. Das erste aus einem solchen Baukit montierte Flugzeug flog am 22. März 1999. Im Sommer 1999 begann Euravial mit dem Bau von monatlich einem Kitsatz. Bis September 1999 waren drei Kitsätze fertiggestellt, für die sich allerdings keine Abnehmer fanden. Daraufhin entschloss sich die Investorengruppe um Euravial zur Schließung des Betriebs. Mindestens zwei der Kitsätze wurden später von Privatpersonen erworben und montiert. Insgesamt entstanden damit 5-6 RF-47 zwischen 1991 und 1999.

FOURNIER PRODUKTIONSBETRIEBE

In den ersten Jahren war Rene Fournier als selbstständiger Flugzeugkonstrukteur tätig. Er führte auf eigene Kosten die Entwicklung seiner Flugzeugtypen bis zur Serienreife durch und verkaufte danach Lizenzen zum Serienbau an Lizenzbaufirmen. Teilweise kamen diese Entwürfe auf Initiative von Rene Fournier zustande, wie im Fall der RF-01, RF-02, RF-3, RF-4, RF-6 und RF-8. Teilweise entstanden die Entwürfe auf Anforderung der Serienbaubetriebe, wie im Fall der von Sportavia geforderten RF-5 oder RF-7. Alpavia, Sportavia, Indraero und die spanische Aerojaen gehörten zu den Unternehmen, die solche Lizenzbauverträge mit Rene Fournier unterhielten. Die ägyptische Helwan-Gruppe fertigte in Ägypten in den siebziger Jahren etwa 20 RF-5B mit einer Unterlizenz der Sportavia.

Ab Mitte der 70er Jahre nahm Rene Fournier die Rolle des Herstellungsbetriebs für die RF-6B ein. Auch die im Entwicklungsbüro in Nitray entwickelte RF-9 war zur Eigenfertigung bei Avions Fournier bestimmt. Nach der Insolvenz von Avions Fournier übernahm Fournier Aviation von Rene Caillet die Rechte an der RF-6B und RF-9 aus der Konkursmasse.

Nach der Insolvenz wurde Rene Fournier nur noch als Berater oder Angestellter von Betrieben tätig. Die Rechte an Entwicklungen gehörten den Unternehmen, für die Fournier tätig wurde. Hierzu gehörte die RF-10 bei Fournier Aviation und die RF-47 für Arc Atlantique. Rene Caillet verwertete später die Rechte an der RF-6B durch Verkauf an die Slingsby Aviation und an der RF-10 durch Verkauf an Aeromot. Hieran partizipierte Rene Fournier nicht mehr.

Neben diesen Produktionsfirmen, die als Lizenzpartner oder Besitzer von Rechten an Fournier-Entwürfen die Serienproduktion von Fournier-Flugzeugen betrieben, existierten noch eine Reihe von Zulieferbetrieben, in denen Baugruppen für Fournier-Flugzeuge produziert wurden. Für die RF-6B Produktion bei Avions Fournier waren zahlreiche Schreinerbetriebe im Umfeld von Nitray als Baugruppenlieferanten tätig. Die gelieferten Baugruppen wurden bei Avions Fournier fertigmontiert. Fournier Aviation ließ bei Aerostructure und Marmande Aeronautique Verbundwerkstoff-Baugruppen fertigen, die in Nitray zur RF-10 montiert wurden. Aerostructure übernahm später auch die Endmontage der RF-10. Allerdings erfolgte diese Endmontage nicht als Lizenznehmer, sondern im Auftrag der Fournier Aviation. Auch die Arc Atlantique ließ in den 90er Jahren bei Euravial komplette Flugzeuge und Kitbausätze fertigen.

Übersicht der Fournier-Lizenzbaubetriebe

Typ	Rene Fournier	Alpavia	Sportavia Pützer	Helawan	Aerojaen	Indraero	Avions Fournier	Fournier Aviation	Slingsby Aviation	Aeromot	Arc Atlantiqze	Total
RF-01	1											1
RF-02		2										2
RF-3		88										88
RF-4		3	156									159
SFS31			12									12
RF-5	1		135	*)	10							146
RF-5B			80									80
S5/C1			5									5
RF-6B							41	5	287			333
RS180			23									23
RF-7	1		2									3
RF-8						1						1
RF-9			2 **)				1	14				17
RF-10								14		202		216
RF-47											6	6
Total	3	93	415	*)	10	1	42	33	287	202	6	1092

*) Helawan Produktion im Rahmen des Sportavia-Werknummern-Kreis

**) gebaut 1993 von ABS Aircraft GmbH bzw. Gomolzig

Societe Alpavia

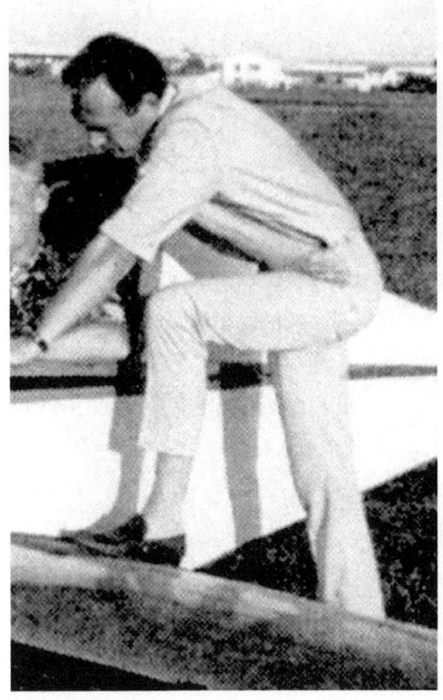

Antoine d'Assche (Kevin Brown)

Das französische Flugzeugbau-Unternehmen Societe Alpavia wurde 1962 der erste Lizenznehmer von Rene Fournier. Das Unternehmen wurde 1957 von Comte Antoine d'Assche in Gap Tallard gegründet. D'Assche wurde 1932 im belgischen Houyet bei Namur geboren. Nach dem frühen Tod seines Vaters war d'Assche zunächst in der Ölindustrie tätig. Im Alter von 25 Jahren gründete der flugbegeisterte D'Assche 1957 ein eigenes Flugzeugwerk in Frankreich unter dem Namen Societe Alpavia. D'Assche siedelte sich mit seinem Betrieb auf dem kleinen Alpenflugplatz bei Gap Tallard in den französischen Hochalpen an und errichtete hier einen kleinen Flugzeughangar mit einer angeschlossenem mechanischen Werkstatt, einer Schreinerei und einer Lackiererei. Die technische Leitung übernahm Felicien Noin. Alpavia begann zunächst mit der Wartung und Instandsetzung kleinerer Sportflugzeuge in Gap Tallard, um Erfahrungen bei den Mitarbeitern in den Werkstätten und in der Wartungshalle aufzubauen. Antoine d'Assche selbst widmete sich von seinem Alpavia-Büro in Paris gleichzeitig dem Verkauf von Sportflugzeugen verschiedenster Hersteller an französische Kunden. Die Probeflüge, Auslieferungen und die spätere technische Betreuung von Kundenflugzeugen fand in Gap Tallard statt.

Für die Entwicklung eigener Flugzeuge fehlten d'Assche in den 50er Jahren die Kapazitäten und die Kenntnisse. D'Assche war daher für Alpavia an der Lizenzfertigung eines bereits zugelassenen Flugzeugs für einen anderen Hersteller interessiert. Die Societe Aeronautique Normande (SAN) von Lucien Querey baute bereits seit Anfang der 50er Jahre die Jodel D.117 selbst mit einer Nachbaulizenz. Als Jodel 1958 Querey die exklusiven Fertigungsrechte für die D.140 überließ, stellte Societe Aeronautique Normande die Serienproduktion der D.117 nach 223 gebauten Exemplaren ein. Antoine d'Assche erwarb daraufhin die Lizenzbaurechte für die D.117 und die zur Produktion notwendigen Betriebsmittel von Societe Aeronautique Normande.

Alpavia D.117A Prospekt

Felicien Noin überarbeitete den veralteten Entwurf der D.117 und stattete das Flugzeug mit Luftbremsen, einem moderneren Cockpit und einer neuen Flugzeugnase, sowie einer Fahrwerksverkleidung aus. Diese modernisierte Version der D.117 wurde als Jodel D.117A bezeichnet. Sie wurde exklusive durch Alpavia von Antoine d'Assche in Paris vermarktet.

Als Mustermaschine für den Serienbau erwarb Alpavia 1958 eine von Wassmer gebaute Jodel D.112, ein Vorgängermodell der D.117 und modifizierte dieses Flugzeug entsprechend der Vorgaben von Felicien Noin für die D.117A. Auf Basis dieser Mustermaschine entstand 1959 bei Alpavia die erste vollständig selbst gebaute Alpavia D.117A mit der Jodel-WNr. 977. Sie flog erstmals im Januar 1960.

Alpavia nahm daraufhin im Frühjahr 1960 die Serienproduktion der überarbeiteten D.117A in Gap Tallard auf. Der Produktionsbetrieb war von vorne herein auf kleine Ausstoßmengen begrenzt. Pro Quartal sollte eine D.117A fertiggestellt werden. Der Schwerpunkt des Betriebs in Gap Tallard blieb das Instandsetzungsgeschäft. Neben den beiden Mustermaschinen entstanden bei Alpavia 1960 und 1961 je drei weitere D.117A. Neben dem Heimatmarkt Frankreich konnte Antoine d'Assche die Hälfte der Maschinen im deutschen Nachbarmarkt erfolgreich absetzen. Weitere fünf Bestellungen aus Frankreich lagen Ende 1961 vor.

Alpavia D.117 Produktion (unvollständig)

889	D.117A	1958	F-BIXK	/27/: Wassmer D.112	27
			F-BJXK	Umbau bei Alpavia zu D.117A	28
			HB-SVX		27
977-01	D.117A	08.01.1960	F-BJEK	Aeroclub Hispano Suiza	7
		04.1970	F-BJEK	wfu	28
978-02	D.117A		D-EGIQ		28
			C-GADH		28
1000-03	D.117A	08.11.1960	F-OBAQ	Aeroclub de Djidjelli	7
		1965	F-OBAQ	wfu	28
1038-04	D.117A	1960	D-ENYX	w/o 1996, rep.	28
		05.1996	D-ENTI		28
		02.2008	D-EXYX		28
			TF-REB	Privat (1)	28
1060-06	D.117A	1961	F-BJEL		28
		04.2007	OO-LUX	Privat (1)	
		12.2007	F-GYRC		28
1061-05	D.117A	1961	D-ECUP		28
		11.05.2015	TF-REX	Privat (1), w/o Island	AIR
1062-07	D.117A	12.10.1961	F-BJEM	Aeroclub du Gard	7
		15.11.1971	F-BJEM	w/o	28
1134-08	D.117A	1962	F-BJEN		28
		24.05.1962	F-OBQC	Aeroclub de Zinder	7
		15.11.1967	F-OBQC	w/o	28
1159-09	D.117A	23.07.1962	F-OBQE	Compoint Francois	7
			5T-TAA		28
		03.1964	5T-TAA	wfu	28
1162-10	D.117A	26.06.1962	F-OBQB	Aeroclub de Yaounde	7
		04.11.1975	F-OBQB	wfu	28
1183-11	D.117A	13.09.1962	F-BJEO	Aeroclub Alpin Tallard	7
1184-12	D.117A	24.09.1962	F--BKOQ	Aeroclub du Var	7
		06.11.1964	F-BKOQ	w/o	28

Für eine Ausweitung der Produktion in Gap Tallard war aber der Absatzmarkt für die D.117A nach der Markteinführung moderner Jodel-Muster, wie etwa der D.140 bei SAN, zu klein geworden. D'Assche ging daher Anfang 1962 auf die Suche nach alternativen Lizenzbaumustern für Alpavia.

Alpavia Hangar in Gap Tallard vor 1962 (Thierry Olive, Lib. Des Hautes-Alpes)

Anfang 1962 lernte Antoine d'Assche Rene Fournier kennen, der zu dieser Zeit den Prototypen seines RF-02 Entwurfs bei Pierre Robin in Dijon bauen ließ. Auf Grund von Verzögerungen bei Robin war Fournier auf der Suche nach einem Betrieb, der die bereits begonnen Bauarbeiten kurzfristig fertigstellen konnte. Da d'Assche eine sofortige Aufnahme der RF-02 zusagte, trennte sich Fournier von Robin und ließ die bereits fertiggestellten Baugruppen im März 1962 zu Alpavia nach Gap Tallard transportieren. Unter der Leitung von Rene Fournier stellte Felicien Noin den Prototypen bis zum Mai 1962 fertig.

Antoine d'Assche war an einer Übernahme der exklusiven Serienproduktion der modernen RF-02 interessiert, die Fournier entwickelt hatte. Aber auch für Fournier war Alpavia mit dem auf Vertrieb spezialisierten Antoine d'Assche und dem von Felicien Noin geführten Produktionsbetrieb in Gap Tallard eine ideale Ergänzung, die Fournier künftig ermöglichen würde, sich mehr um die Entwicklung von

Flugzeugen zu kümmern als um Produktionsabläufe. Alpavia erhielt daher von Rene Fournier die exklusiven Produktionsrechte für die RF-02. Rene Fournier richtete in Gap Tallard sein Entwicklungsbüro ein und überarbeitete den Entwurf nochmals auf Grund der Erfahrungen aus den Prüfflügen. Es entstand die endgültige Serienmaschine Fournier RF-3, die im März 1963 erstmals flog und ab Juni 1963 bei Alpavia in Gap Tallard in Serie gebaut wurde. Im November 1963 lieferte d'Assche die ersten Maschinen an Kunden aus.

Bis Mitte der 60er Jahre wurde der französische Luftsport beim Aufbau seiner Luftflotte durch den französischen Staat subventioniert. Luftsportvereine, die neue Flugzeuge bei französischen Herstellern erwarben, konnten mit einer steuerlichen Rückerstattung von bis zu 40% des Kaufpreises rechnen. Daher entwickelte sich die Nachfrage aus dem französischen Markt für die RF-3 in den ersten beiden Produktionsjahren sehr positiv. Die Erschließung weiterer Märkte war für Alpavia nur mit einer Ausweitung der Produktion in Gap Tallard möglich. Abgesehen vom Problem einer ausreichenden Anzahl qualifizierter Mitarbeiter für die Flugzeugproduktion waren auch die infrastrukturellen Rahmenbedingungen in dem kleinen Alpenort Gap Tallard nicht vorhanden. Da sich die regionalen Verwaltungsstellen weigerten, die notwendigen Voraussetzungen, z.B. in Form einer stabilen Stromversorgung herzustellen, war ein weiteres Wachstum in Gap Tallard nicht mehr möglich. Andererseits war ein Standortwechsel für das kleine Unternehmen mit hohen Kosten zum Aufbau einer neuen Produktionsanlage verbunden. Keine der infrage kommenden Regionen in Frankreich war allerdings bereit die Ansiedelung des Flugzeugwerks zu unterstützen. Als der französische Staat ankündigte, dass die staatlichen Subventionen für den französischen Luftsport bei der Beschaffung von Flugzeuge aus französischer Produktion ab 1965 wegfallen würden, entschlossen sich d'Assche und Fournier zu einer Verlagerung ihres Alpavia-Betriebs ins europäische Ausland. Antoine d'Assche und Alfons Pützer gründeten daraufhin 1965 in Deutschland die Sportavia-Pützer GmbH & Co KG, in die der in Bonn beheimatete Pützer Flugzeugbau und der Produktionsbetrieb der Alpavia aus Gap Tallard zusammengefasst wurden. Sportavia errichtete auf der Dahlemer Binz bis 1966 eine Produktionsanlage, die die RF-3 Fertigung aus Gap Tallard ab 1967 übernehmen sollte.

Nach der Streichung der staatlichen Subventionen für den französischen Luftsport brach die Nachfrage nach der RF-3 aus dem französischen Markt 1965 spürbar ein. Verschärft wurde die Lage für Alpavia durch den Absturz einer RF-3 im Sommer 1965 während eines Kunstflugmanövers. Als Folge dieses Unfalls wurde die Genehmigung zur Nutzung der RF-3 für Kunstflüge ausgesetzt. Dieses führte zu einem weiteren Einbruch der Nachfrage. Die RF-3 Produktion in Gap Tallard wurde daher Anfang 1966 nach der Fertigstellung von 89 gebauten Exemplaren eingestellt.

Vor der Aufnahme der RF-3 Produktion in Deutschland musste Rene Fournier zunächst die fehlende Kunstflugtauglichkeit wieder herstellen. Hierzu überarbeitete Rene Fournier den RF-3 Entwurf in Gap Tallard. Hieraus entstand die Fournier RF-4, von der in Gap Tallard 1966 noch drei Prototypen gebaut wurden. Dabei entstanden in Gap Tallard auch die für die künftige RF-4 Serienproduktion notwendigen Betriebsmittel. Im Mai 1966 wurden die Prototypen und Betriebsmittelsätze in Gap Tallard nach Deutschland verladen und der Produktionsbetrieb geschlossen. In seinem achtjährigen Bestehen waren in diesem Betrieb insgesamt 106 Flugzeuge entstanden. Der größte Teil waren mit 88 Maschinen die Fournier RF-3, die ausschließlich bei Alpavia gefertigt wurde.

Alpavia Produktion (1958 – 1966)

Typ	1958	1959	1960	1961	1962	1963	1964	1965	1966	Total
D.117A	1	1	3	3	5					13
RF-02					2					2
RF-3						7+1	41	35	5	88+1
RF-4									3	3
Total	1	1	3	3	7	7+1	41	35	8	106

Der ehemalige Alpavia Hangar wurde an die französische Raumfahrt-Agentur Centre National d'Etudes Spatiales (CNES) verkauft. Sie führte später in Gap Tallard Versuche mit Höhenflugballons durch. Rene Fournier verließ Gap Tallard und richtete sein neues Entwicklungsbüro auf Schloss Nitray in der Nähe von Tours ein. Antoine d'Assche unterhielt in Paris weiterhin ein Büro der Societe Alpavia, in dem er sich allerdings nur noch um die Vermarktung der künftigen RF-4 in Frankreich kümmerte. Auf dem Flugplatz Guyancourt südwestlich von Paris richtete Bernard Chauvreau für Alpavia eine kleine Station ein, von der aus Flugzeuge an französische Kunden ausgeliefert wurden und kleinere Wartungsarbeiten durchgeführt werden konnten. Durch mehrere Aufwertung der D-Mark und gleichzeitige Abwertung des französischen Francs in den sechziger Jahren verteuerten sich die in Deutschland produzierten Flugzeuge in den nächsten Jahren um bis zu 40%. Für Antoine d'Assche wurde der Verkauf von Sportavia-Flugzeugen über Alpavia in Frankreich fast unmöglich. D'Assche trennte sich daher 1968 von seinen Sportavia-Anteilen und verkaufte diese an den Mönchengladbacher Flugzeughersteller Rhein-Flugzeugbau.

Alpavia unterhielt seit 1969 nur noch die Service-Station auf dem Flugplatz von Guyancourt. Ein weiteren Rückschlag erlitt d'Assche durch die nicht erteilte Musterzulassung der RF-5 in Frankreich. Nach der Ablösung der RF-4D Produktion in Deutschland durch die RF-5 fehlte bei Alpavia ein für den franzlösischen Markt zugelassenes Flugzeugmuster. D'Assche konnte nur einige wenige Exemplare an Kunden ausliefern, die bereit waren die Restriktionen beim Betrieb eines Flugzeugs ohne Musterzulassung zu akzeptieren. Ohne die Einnahmen aus Flugzeugverkäufen geriet Alpavia aber zunehmend in wirtschaftliche Schwierigkeiten. Am 15. Februar 1971 ging Alpavia in Insolvenz. Den Servicebetrieb in Guyancourt übernahm Continental Air Service in Meaux. Damit endete die Geschichte der Alpavia.

Der Sohn von Felicien Noin, Claude Noin, setzte in den 90er Jahren die Flugzeugbautradition in Gap Tallard fort. Er gründete die Noin Aeronautique Alpaero in Gap Tallard, in der die Noin Sirius und 1996 die Noin Choucas (Jackdaw), sowie die Noin Exel als Ultralight-Flugzeuge entstanden.

Alfons Pützer

Sportavia-Pützer auf der Dahlemer Binz in Deutschland war lange Jahre einer der wichtigsten Lizenznehmer von Rene Fournier. Sie übernahm 1967 die Alpavia-Produktion aus Gap Tallard. Ihre Gründung erfolgte auf Initiative von Alfons Pützer. Alfons Pützer wurde am 3. August 1918 in Bonn geboren. Er studierte in Aachen Maschinenbau und kam 1943 zur Entwicklung von interkontinentalen Nurflügelflugzeugen bei den Gebrüdern Horten in Göttingen. Nach dem Krieg übernahm Pützer 1949 in Bonn den holzverarbeitenden Betrieb seines Vaters als Alfons Pützer KG. Nach Freigabe des Segelflugs in Deutschland wurde hieraus 1953 die Pützer Flugzeugbau KG. Nach der Freigabe des Flugzeugbaus in Westdeutschland entstanden beim Pützer Flugzeugbau zahlreiche Sport- und Reiseflugzeuge. Die bei Pützer aus einer Doppelraab umgebaute Motorraab gehörte zu einem der ersten Motorflugzeuge in der jungen Bundesrepublik Deutschland. Zu den bekanntesten Entwicklung der Pützer Flugzeugbau KG gehörte in den fünfziger Jahren das Verbindungsflugzeug Pützer Elster, von dem etwa 50 Exemplare bei der Bundesluftwaffe zum Einsatz kamen. Mit der Bölkow KG und der Rhein-Flugzeugbau GmbH aus Mönchengladbach entwickelte die Pützer Kunststofftechnik im Rahmen der Leichtflugtechnik Union seit 1963 das erste Vollkunststoff-Motorflugzeug LFU-205.

Erste Kontakte zwischen Alfons Pützer und Antoine d'Assche sowie Rene Fournier gab es bereits während der ersten öffentlichen Präsentation der RF-3 auf dem Aerosalon 1963 in Paris. Pützer interessierte sich für die RF-3 und wenige

Pützer RF-3 Vertriebsprospekt 1964

Tage später kam es zu einem ersten Gedankenaustausch über eine mögliche Zusammenarbeit zwischen Pützer, d'Assche und Fournier in Gap Tallard. Pützer produzierte in seinem Werk in Bonn bereits seit 1956 die Pützer Elster in Serie und war an einer ergänzenden Lizenzfertigung der RF-3 in Bonn interessiert. Zunächst einigte man sich aber auf eine exklusive Vertriebsvereinbarung zwischen dem Pützer Flugzeugbau und der Societe Alpavia. Diese sicherte Alfons Pützer die exklusiven Vermarktungsrechte für Deutschland und Österreich. Im Gegenzug verpflichtete sich Pützer, in den beiden Ländern die Zulassung der RF-3 bei den Behörden zu erwirken. Da die bestehenden Kapazitäten bei Alpavia mit der Nachfrage aus Frankreich bereits vollständig erschöpft waren, sicherten Antoine d'Assche und Rene Fournier ihrerseits eine deutliche Anhebung der Produktionskapazitäten zu, um den deutschen und österreichischen Markt mit Flugzeugen versorgen zu können.

Auf Grund der hohen Nachfrage in Frankreich erhielt Alfons Pützer erst im November 1964 ein erstes Kontingent von vier Maschinen für den deutschen Markt. In nur sechs Monaten erwirkte Pützer im Mai 1965 beim Luftfahrtbundesamt (LBA) die Musterzulassung für die RF-3 für den deutschen Markt. Trotz des späteren Wegfalls der Kunstfluggenehmigung für die RF-3 konnte Pützer bis Ende 1965 insgesamt 16 Maschinen in Deutschland und Österreich verkaufen.

In Gap Tallard erwies sich der Standort inzwischen auf Grund infrastruktureller Schwächen als nicht ausbaubar. Ein Standortwechsel war für das kleine Unternehmen allerdings nur mit staatlicher Unterstützung bei den Aufbaukosten zu verkraften. Regionale Verwaltungsstellen in Frankreich zeigten hierfür aber wenig Interesse. Auch von staatlicher Seite war man an der Unterstützung weiterer, kleiner Flugzeugbaubetriebe in Frankreich Mitte der 60er Jahre nicht interesiert.

Pützer-Standort Dahlemer Binz

Aber auch die Pützer Flugzeugwerke in Bonn waren für den Flugzeugbau wenig geeignet. Als ursprünglicher Schreinerbetrieb waren die Pützerwerke Ende der 40er Jahre auf der Bornheimer Straße am westlichen Stadtrand von Bonn eingerichtet worden. Die hier gebauten Pützer Elster mussten zum nächstgelegenen Flugplatz in Hangelar bei Sankt Augustin per LKW transportiert werden. Auch die Wachstumsmöglichkeiten an der Bornheimer Straße waren für Pützer begrenzt. Daher war auch Alfons Pützer auf der Suche nach einem alternativen Produktionsstandort. Statt für das nahegelegene Hangelar entschied sich Alfons Pützer 1964 zur Eröffnung einer Zweigniederlassung im 70 km entfernten Schmidtheim an der belgischen Grenze.

Sportavia-Betriebsleiter
Klaus Kruber

Im Oktober 1964 beauftragte Alfons Pützer seinen langjährigen Mitarbeiter Klaus Kruber mit dem Aufbau der Zweigniederlassung auf dem Segelfluggelände Dahlemer Binz bei Schmidtheim. Kruber erhielt in der 1961 fertiggestellten Flugzeughalle Räumlichkeiten für einen kleinen Instandsetzungsbetrieb. Die ersten Mitarbeiter kamen aus der Umgebung des Flugplatzes und wurden von Kruber in die Instandsetzung von Flugzeugen eingeführt. Kruber übernahm mit der Pützer-Zweigniederlassung Dahlemer Binz ab 1965 die Instandsetzung von Pützer-Flugzeugen, sowie die technische Betreuung der Flugzeuge der Luftwaffen Sportfluggruppen.

Ab 1965 diskutierte Alfons Pützer mit der Gemeinde Schmidtheim über die Komplettverlagerung der Pützer Flugzeugwerke auf die Dahlemer Binz. Da die Eifel nahe der belgischen Grenze zu den strukturschwachen Regionen Deutschlands zählte, erhielt Pützer eine Zusage staatlicher Unterstützung beim Aufbau eines Flugzeugwerks auf der Dahlemer Binz. Um die Industrieansiedlung nicht mit hohen Vorabinvestitionen zu belasten, übernahm die Regionalverwaltung den Bau der Produktionsanlagen im Gegenzug zu einem auf 20 Jahre abgeschlossenen Mietvertrag der Anlagen. Infrastrukturinvestitionen im Umfeld des kleinen Eifelorts wurden von staatlicher Seite zugesichert, ebenso wie der Ausbau des Flugplatzgeländes, soweit dies erforderlich war. Pützer schlug Antoine d'Assche daraufhin die Zusammenlegung von Alpavia und Pützer Flugzeugwerke in einem gemeinsamen Werk auf der Dahlemer Binz vor.

Sportavia-Pützer

Alfons Pützer und Antoine d'Assche gründeten daraufhin im Sommer 1965 in Schmidtheim die Sportavia-Pützer GmbH & Co KG. Der Sabena-Pilot Baron Jean D'Otreppe war ein weiterer Teilhaber. Auf der Dahlemer Binz entstand eine 1000 m² große Montage- und eine 2000 m² große Werkstatthalle. Die Lagerhalle hatte eine Grundfläche von 500 m². Zum Schluss wurde noch das vierstöckige Verwaltungsgebäude errichtet.

Bau der Sportavia-Anlagen auf der Dahlemer Binz, 1966 (Sportavia)

Mit der Fertigstellung der Anlagen auf der Dahlemer Binz begann Alfons Pützer mit der schrittweisen Verlagerung seiner Pützer Flugzeugbau KG von der Bornheimer Straße in Bonn in die Eifel. Der Pützer Flugzeugbau einschließlich des

Wartungsbetriebs für die Pützer Elster ging dabei vollständig im neuen Gemeinschaftsunternehmen mit Antoine d'Assche auf. In Bonn verblieb lediglich der Kunststoff-Spezialbetrieb Pützer Kunststofftechnik (PKT), der bis heute als Pützer-Familienbetrieb weitergeführt wurde und als Rudolf Pützer GmbH nach wie vor in Bonn angesiedelt ist.

Im Mai 1966 wurden die Produktionsanlagen in Gap Tallard geschlossen. Die Produktion der RF-3 war bereits Anfang 1966 eingestellt worden. Die Produktion auf der Dahlemer Binz sollte 1967 mit der noch in Gap Tallard weiterentwickelten Fournier RF-4 aufgenommen werden. Die Betriebsmittel für die künftige RF-4 Produktion und eine der beiden Mustermaschinen trafen Ende Mai auf der Dahlemer Binz ein. Die Sportavia-Gebäude auf der Dahlemer Binz wurden im Sommer 1966 fertiggestellt. Als erstes bezog die Montagegruppe des Pützer Flugzeugbau aus Bonn die neuen Produktionsanlagen und begann unter Leitung von Klaus Kruber mit der Montage von 15 Pützer Elster C, die mit Förderung des Landes Nordrhein-Westfalen für Luftsportvereine des Landes gebaut wurden. Während die Baugruppen zugeliefert wurden, konzentrierte sich Kruber auf der Dahlemer Binz auf die Endmontage, Bespannung und Lackierung, sowie den Einflug und die Zulassung der Maschinen.

Im Herbst erfolgte mit Unterstützung von Jule-Marie Bernard aus Gap Tallard die Errichtung der Produktionsanlagen für die Serienfertigung der RF-4. Noch 1966 wurde die Fertigung des ersten RF-4 Flügels aufgenommen. Er wurde zu Testzwecken an den Rumpf einer RF-3, WNr. 68, D-KITO montiert, die als Unfallmaschine bei Sportavia eingelagert war. Diese RF-3 mit RF-4 Flügel erhielt später eine Sonderzulassung als RF-3/4. Der Serienbau der RF-4 wurde auf einen anfänglichen Ausstoß von bis zu sechs Flugzeugen pro Monat ausgelegt. Die Produktion bestand zunächst aus vier Vormanngruppen, die von zwei Betriebsmeistern geführt wurden.

Parallel dazu erwirkte Sportavia eine Erweiterung der RF-3 Musterzulassung auf die neue Baureihe RF-4, die im Januar 1967 vom Luftfahrtbundesamt erteilt wurde. Die Musterzulassung in Frankreich betrieb Rene Fournier und Bernard Chauvreau mit dem dort verbliebenen zweiten Prototyp.

Die Serienproduktion bei Sportavia lief im Januar 1967 mit der RF-4D, WNr. 4004 an. Gleichzeitig wurde die Produktion der Pützer Elster heruntergefahren und Ende 1967 eingestellt. Im ersten Produktionsjahr entstanden auf der Dahlemer Binz 51 Maschinen. Neben der Alpavia, die den frankophonen Markt aus Guyancourt bediente und der Sportavia, die sich auf den deutschsprachigen Raum konzentrierte, hatte in England die Sportair Aviation Ltd. von David Campbell als Teil des Sportavia-Vertriebsnetzes die Vermarktung im anglophilen Raum übernommen. Als amerikanischer Vertriebspartner kam 1967 die von Bert Buytendyk in Whooster, Ohio gegründete Sport Aviation Inc. hinzu. Ergänzt wurde das Vertriebsnetz um private Flugzeughändler, wie z.B. dem Finnen Saalasti, der Sportavia-Flugzeuge für den finnischen Markt erwarb und weiterverkaufte.

Erste Sportavia RF-4D, WNr. 4004, OO-WAB in 1967 (Bob Ronge)

Während im ersten Produktionsjahr mehr als die Hälfte aller gebauten Flugzeuge noch über Alpavia nach Frankreich geliefert wurden, gewann in den folgenden Jahren der internationale Absatz zunehmend an Bedeutung. Mit der Ausweitung des Vertriebsnetzes in Richtung USA konnte Sportair mehr als 30 Maschinen im englischsprachigen Raum absetzen.

Sportavia RF-4 Rumpfmontage, Dahlemer Binz, 1967 (Sportavia)

Sportavia-Feier zur Übergabe der 100. RF-4, WNr. 4013 im Jahr 1968 (Sportavia)

Schon 1968 feierte Sportavia die Fertigstellung der 100. RF-4 mit der WNr. 4103. Insgesamt wurden bis zur Einstellung der RF-4 Linie 156 Exemplare auf der Dahlemer Binz gebaut. Als die DVL und die Prüfstelle für Luftfahrtgerät vom Rheinland nach Braunschweig verlagert wurde, wechselte die PFL-Prüfer Manfred Küppers zu Sportavia und baute hier ab 1967 einen kleinen Ingenieur- und Technikerstab auf. Unter Küppers war Reiner Möller zuständig für die Prüfleitung und die Qualitätssicherung bei Sportavia. Heinrich Oberdörster war für die Musterzulassungen verantwortlich. Manfred Schliewa war neben Uwe Irmer und Helmut Schrecker für Entwicklung, Konstruktion und Nachweisführung zuständig. Schliewa war gleichzeitig für die Flugerprobung verantwortlich.

Eine Steigerung der Verkaufszahlen vor allen Dingen in Deutschland versprach sich Alfons Pützer durch eine Verbesserung der Segelflugeigenschaften der RF-4. Die RF-4 war von Fournier als einsitziges Reiseflugzeug mit Kunstflugeigenschaften optimiert. Für den reinen Segelflieger bot dieses Flugzeug nur begrenzte Leistungen, während für die Motorflieger die meisten konkurrierenden Reiseflugzeuge und Motorsegler über zwei Sitze verfügten. Lediglich die für eine kleine Kundengruppe interessanten Kunstflugeigenschaften hoben die RF-4 von ihren Mitbewerbern ab.

Aus diesem Grund forderte Pützer von Fournier schon 1966 die Entwicklung einer zweisitzigen Variante der RF-4 für Sportavia, die Fournier in seinem Entwicklungsbüro in Nitray bis 1969 mit der Fournier RF-5 schuf. Einen entsprechenden Entwicklungs- und Lizenzvertrag für die RF-5 schlossen Sportavia und Rene Fournier bereits am 26. Dezember 1967 ab. Die Verbesserung der Segelflugeigenschaften ging man bei Sportavia mit dem neu gebildeten Ingenieur- und Technikerstab selbstständig an, indem man an den Rumpf einer RF-4 die Tragflächen eines SF-27 Segelflugzeugs vom Scheibe Flugzeugbau montierte. Diese als SFS-31 bezeichnete Variante vermarktete Sportavia gemeinsam mit dem Scheibe Flugzeugbau ab 1969. Gleichzeitig wurde die kunstflugtaugliche RF-4D bei Sportavia eingestellt. Ab 1970 intensivierte sich die Zusammenarbeit zwischen Scheibe Flugzeugbau und Sportavia. Sportavia übernahm die Lizenzfertigung der Scheibe SF-25, einem direkten Konkurrenzmuster der eigenen, zweisitzigen RF-5. Bis 1976 wurden bei Sportavia 126 SF-25 in Lizenz gebaut, während von der SFS-31 bis 1973 nur 12 Exemplare verkauft werden konnten. Ab 1969 stellte Sportavia die Produktion von der einsitzigen RF-4D auf die zweisitzige RF-5 um. Sportavia produzierte 1970 das zweisitzige Reiseflugzeug RF-5, den einsitzigen Motorsegler SFS-31 und für den Scheibe Flugzeugbau den zweisitzigen Motorsegler SF-25.

Ende der 60er Jahre drängte die deutsche Bundesregierung die weitverzweigte deutsche Luftfahrtindustrie zu einer Bündelung ihrer Kräfte. Auch für Sportavia stellte sich die Frage eines Anschlusses bei einen der beiden großen Luftfahrtblöcke um MBB im Süden oder VFW im Norden, um weiterhin staatliche Fördermittel und öffentliche Aufträge zu erhalten. Alfons Pützer unterhielt zu Unternehmen aus beiden Unternehmensgruppen seit 1964 gute Kontakte über die Entwicklung des ersten Kunststoff-Motorflugzeugs LFU-205, das auf MBB-Seite durch die Bölkow KG und auf VFW-Seite durch die Rhein-Flugzeugbau GmbH, sowie der Pützer Kunststofftechnik KG in der gemeinsamen Tochter Leichtflugtechnik Union GmbH entwickelt wurde. MBB hatte sich 1968 allerdings dazu entschlossen, seine Privatflugzeugsparte bei Bölkow zu schließen. Für Alfons Pützer zeichnete sich damit nur noch eine mögliche Partnerschaft mit Dornier in Friedrichshafen oder der VFW-Gruppe in Bremen ab.

Antoine d'Assche sah sich nach mehrfachen D-Mark Aufwertungen Ende der 60er Jahre kaum noch in der Lage, Flugzeuge aus deutscher Produktion in Frankreich zu verkaufen. Zudem war der Markt für Sportflugzeuge in Frankreich nach Streichung der staatlichen Subventionen stark belastet. Für Sportavia verlor d'Assche als französischer Anteilseigener an Bedeutung. D'Assche hatte andererseits wenig Interesse an einer Minderheitsbeteiligung an einem von den großen deutschen Luftfahrtkonzernen beherrschten Kleinunternehmen. Als Antoine d'Assche und Jean D'Otreppe 1969 Alfons Pützer seine Beteiligung an Sportavia zum Kauf anbot, stellte Pützer den Kontakt zum zweiten großen Flugzeughersteller in Nordrhein-Westfalen, der in Mönchengladbach beheimateten Rhein-Flugzeugbau GmbH her, mit der er als Partner bereits bei der Leichtflugtechnik Union zusammenarbeitete. Rhein-Flugzeugbau war als kleineres deutsches Luftfahrtunternehmen selbst erst im Jahr zuvor durch die Vereinigten Flugtechnischen Werke VFW in Bremen mehrheitlich übernommen worden. Ende 1969 übernahm RFB die Sportavia-Anteile von Antoine d'Assche und Jean D'Otreppe.

Sportavia als RFB-Tochterunternehmen

Alfons Pützer leitete weiterhin den Betrieb auf der Dahlemer Binz. Kaufmänni-
sche Entscheidungen wurden aber nun von Alfons Pützer und dem RFB-Geschäftsführer Wolfgang Kutscher gemeinsam getroffen. Entwicklungstechnische
Fragestellungen wurden zwischen Alfons Pützer und dem technischen Leiter von
Rhein-Flugzeugbau, Hanno Fischer, erörtert.

RFB-Geschäftsführer Wolfgang Kutscher und Alfons Pützer auf der Dahlemer Binz (Küppers)

Anfängliche Überlegung zu einer Vermarktung des RFB-Metallflugzeugseglers Sirius mit Mantelschraubenantrieb und des bei RFB in der Entwicklung befindlichen Reiseflugzeugs Fanliner über Sportavia wurden auf Grund der fehlenden
Metallbauerfahrung auf der Dahlemer Binz schnell wieder aufgegeben.

In den USA war es Sportavia nicht gelungen, eine Typenzulassung für die RF-4 zu
erlangen. Die dort verkauften Flugzeuge wurden in den USA mit einer beschränk-
ten Experimentalzulassung betrieben. Der Grund hierfür war der Einfachzünder

des Rectimo 4AR1200, der für Motorflugzeuge in den USA gemäß FAR-33 Zulassungsregeln nicht zugelassen war. Eine Sonderklasse „Motorsegler", die in Europa die Zulassung eines Flugzeugs mit einem solchen einfachen Motor ermöglichte, gab es in den USA nicht. Beim RF-5 zeichnete sich das gleiche Problem ab, da der Limbach L1700E ebenfalls nur über einen Einzelzünder verfügte. Da zugelassene amerikanische Motore zu teuer und zu schwer für die Fournierflugzeuge waren, beauftragte Pützer 1969 Peter Limbach mit der Entwicklung des Doppelzünder-Motors SL1700D. Dieser Motor sollte in einer von Fournier überarbeiteten RF-4 unter der Bezeichnung Fournier RF-7 zum Einsatz kommen, für die am 15. Oktober 1969 ein Entwicklungs- und Lizenzvertrag zwischen Fournier und Sportavia geschlossen wurde. Im Gegensatz zur RF-4 sollte die RF-7 auch in Europa ausschließlich als Motorflugzeug zugelassen werden und damit auf Segelflugeigenschaften vollständig verzichtet werden. Während des Zulassungsprozesses der RF-7 in Deutschland erwies sich der SL1700D jedoch im Herbst 1970 als nicht ausreichend. Da weder Limbach noch Sportavia weitere Mittel für die Entwicklung des SL1700D zur Verfügung hatten, wurde das Projekt Ende 1970 aufgegeben.

Nachdem die Bemühungen zur Spezialisierung auf ein Motorflugzeug gescheitert waren, fokussierte sich Alfons Pützer auf die Verbesserung der Segelflugeigenschaften Im Vergleich zum direkten Konkurrenzmodell SF-25 vom Scheibe Flugzeugbau verlief der Verkauf der RF-5 nur schleppend. Alfons Pützer beauftragte daher 1970 Manfred Schliewa mit der Optimierung der RF-5 in Hinblick auf die Belange der Segelflieger. Hieraus entstand bis 1972 die Sportavia RF-5B „Sperber", die die RF-5 in der Produktion ablöste.

Unterschiedliche Auffassungen hatten Alfons Pützer und Rene Fournier 1969 bezüglich der von Fournier vorgeschlagenen Nutzung der RF-5 als Trainingsflugzeug. In Anbetracht der starken Dominanz amerikanischer Hersteller im Trainermarkt sah Alfons Pützer wenig Perspektiven für eine erfolgreiche Erschließung dieses Marktsegments, zumal im Bereich der Motorflieger-Ausbildung Flugzeuge mit nebeneinander angeordneten Sitzen und Bugfahrwerke bevorzugt wurden. Rene Fournier entwarf daraufhin das zweisitzige Trainerflugzeug RF-6 mit einem amerikanischen Lycoming-Motor, das diesen Vorgaben entsprach. Alfons Pützer blieb auch bei dieser speziell als Motortrainer ausgelegten Maschine skeptisch. Nach dem Scheitern der RF-7 Motorflugzeugentwicklung war Pützer allerdings an einer vergrößerten Version der RF-6 als Reiseflugzeug für drei bis vier Personen interessiert, die Pützer am 11. Dezember 1970 bei Fournier in Auftrag gab. Die zweisitzige Trainervariante verfolgte Fournier unabhängig von Sportavia als RF-6B Club alleine weiter. Für den europäischen Markt beabsichtigte Alfons Pützer die Vermarktung der 3-4 sitzigen RF-6 als Familienreiseflugzeug für zwei Erwachsene und weiteren zwei Kindern oder einem Erwachsenen auf der Rückbank als 2+2-sitziges Flugzeug.

Im Fokus von Pützer stand aber die Erschließung des US-amerikanischen Markts mit diesem Flugzeug. Für die Vermarktung in den USA hatte Alfons Pützer schon 1971 mit der American Aviation Corporation in Cleveland Kontakt aufgenommen, die seit 1969 in den USA erfolgreich das zweisitzige Reiseflugzeug AA-1 Yankee produzierte. Pützer bot American Aviation die Vermarktung der AA-1 in Europa durch Sportavia an, während American Aviation in den USA die Vermarktung der RF-6 für Sportavia übernehmen sollte. Nachdem American Aviation 1972 von Grumman Aviation übernommen worden war, schloss Alfons Pützer zunächst einen Vermarktungsvertrag für die AA-1 und die neue AA-5 mit der Grumman American Aviation Corporation. Die beiden hinteren Behelfssitze der 2+2-sitzigen RF-6 fand allerdings bei den ersten öffentlichen Präsentation während der Ölkrise 1973 nur wenig Interessenten. Die erneute Aufwertung der D-Mark 1973 verteuerte das Flugzeug im amerikanischen Markt gleichzeitig um bis zu 20% und machte es damit in den USA unverkäuflich.

Alfons Pützer schlug daraufhin den Aufbau einer eigenen Fertigungslinie für die RF-6 bei Grumman Aviation in Cleveland vor. Inzwischen war bei der Sportavia-Muttergesellschaft RFB allerdings auch ein kleineres zweisitziges Flugzeug mit dem RFB Fanliner entstanden, das die Tragflächen der Grumman AA-5 verwendete. Grumman und RFB beabsichtigten dieses Reiseflugzeug gemeinsam zu vermarkten. Grumman und RFB waren bei der RF-6 daher an einer größeren Version interessiert und schlugen 1974 die Umwandlung der 2+2-sitzigen Kabine in eine komfortable viersitzige Kabine vor. Außerdem sollte die RF-6 im Fall einer Produktion bei Grumman American in Metallbauweise ausgeführt werden. Alfons

Pützer verfolgte diese viersitzige Variante der RF-6 weitgehend unabhängig von Rene Fournier. Unter Manfred Schliewa entstand bis 1976 die viersitzige Sportavia RF-6C, die 1978 als RFB-Sportavia RS-180 mit dem Namen „Sportsman" auf den Markt kam. Die Idee der Produktion einer Metallvariante beim amerikanischen Partner Grumman war zu dieser Zeit bereits aufgegeben worden.

Ein Privatauftrag war 1976 der Umbau einer Partenavia P.68, die eine komplett neu gestaltete, verglaste Frontseite erhalten sollte, um dem Piloten eine zu Helikoptern vergleichbare Sicht zu bieten. Der Prototyp D-GERD der P.68 Observer flog am 20. Februar 1976 erstmals auf der Dahlemer Binz. Alfons Pützer bot diese modifizierte P.68 später auch dem Polizeiflugdienst als Überwachungs- und Beobachtungsflugzeug an. Zu Erprobungszwecken mietete die Polizeiflugstaffel in Koblenz-Winningen den Prototyp D-GERD an und setzte diesen 1976 in der Autobahnüberwachung kurze Zeit ein. Das Flächenflugzeug fand bei den Helikopterpiloten allerdings wenig Anklang und wurde wieder zurückgegeben.

Prototyp der Partenavia P68 Observer von Sportavia (Sportavia)

Es blieb bei einem Einzelstück des Sportavia Observers. Nach dem Konkurs von Partenavia im Jahr 1998 übernahm VulcanAir die Rechte an sämtlichen Partenavia-Entwicklungen einschließlich des Oberservers. Vulcanair nahm später die Fertigung des Observers unter der Bezeichnung Vulcanair P68 Observer auf.

Nachdem die Motorsegler-Produktion bei Sportavia Mitte der 70er Jahre fast vollkommen zum Erliegen kam und die Einflussnahme auf die künftige Ausrichtung der Sportavia durch die Muttergesellschaft RFB zunahm, verkaufte Alfons Pützer im Januar 1977 seine letzten Geschäftsanteile der Sportavia an die Muttergesellschaft. Die Rhein-Flugzeugbau GmbH wurde damit zum alleinigen Besitzer der Sportavia. Alfons Pützer blieb Geschäftsführer des Unternehmens. Die formale Trennung von Rene Fournier fand 1979 statt. Am 18. Mai 1979 gab Sportavia-Pützer die Rechte an der RF-4 und RF-5 an Rene Fournier vertraglich zurück. Damit endete die mehr als 15-jährige Zusammenarbeit von Alfons Pützer und Rene Fournier.

Sportavia-Pützer-Werk auf der Dahlemer Binz in den 70er Jahren (Manfred Küppers)

Grumman zog sich endgültig im Herbst 1978 aus der Zusammenarbeit mit Sportavia und deren Muttergesellschaft Rhein-Flugzeugbau zurück, nachdem man die Reiseflugzeugsparte an American Jet Industries verkauft hatte. American Jet Industries fokussierte das Unternehmen im Weiteren auf den Geschäftsreisemarkt und war an einer Fortsetzung der Zusammenarbeit im Sportreiseflugsegment nicht mehr interessiert.

Die RFB-Sportavia RS-180 war aus Deutschland heraus in Europa auf Grund der mehrfachen D-Mark-Aufwertungen 1978 nur noch schwer verkäuflich. Insgesamt konnten bis 1981 aber nur 22 Exemplare der RS-180 bei Sportavia abgesetzt werden. Nachdem die Produktion der Motorsegler bereits 1976 bei Sportavia endete, wurde auch die Fertigung des letzten noch bei Sportavia produzierten Flugzeugmusters RS-180 Anfang 1981 eingestellt. Rhein-Flugzeugbau integrierte den Produktionsbetrieb auf der Dahlemer Binz in seine eigenen Strukturen und gab das Markenlabel „Sportavia" Anfang der 80er Jahre auf.

Sportavia-Produktion (1966 – 1982)

Typ	1966-1967	1968	1969	1970	1971	1972	1973	1974	1975	1976	1977	1978	1979-1982	Total
Elster C	15													15
RF-4D	51	75	30											156
RF-7				2										2
SFS-31			1	4	4	3								12
RF-5			43	47	10	14	13	3	3	2				135
RF-5B					1	23	17	14	9	8	8			80
S5/C1					3	2								5
RF-6						1	1							2
RF-6C										1				1
RS-180											5	5	10	20
SF-25B				18	35	18								71
SF-25C						10	15	10	10	10				55
Total	66	75	74	71	53	71	46	27	22	21	13	5	10	554

zzgl. 2 x ABS RF-9 durch ABS Aircraft GmbH in 1993

RFB-Zweigniederlassung Dahlem

Nach der Auflösung der Sportavia-Pützer GmbH & Co KG wurde der Betrieb auf der Dahlemer Binz in „Rhein-Flugzeugbau GmbH Zweigniederlassung Dahlem" umbenannt. Die Leitung der Zweigniederlassung übernahm Pützers langjähriger Mitarbeiter Klaus Kruber. Nach dem Ende des Flugzeugbaus auf der Dahlemer Binz übernahm das Werk die Fertigung von Flugzeugbauteilen für andere Hersteller. Neben GFK-Baugruppen für die thailändischen Fantrainer entstanden auf der Dahlemer Binz auch Bauteile für das Airbus-Programm.

Sportavia Eurofighter Modellnachbau im Maßstab 1:1 (Sportavia)

Die Betriebserfahrungen in der Holzverarbeitung brachten zahlreiche Aufträge für Sonderbauten auf die Dahlemer Binz. Hierzu gehörten Kabinen-Mockups für die Ausbildung von Kabinencrews oder auch 1:1 Nachbauten des Eurofighters als Ausstellungsobjekte für Messerschmitt-Bölkow-Blohm oder Hubschraubermodelle für die Luftwaffe. Auch der Musterbau von Ausrüstungskomponenten für Airbus gehörte zu den immer wiederkehrenden Aufträgen.

Die Halterschaft für die Musterzulassungen der bei Sportavia gebauten Fournier-Flugzeuge ging formal auf Rhein-Flugzeugbau über. Die Verantwortung lag aber weiterhin bei der RFB-Zweigniederlassung auf der Dahlemer Binz. Auch der Wartungs- und Instandsetzungsbetrieb für Sportavia-Flugzeuge blieb erhalten.

Wartungsbetrieb auf der Dahlemer Binz (Ron Smith)

Für den Ingenieur- und Technikerstab um Manfred Küppers bot RFB-Zweigniederlassung Dahlem ohne eigene Flugzeugentwicklung kein interessantes Arbeitsumfeld mehr. Küppers und Irmer wechselten zum Luftfahrtbundesamt, während Oberdörster und Schrecker zu Airbus gingen. Manfred Schliewa wechselte von Sportavia an die Fachhochschule Aachen.

Rhein-Flugzeugbau trennte sich noch vor Beginn der Umstrukturierungen im MBB- und DASA-Konzern von seiner Zweigniederlassung Dahlem am 1. April 1988. Klaus Kruber verließ die Zweigniederlassung Dahlem nach dem Verkauf und kehrte zum MBB-Konzern nach Donauwörth zurück.

Aviostar GmbH, ABS- und E.I.S. Aircraft GmbH

Am 1. April 1988 erwarb Manfred Zboril von der Rhein-Flugzeugbau GmbH die gesamte Zweigniederlassung auf der Dahlemer Binz. Zboril war Eigentümer der Aviostar GmbH, die den Dahlemer Standort in ihr Netzwerk einbinden wollte.

Als Albert Blum 1989 den früheren Mutterkonzern Rhein-Flugzeugbau für seinen Luftfahrtkonzern ABS International erwarb, übernahm die ABS-Gruppe kurze Zeit später von Aviostar auch den Dahlemer Standort. Aviostar selbst verlagerte seinen Betriebssitz nach dem Verkauf von Dahlem nach München. Unter Hartmut

Stiegler wurde im März 1992 die ABS Aircraft GmbH gegründet, die den Standort auf der Dahlemer Binz, sowie sämtliche anderen RFB-Wartungsbetriebe einschließlich des Instandhaltungsbetriebs in Mönchengladbach übernahm. Innerhalb des Blumschen Konsortiums wurde die GmbH der Schweizer ABS Aircraft AG in Küstacht als Tochterunternehmen zugeordnet.

Nachdem Fournier Aviation die Serienfertigung der RF-9 von Rene Fournier 1981 zugunsten der GFK-Variante RF-10 eingestellt hatte, ließ Albert Blum bei ABS Aircraft die RF-9 Holzkonstruktion mit einem neuen kohlefaserverstärktem Flügelholm ausstatten. Erste Baugruppenkits für die neue ABS RF-9 entstanden noch 1993 vor der Insolvenz der ABS-Gruppe auf der Dahlemer Binz. Obwohl die zur Schweizer ABS-Gruppe gehörige ABS Aircraft GmbH vom Zusammenbruch der deutschen ABS International GmbH nicht betroffen war, mussten die weiteren Aktivitäten an der ABS RF-9 ab 1993 eingestellt werden.

Die ABS Aircraft GmbH wurde 1994 in Equipment, Interioir und Service E.I.S. Aircraft GmbH umbenannt und von der schweizer ABS Aircraft AG 1995 an die IVG Holding AG in Bonn verkauft. IVG übernahm die Wartungsstandorte in Frankfurt, München, Kiel, Wittmund, Cuxhaven und Mönchengladbach. Der Wartungsstandort für Fournier- und Pützer-Flugzeuge auf der Dahlemer Binz verblieb bei der E.I.S. Aircraft GmbH, die auch die Halterschaft der Typenzertifikate von Fournierflugzeugen in Deutschland übernahm. Für die Bundeswehr übernahm E.I.S. den Betrieb der Zieldarstellungsflotte PC-9 an der Ostsee, den RFB Ende der 80er Jahre an Pilatus abgeben musste. Schwerpunkt der E.I.S. Aktivitäten wurde in den nächsten Jahren die Entwicklung und Herstellung von Flugzeugbauteilen für andere Hersteller. Auch nach dem Zusammenschluss von IVG und Aviapartner aus Belgien im September 1998 änderte sich an dieser Aufstellung nichts.

Ab 2011 wurde E.I.S. Aircraft GmbH mehrfach weiterverkauft. Seit 2015 gehört das Unternehmen der EQT Mid Market Group. Der Standort auf der Dahlemer Binz blieb bis 2014 Hauptsitz der E.I.S. Aircraft GmbH bevor er nach Euskirchen verlagert wurde. Fast 50 Jahre nach Inbetriebnahme des Standorts auf der Dahlemer Binz wurden damit die letzten Anlagen von Sportavia aufgegeben. Alfons Pützer erlebte die Schließung der Dahlemer Binz nicht mehr. Er starb 1993.

Indraero S.A.

Als Rene Fournier Ende der 60er Jahre die Nutzung seines zweisitzigen RF-5 Entwurfs für Trainingszwecke untersuchte, war die französische Luftwaffe an der Lieferung eines Testflugzeugs in Metallbauweise interessiert. Den Entwurf dieses Flugzeugs führte Rene Fournier unter der Bezeichnung Fournier RF-8 durch. Da Fourniers Produktionspartner Sportavia über keine Erfahrungen im Metallbau verfügte, entschied sich Fournier zu einer Zusammenarbeit mit dem französischen Luftfahrtunternehmen Indraero S.A. von Jean Chapeau in Argenton-sur-Creuse. Indraero S.A. wurde im August 1949 in Le Pechereau in Frankreich gegründet. Das Unternehmen spezialisierte sich seit 1954 auf Zulieferleistungen für die französische Luftfahrtindustrie. Hierzu gehörte der Entwurf, die Herstellung und Montage, sowie die Reparatur und Überholung von Luftfahrtbauteilen. Chapeau und sein Partner Blanchet führten auch eigene Entwicklungen leichter Sportflugzeuge durch, wie etwa die Aero 101 in den fünfziger Jahren oder die Aero 20 in den sechziger Jahren, für die Indraero jeweils die Prototypen gebaut hatte. Ende der 60er Jahre besaß das Werk in Argenton etwa 100 Mitarbeiter und war auf luftfahrttechnische Metallarbeiten spezialisiert.

Die französische Luftwaffe beauftragte 1969 formal Indraero S.A. mit dem Bau eines RF-8 Prototypen. Indraero beauftragte daraufhin Rene Fournier mit der Entwicklung der RF-8 und der Nachweisführung zur Zulassung des Flugzeugs. Der Bau des Prototyps begann 1970 in Argenton-sur-Creuse und wurde im Januar 1973 mit dem Erstflug der RF-8 abgeschlossen. Nach der Entscheidung der französischen Luftwaffe Ende 1973 zur Beschaffung eines alternativen Trainers boten Indraero und Fournier das Flugzeug weiteren Kunden im Ausland an. Die Vermarktungsaktivitäten wurden 1976 erfolglos eingestellt. Die Fournier RF-8 wurde bei Indraero eingelagert. Im Januar 2015 übergab das Unternehmen den einzigen Prototypen an ein lokales Luftfahrtmuseum. Eine weitere Zusammenarbeit zwischen Indraero und Fournier gab es nicht mehr. Allerdings fusionierte Indraero 2011 mit der Creuzet Aeronautique SA, die 1984 als Marmande Aeronautiques an der RF-10 Produktion beteiligt war. Später fusionierte Indraero mit dem Luftfahrtunternehmen LISI. Heute gehört das Unternehmen zur Airbus Group.

La Montgolfiere Moderne SARL

Die Firma Montgolfiere Moderne war das erste Luftfahrzeugbau-Unternehmen, das Rene Fournier 1974 gemeinsam mit Robert Noirclerc und Eric Duthoo gründete. Robert Noirclerc hatte ein Jahr zuvor in den USA einen Heißluftballon erworben, den er in Frankreich nachbauen und vertreiben wollte. Da in Frankreich bis dahin keine Heißluftballons betrieben wurden, musste Noirclerc zunächst eine Typenzulassung für den Ballon erwerben. Rene Fournier stellte dazu seine Erfahrungen mit der DGAC zur Verfügung. Noirclerc, Fournier und Duthoo gründeten 1973 in Paris die „Montgolfiere Moderne" als künftigen Herstellungsbetrieb für Heißluftballone und begannen mit dem Bau von zwei Prototypen.

La Montgolfiere Moderne Werbepostkarte über Paris

Der MM18 hatte ein Luftvolumen von 1800 m³. Der zweite, etwas kleinere Prototyp MM15 hatte ein Volumen von 1500 m³. Rene Fournier führte für beide Ballons die notwendigen Nachweisrechnungen durch. Am 27. März 1974 übergab die DGAC die erste in Frankreich für Heißluftballons erteilte Typenzulassung Nr. 73 an „Montgolfiere Moderne".

Das Unternehmen wurde im Wesentlichen von Noirclerc und Duthoo geführt, während Rene Fournier nur als Miteigentümer auftrat. Die Serienproduktion der Ballons lief bereits 1973 an. Die ersten Kundenauslieferungen begannen im November 1974. Neben den drei 1973 gebauten Prototypen und dem ersten Serienballon folgten ab 1974 jährlich 8-9 Ballons. Mit WNr. 7 erschien 1974 auch der größere MM20 mit 2000 m³ Volumen. Die Produktion endete 1977 nach dem Bau von 33 Ballons, die größtenteils in Frankreich verkauft wurden. La Montgolfiere Moderne SARL wurde danach aufgelöst.

Ballon-Produktion La Montgolfiere Moderne 1973 - 1977

01	MM18	1973		MONTGOLFIERE MODERNE	
		08.11.1974	F-BUQY	Noirclerc	6
		18.01.1979	F-BUQY	Privat (1)	7
02	MM15	1973		MONTGOLFIERE MODERNE	
		28.04.1975	F-BUQZ	Privat (1)	7
		04.06.1981	F-BUQZ	Aero Globe de Melun Senart	7
		16.05.1995	F-BUQZ	wfu	7
3	MM15	1973		MONTGOLFIERE MODERNE	
		14.01.1975	F-BUQX	STE La Courte Paille	6
		06.05.1977	F-BUQX	Privat (1)	7
4	MM18	1974		MONTGOLFIERE MODERNE	
		12.12.1974	F-BUQV	Societe B.E. 3S Meadiason	6
		27.02.1976	F-BUQV	Privat (1)	7
		23.07.1979	F-BUQV	Air Media	7
		14.04.1986	F-BUQV	Privat (2)	7
5	MM15	1974		MONTGOLFIERE MODERNE	
		13.05.1975	F-BUQU	Societe Ocedisco	6
		19:04:1978	F-BUQU	Privat (2)	7

				MONTGOLFIERE MODERNE	
6	MM15	1974		MONTGOLFIERE MODERNE	
		11.12.1974	F-BXBA	La Montgolfiere Moderne	6
		27.05.1975	F-BXBA	Privat (2)	7
7	MM20	1974		MONTGOLFIERE MODERNE	
		03.02.1975	F-BUQS	Privat (1)	6
8	MM18			MONTGOLFIERE MODERNE	
		12.11.1975	F-BXBB	Privat (1)	7
		06.10.1978	F-BXBB	w/o	7
9	MM20	1974		MONTGOLFIERE MODERNE	
		12.03.1975	F-BXBC	Les Montgolfieres du Loire	6
		17.10.2002	F-BXBC	Privat (1)	7
10	MM18	1974		MONTGOLFIERE MODERNE	
		10.01.1975	F-BXBD	Privat (2)	6
11	MM18	1974		MONTGOLFIERE MODERNE	
		14.01.1975	F-BXBE	Privat (3)	6
12	MM15	1975		MONTGOLFIERE MODERNE	
		30.05.1975	F-BXBH	SA Aerienne Comtoise	6
		13.12.1979		Privat (3)	7
13	MM18	1975		MONTGOLFIERE MODERNE	
		22.10.1975	F-BXBG	Aero Club Gascon	6
14	MM18	1975		MONTGOLFIERE MODERNE	
		22.10.1975	F-BXBF	Privat (1)	6
15	MM20	1975		MONTGOLFIERE MODERNE	
		13.06.1975	F-BXBI	SARL Ecole Loisir	7
		24.05.1976	F-BXBI	Ass. Des Mardels	7
		22.12.2015	F-BXBI	wfu	7
16	MM18	1975		MONTGOLFIERE MODERNE	
		08.10.1975	F-BXBK	SARL Eole Loisir	6
		06.04.1978	F-BXBK	Privat (1)	7
17	MM18	1975		MONTGOLFIERE MODERNE	
		08.10.1975	F-BXBJ	SARL Ecole Loisir	7
		05.09.2014	F-BXBJ	wfu	7
18	MM20	1976		MONTGOLFIERE MODERNE	
		23.03.1976	F-BXBL	Roux-Devillas	6
		23.07.1979	F-BXBL	Air Media	7
		29.01.1987	F-BXBL	Privat (1)	7

19	MM20	1975		MONTGOLFIERE MODERNE	
		29.12.1975	F-BXBM	OPEGA	6
		30.04.1986	F-BXBM	Club Aerostatique de l'Quest	7
20	MM20	1976		MONTGOLFIERE MODERNE	
		20.05.1976	F-BXBN	Privat (1)	6
21	MM20	1976		MONTGOLFIERE MODERNE	
		19.07.1976	F-BXBO	Noel; Le Marchand	6
22	MM18	1976		MONTGOLFIERE MODERNE	
		04.05.1976	F-BXBP	Societe Squalair	6
		01.03.1978	F-BXBP	Privat (1)	7
		23.07.1979	F-BXBP	Air Media	7
		05.12.1980	F-BXBP	Privat (2)	7
23	MM18	1976		MONTGOLFIERE MODERNE	
		10.01.1977	F-BXBQ	Privat (5)	6
24	MM18	1976		MONTGOLFIERE MODERNE	
		26.01.1977	F-BXBR	Privat (1)	6
25	MM20	1976		MONTGOLFIERE MODERNE	
		07.09.1976	F-BXBS	Privat (3)	6
26	MM20	1976		MONTGOLFIERE MODERNE	
		07.07.1976	F-BXBT	Rothmans International	6
		20.07.1978	F-BXBT	Noirclerc	7
27	MM				
28	MM				
29	MM				
30	MM18	1976		MONTGOLFIERE MODERNE	
		05.01.1977	F-BXBX	Privat (1)	6
31	MM18	1976		MONTGOLFIERE MODERNE	
		02.02.1977	F-BXBW	Privat (1)	6
32	MM				
33	MM20	1977		MONTGOLFIERE MODERNE	
		14.06.1982	F-BZAP	Ass. Sportive de l'O.N.E.R:A	7
		26.11.2014	F-BZAP	wfu	7

Societe des Avions Fournier

Die Societe des Avions Fournier war das erste vollständig eigene Flugzeugbau-Unternehmen von Rene Fournier. Seit 1969 arbeitete Rene Fournier an mehreren Varianten der Fournier RF-6. Eine 3-4 sitzige Reiseflugzeugversion entwickelte Rene Fournier als RF-6 für Sportavia in Deutschland. Fournier selbst favorisierte eine zweisitzige RF-6B Club für Trainingszwecke, an der Sportavia auf Grund der starken amerikanischen Konkurrenz kein Interesse hatte. Rene Fournier bemühte sich bereits 1973 um staatliche Unterstützung für den Aufbau einer eigenen Serienfertigung der RF-6B. Da neben der amerikanischen Cessna 150 bereits die Ralley 100 von Socata und die HR300 von Pierre Robiin im gleichen Segment gefördert wurden und eine Reihe bereits bestehender, kleiner Flugzeugbauunternehmen ebenfalls auf Staatsmittel angewiesen waren, bestand seitens der französischen Regierung wenig Interesse an der Förderung des Aufbaus eines weiteren Kleinbetriebs. Man empfahl Fournier daher eine Kooperation mit einem bereits bestehenden Betrieb. Da 1973 nur Robin und Mudry in Frankreich noch über ausreichende Erfahrungen im Holzflugzeugbau verfügten und beide Unternehmen eigene, vergleichbare Flugzeugmuster bereits produzierten, entschloss sich Rene Fournier zur Gründung eines eigenen Produktionsbetriebs auf eigenes Risiko.

Nach Aufnahme eines Finanzierungskredits gründete Rene Fournier am 10. Januar 1974 in Nitray die Societe des Avions Fournier mit einem persönlichen Firmenkapital von 100.000 französischen Francs. Über weitere Kredite und Teilhaberschaften konnte Rene Fournier das Firmenkapital bis Ende 1974 auf 1 Million Francs erhöhen, um dem Bau einer Produktionsanlage zu finanzieren.

Im Juli 1975 begann der Bau einer 1200 qm großen Werkshalle in Nitray in einer kleinen Waldlichtung auf der dem Schloss gegenüberliegenden Seite der Startbahn. Da Fournier die großen Strukturbaugruppen Rumpf, Flügel und Leitwerk bei Unterlieferanten herstellen ließ, erfolgte in der Werkshalle in Nitray lediglich die Endmontage der RF-6B und die Ausrüstung mit Komponenten. Bereits im Oktober 1975 war die Halle bezugsfertig. Jules-Marie Bernard war für die Ausbildung des weitgehend luftfahrttechnisch unerfahrenen Personals verantwortlich.

Bis Ende 1975 arbeitete Bernard 20 Mitarbeiter in die Montage der RF-6B ein. Im Dezember 1975 trafen die ersten Baugruppen der Unterlieferanten in Nitray ein und die Montage der ersten fünf Maschinen begann. Am 4. März 1976 startete die erste bei Avions Fournier gebaute Serienmaschine zum Erstflug. Monatlich entstanden in Nitray bis zu 4 Flugzeuge.

Avions Fournier SA Hangar in Nitray 1976 (Rene Fournier)

Nach Aufbau des Produktionsbetriebs in Nitray entwickelte Rene Fournier in seinem Entwicklungsbüro das neue Reiseflugzeug RF-9, das ab 1977 ebenfalls bei Avions Fournier in Serie gehen sollte.

Bis zum Mai 1977 erhöhte Fournier die RF-6B Produktionsrate auf 5 Flugzeuge pro Monat, um die von seinen Kreditgebern geforderte Stückkostenreduzierung zu erreichen. Das Unternehmen beschäftigte inzwischen 30 Mitarbeiter, davon 22 Mechaniker. Durch die erhöhten Materialbestände verschärfte sich allerdings die wirtschaftliche Situation bei Avions Fournier. Die Banken verweigerten Rene Fournier daraufhin eine Umschuldung fällig werdender Kredite in Hlhe von

500.000 Francs im Mai 1977. Da auch von staatlicher Seite keine finanzielle Unterstützung zu bekommen war, wurde die Produktion in Nitray am 30. Mai 1977 eingestellt. Im Juli 1977 wurde die Zahlungsunfähigkeit der Avions Fournier gerichtlich festgestellt und ein Insolvenzverwalter eingesetzt, an den Rene Fournier die Geschäftsführung abgeben musste.

Die vom Insolvenzverwalter angestrebte Restrukturierung blieb erfolglos. Ebenso wenig fand sich ein Kaufinteressent für das Gesamtunternehmen. Die Societe des Avions Fournier wurde Ende 1977 endgültig aufgelöst. Danach standen die Einzelposten des Unternehmens zum Verkauf. Aus den Verkaufserlösen wurden die Forderungen von Banken, Gläubigern und Zulieferern der Avions Fournier bedient. Für die Privatkredite, die Rene Fournier persönlich zur Aufstockung des Firmenkapitals der Avions Fournier aufgenommen hatte, musste Rene Fournier selbst aufkommen. Seine private wirtschaftliche Situation blieb vom Konkurs der Avions Fournier über Jahre schwer belastet. Das Entwicklungsbüro von Rene Fournier in Nitray war vom Ende der Avions Fournier zwar nicht direkt betroffen. Auf Grund seiner persönlichen finanziellen Verbindlichkeiten konnte Rene Fournier allerdings nicht mehr die Gehälter seiner beiden Angestellten Fimbel und Bernard aufbringen. Beide verließen Nitray Ende 1977, während Rene Fournier kleinere Entwicklungsarbeiten u.a. für die Sportavia-Muttergesellschaft Rhein-Flugzeugbau wahrnahm. Während die Trennung von Fimbel endgültig war, kehrte Jules-Marie Bernard Ende der 80er Jahre noch einmal zu Fournier zurück, um in Spanien den Aufbau des Produktionsbetriebs bei Aerojaen in Beas zu unterstützen.

Avions Fournier Produktion (1974 – 1977)

Typ	1973	1974	1975	1976	I/1977	II/1977				Total
RF-6B		1		20	16	4				41
RF-9					1					1
Total		1	0	20	17	4				42

Fournier Aviation wurde von Rene Caillet im Frühjahr 1978 in Saint-Germain-en-Laye gegründet. Caillet war zuvor als Spezialist für die Ausrüstung von Seefahrzeugen tätig gewesen und an einer Übernahme der insolventen Avions Fournier von Rene Fournier interessiert. Fournier Aviation erwarb aus der Insolvenzmasse die Rechte an der RF-6B Produktion, sowie die Produktionseinrichtungen und Werkzeuge in Nitray einschließlich der dort bereits im Bau befindlichen RF-6B Maschinen. Später übernahm Caillet auch die Rechte an der in Entwicklung befindlichen RF-9 von Avions Fournier. Fournier Aviation wurde damit zu einer Nachfolgegesellschaft der Avions Fournier unter einem neuen Kapitalgeber. Rene Fournier wurde bei Fournier Aviation als technischer Berater eingestellt und setzte seine Entwicklungstätigkeit für seinen neuen Arbeitgeber fort.

Nach der Insolvenz der Avions Fournier standen die früheren Zulieferer für die Großbauteile der RF-6B nicht mehr zur Verfügung. Fournier Aviation beschränkte sich bei der RF-6B daher auf die Fertigstellung der fünf Maschinen, für die das notwendige Material vor der Insolvenz ausgeliefert worden war. Die letzten RF-6B wurden 1980 abgeliefert. Im gleichen Jahr erwarb Slingsby Aviation von Fournier Aviation sämtliche Rechte an der RF-6B, sowie die Produktionsmittel in Nitray. Ab 1981 fertigte Slingsby in England die RF-6B als T-67 weiter. Fournier Aviation nahm 1980 die Serienfertigung der neuen RF-9 in Nitray auf. Mit einem kleinen Personalstamm entstand monatlich ein Flugzeug. Da immer mehr Hersteller auf Composite-Bauweise wechselten, blieb die Nachfrage nach der RF-9 in klassischer Holzbauweise begrenzt. Die RF-9 wurde 1981 nach nur 10 gebauten Exemplaren eingestellt. Drei Baugruppen-Kits, die in Nitray nicht mehr montiert wurden, gingen später an Selbstbauer zur Eigenmontage.

Caillet gab Rene Fournier 1980 den Auftrag zur Übertragung des RF-9 Entwurfs in ein Composite-Modell. Die Fertigung der Composite-Baugruppen vergab Caillet 1981 an Aerostructure SARL in Saint Loubes, während die Montage der Baugruppen in Nitray bei Fournier Aviation stattfinden sollte. Die Firma Aerostructure SARL unter Leitung von Robert Jacquet wurde 1979 in Saint Loubes bei

Bordeaux gegründet. Jacquets hatte mit Jean Portier einige Kunststoff-Flugzeugen, wie etwa der JP20 Impala entwickelt. Bei Aerostructure entstand Anfang 1982 der Ultraleichtflieger Pipistrelle 2. Parallel zur Ultraleicht-Konstruktion arbeite Aerostructure am Motorsegler PLM-80, später auch Lutin 80 genannt. Jacquet übernahm 1983 die Serienfertigung der RF-10 im Auftrag von Fournier Aviation, die allerdings die Vermarktung in Nitray behielt. Marmande Aeronautique von Robert Cruzet lieferte ab 1984 Baugruppen für die RF-10. Die Produktionskapazitäten bei den drei Betrieben waren gering und begrenzten den Ausstoß auf ein Flugzeug pro Monat. Als der brasilianische Luftfahrtverband im Sommer 1983 insgesamt 100 RF-10 für die Luftsportvereine in Brasilien bestellte, reichten die Kapazitäten in Nitray, Saint Loubes und Marmande für diese Menge nicht mehr aus, zumal die Produktionskosten in Frankreich Mitte der achtziger Jahre keinen wirtschaftlichen Flugzeugbau erlaubten. Caillet vergab daraufhin die Lizenzrechte für den RF-10 Bau an den brasilianischen Luftfahrtkonzern Aeromot in Porto Alegre. Neben der Produktion für den brasilianischen Markt, sollte Aeromot auch die weltweite Vermarktung und Belieferung einschließlich Caillets Bedarf für den französischen Markt sicherstellen. Aerostructure SARL schloss daraufhin im Januar 1985 und verschiffte seine Anlagen aus Saint Loubes nach Porto Alegre.

Fournier Aviation stellte 1985 die RF-10 Produktion nach 14 gebauten Exemplaren ein und schloss 1986 den Standort Nitray, wo zwischen 1976 und 1986 insgesamt 75 Flugzeuge gebaut wurden, davon 33 von Fournier Aviation. Rene Caillet zog sich danach aus dem Luftfahrtbereich zurück.

Fournier Aviation Produktion (1978 – 1985)

Typ	1978	1979	1980	1981	1982	1983	1984	1985	1986	Total
RF-6B	1	2	2							5
RF-9		1	5	5+3						14
RF-10				3	1		5	5		14
Total	1	3	7	11	1	0	5	5	0	33

Slingsby Aviation Ltd.

Slingsby Aviation aus dem englischen Kirkbymoorside gehörte zur Gruppe der Zweitverwerter von Fourniers Flugzeugentwicklungen. Sie erwarb 1980 sämtliche Rechte an der Fournier Trainerversion RF-6B Club von Rene Caillet, nachdem Fournier Aviation die Produktion in Nitray eingestellt hatte.

Die Ursprünge der Slingsby Aviation reichen bis in die 20er Jahre zurück als sich der WK-I Pilot Fred Slingsby im englischen Sarborough an einer Tischlerei beteiligte. Seit 1930 führte das Unternehmen auch Reparaturen an Segelflugzeugen durch. Der Nachbau von Segelflugzeugen begann 1931. Die Tischlerei entwickelte sich in den folgenden Jahren zu einem namhaften Hersteller von Hochleistungssegelflugzeugen in England und verlagerte seinen Sitz 1934 von Scarborough nach Kirkbymoorside. Im Juli 1939 wurde das Unternehmen in Slingsby Sailplanes Ltd. umbenannt. In den 60er Jahren wechselte Slingsby zu glasfaserverstärkten Kunststoffen anstelle der bisherigen Holzbauweise. Im November 1969 wurde Slingsby von der Vickers Gruppe übernommen. Bei Vickers wurde Slingsby Bestandteil der Schiffbau-Sparte. Unter Vickers wurde vor allem der Bereich Verbundwerkstoffe weiterentwickelt und die Nutzung im maritimen Bereich untersucht. Slingsby Aircraft Ltd. wurde 1977 in Slingsby Engineering Ltd. umgewandelt.

Zwar wurde in dieser Zeit der Flugzeugbau nie ganz bei Slingsby aufgegeben. Allerdings wurde die Produktion von der Herstellung eigener Flugzeugentwürfe vermehrt auf Lizenzfertigung umgestellt. Die seit 1970 bei Slingsby hergestellte T.61 Falke war z.B. ein Lizenznachbau der Scheibe SF-25 aus Deutschland, die auch von Sportavia auf der Dahlemer Binz gebaut wurde. Hierüber bestanden schon Anfang der 70er Jahre erste Kontakte zwischen Slingsby und Rene Fournier. Mit der Slingsby T.65 Vega brachte Slingsby Sailplanes Ltd. 1977 sein letztes eigenes Segelflugzeug in den Markt. Ende der 70er Jahre wurde Slingsby Engineering an die British Underwarter Engineering (UBE) verkauft.

Slingsby Engineering erhielt im Sommer 1980 sämtliche noch in Nitray vorhandenen Produktionsmittel und Materialbestände für die RF-6B und nahm im

Herbst 1980 unter der Bezeichnung Slingsby T.67 Firefly in Kirkbymoorside die Fertigung von zunächst 10 T67A Flugzeugen in Holzbauweise auf, von denen die erste Maschine im Februar 1981 flog. Die T67A war weitgehend identisch zur RF-6B, die in Nitray bis 1980 gefertigt wurde.

Slingsby beabsichtigte allerdings nicht, die klassische Holzbauweise der RF-6B fortzusetzen, sondern arbeitete schon 1980 an einer Übertragung des Entwurfs in eine Struktur, die in Verbundwerkstoffen ausgeführt werden sollte. Der Bau des ersten T.67 in Verbundbauweise ausgeführten Prototyps begann im Herbst 1981. Er flog erstmals im April 1982 und wich äußerlich nur geringfügig von der Holzvariante T67A ab.

Im Juli 1982 wurde der Flugzeugbau bei Slingsby Engineering in ein eigenständiges Unternehmen unter dem Namen Slingsby Aviation Ltd. ausgelagert. Gleichzeitig wurde die Fertigung der letzten Eigenentwicklung von Slingsby Engineering T.65 Vega 1982 eingestellt. Slingsby Aviation war somit ausschließlich für die T.67 Firefly Entwicklung verantwortlich.

Slingsby T.67 Produktion in Kirkbymoorside 1983 (Philip Jackson)

Slingsby etablierte für die T.67 nur eine kleine Produktion. Der monatliche Ausstoß erreichte nur 1-2 Flugzeuge. Jährlich wurden zwischen 10 und 15 Flugzeugen ausgeliefert. Lediglich in den Jahren 1994 und 1995 wurde die Produktion drastisch hochgefahren, nachdem die USAF 1993 über 100 T.67-260 bestellt hatte. In diesen beiden Jahren wurde ein monatlicher Ausstoß von 4-5 Flugzeugen erreicht. Nach Auslieferung der letzten Maschinen an die USAF wurde die Produktionsrate wieder auf das normale Maß von einem Flugzeug pro Monat zurückgefahren. Ab 1998 wurden nur noch Einzelstücke mit einem Flugzeug pro Quartal produziert, bevor die Produktion nach mehr als zwanzig Jahren und 287 gebauten Exemplaren 2002 endgültig eingestellt wurde. Mit der T.67 Produktion endete 2002 bei Slingsby die mehr als 70-jährige Flugzeugbauertradition. Slingsby betätigte sich seit 2002 ausschließlich mit der Entwicklung und dem Bau von Verbundwerkstoffkonstruktionen vornehmlich für die Luft- und Seefahrt. Im August 2006 wurde das Unternehmen in Slingsby Advanced Composite Ltd. umbenannt. Seit 2010 gehört Slingsby zur Marshall Aerospace Group in England.

Slingsby T3A Produktion 1994/95 (Derek Heley)

Slingsby T.67 Produktion (1981 – 2002)

Typ	1981-82	1983	1984	1985	1986	1987	1988	1989	1990	1991	1992	1993	1994	1995	1996	1997	1998-2002	Total
T67A	10																	10
T67B			7	7														14
T67C				2	5			1	10		11							29
T67M-160	1	3	2															6
T67M Mk2		3	1	2		6	1	1				12						26
T67M-200				6		11	19	1										37
T67M-260								1		7		2		2	16	9	14	51
T3A													51	59	1		2	113
T67										1								1
Total	11	6	10	17	5	17	20	4	10	8	11	14	51	61	17	9	16	287

Aeronaves e Motores SA (Aeromot)

Die brasilianische Aeronaves e Motores SA (Aeromot) in Porto Alegre war ein
weiterer Zweitverwerter von Rechten an Fournier-Flugzeugen. Sie erwarb 1985
von Rene Caillet die Rechte an der Fournier RF-10. Aeromot wurde am 13. Mai
1967 von Claudio Barreto Vianna in Porto Alegre in Brasilien als Anbieter von
Flugzeugbauteilen und -komponenten gegründet. Mit der Fertigung von Bautei-
len für die Embraer Tucano und weiterer Embraer Muster stieg Aeromot in die
Teileproduktion ein. Eine Entwicklungsabteilung erhielt Aeromot mit der Entwicklung von Flugzeugsitzen für Airbus, Boeing und Fokker

Gelände der Aoernaves e Motores (Aeromot) in Porto Alegre, 2011 (Virgínia Silveira)

Als der brasilianische Luftsportverband 1984 Interesse an bis 100 RF-10 Flugzeugen bei Fournier Aviation signalisierte, bemühte sich Rene Caillet um einen Part-
nerbetrieb in Brasilien, der als Lizenznehmer RF-10 Flugzeuge für den brasilianischen Markt produzieren konnte. Da große Hersteller, wie Embraer, kein Interesse an einer kleinen Fertigung von 10-15 Flugzeugen pro Jahr hatten, entschied
sich Caillet für eine Zusammenarbeit mit dem Flugzeugteile-Hersteller Aeronaves

e Motores SA von Claudio VIanna in Porto Alegre. Da die RF-10 Produktion in Europa nur klein und im Vergleich zum brasilianischen Standort sehr teuer war, entschied sich Rene Caillet zur Schließung des europäischen Produktionsstandorts und zur Abgabe sämtlicher Rechte an der RF-10 an Aeromot. Im Gegenzug verpflichtete sich Vianna zur Lieferung der von Caillet benötigten Flugzeuge für den französischen und europäischen Marktes. Die Produktionsanlagen von Fournier Aviation in Nitray, sowie von Aerostructure in Saint Loubes wurden 1985 nach Brasilien verschifft und in Porto Alegre 1986 in einer Halle von 3100 qm Grundfläche wieder aufgebaut. Der Entwurf der RF-10 wurde geringfügig für den brasilianischen Markt angepaßt und erhielt als Aeromot AMT100 „Ximango" im Juni 1986 die Typenzulassung in Brasilien. Die „Ximango" wurde bei Aeromot lange, aber in kleinen Stückzahlen von 1-2 Flugzeugen pro Quartal produziert. Neben den unterschiedlichen Motorisierungsvarianten AMT100, AMT200, AMT200S und der Turboversiion AMT300 entwickelte Aeromot die „Ximango" 2005 zur AMT600 mit verkürzten Tragflächen und Bugfahrwerk weiter.

Ximango Produktionsanlage nach der Stillegung 2007 (Ramiro Furquim)

Durch die Aufwertung der brasilianischen Währung Real geriet Aeromot ab 2004 unter Kostendruck. Die „Ximango" war ab 2005 im Ausland nicht mehr absetzbar. Die Produktion konnte 2006 noch einmal mit einem Auftrag der brasilianischen Bezirksregierung von Rio Grande Costa do Sul über zehn Überwachungsflugzeuge für die panamerikanischen Spiele 2007 am Leben erhalten werden. Aeromot musste 2009 das Insolvenzverfahren mit einem Schuldenvolumen von 17,2 Millionen Real eröffnen. Im Vergleichsverfahren wurden die Aeromot-Sparten Wartung und Elektronik verkauft. Die „Ximango" Produktion wurde nach 25 Jahren und mehr als 200 gebauten Exemplaren 2010 bei Aeromot eingestellt. Die verbliebene Aeromot Industries betreibt seit 2013 in kleinem Umfang mit 10 Mitarbeitern in Porto Alegre die Herstellung von Ersatzteilen für die „Ximango" und bietet in geringem Umfang auch Wartungsleistungen für das Flugzeug an. Die seit 2014 verfolgten Pläne zur Wiederaufnahme einer kleinen Serienfertigung der „Ximango" in Brasilien konnten trotz Interesses der brasilianischen Luftwaffe und weiterer staatlicher Stellen nicht realisiert werden.

Aeromot Ximango Produktion (1981 – 2007)

Typ	1986-87	1988	1989	1990	1191	1992	1993	1994	1995	1996	1997	1998	1999	2000	2001	2002	2003	2004	2005-07	Total
AMT 100	12	2	9	7	2	8	3		1											44
AMT 200									7	19	10	25	4	10	2					77
AMT 200S														2	2	8	10	7	20	49
AMT 300													3	1					3	7
AMT 600													2				1		22	25
Total	12	2	9	7	2	8	3	0	8	19	10	25	9	13	4	8	11	7	45	202

Aeronautica de Jaen S.A. (Aerojaen)

Die Gründung des spanischen Flugzeugwerks Aeronautica de Jaen, auch Aerojaen genannt, ging auf den früheren Senator José Bautista de la Torre zurück. Er beabsichtigte 1985 im andalulischen Baes de Segura in der Provinz Jaen in Spanien den Aufbau eines kleinen Flugzeugwerks. Als technischen Berater zog de la Torre Rene Fournier hinzu. Statt einer eigenen neuen Flugzeugentwicklung empfahl Rene Fournier die Wiederaufnahme der Produktion der RF-5, deren letztes Exemplar Mitte der siebziger Jahre bei Sportavia auf der Dahlemer Binz gebaut wurde und für das Rene Fournier seit Aufhebung der Lizenzvereinbarungen mit Sportavia seit 1979 wieder die Vermarktungsrechte in Europa hielt.

Bautista de la Torre, Rene Busquets, Rene Fournier, Juan Manuel Garcia de Vinuesa

Auf Vermittlung von Rene Fournier erwarb Bautista de la Torre von Rhein-Flugzeugbau die seit zehn Jahren auf der Dahlemer Binz eingelagerten Produktionswerkzeuge der RF-5. Fournier stellte die Produktionsrechte für die RF-5 zur Verfügung, die ihn pro ausgeliefertem Flugzeug in Baes beteiligte.

Aerojaen RF-5, Wnr. E-003 bei Aerojaen in Beas, 1992 (Aerodrome de Beas- LEBE)

Endmontage bei Aerojaen in Beas de Segura 1989 (Manfred Schliewa)

Am 11. Dezember 1986 gründete Bautista de la Torre und Miguel Martinez Aspiroz in Baes de Segura die Coparavia SA. Die regionale Verwaltung überließ de la Torre den kleinen Flugplatz El Cornicabral auf dem der Produktionsbetrieb eingerichtet wurde.

Kurz nach der Liberalisierung Spaniens vom Franco-Regime war der gesamte Bereich Luftfahrt in Spanien noch stark von den Bedürfnissen der spanischen Luftwaffe dominiert. Coparavia unterlag daher zahlreichen Restriktionen bezüglich des Baus und der Zulassung von Flugzeugen, ebenso aber auch beim Verkauf und beim einfachen Flugbetrieb. Im April 1989 verkauften de la Torre und Aspiroz die Coparavia SA an Carlos del Rio und Juan Manuel de Vinuesa. Coparavia wurde unter dem Namen Aeronautica de Jaen SA (Aerojaen) weitergeführt.

Die Produktion der ersten RF-5 in Beas wurde 1990 aufgenommen. Bei Aerojaen erhielt die RF-5 den Beinamen „Serrania". Bis 1995 entstanden unter der Leitung de Vinuesa in Beas insgesamt 10 spanische RF-5. Nach Einstellung der Produktion übernahm Aeronautica de Jaen Wartungsarbeiten für kleine Sportflugzeuge und unterhielt eine Fliegerschule unter dem Namen Airsegura. Weitere Flugzeugmuster wurden bei Aerojaen nach dem Ende der RF-5 Produktion nicht gefertigt.

Aeronautica de Jaen Produktion (1990 – 1995)

Typ	1990	1991	1992	1993	1994	1995	1996	1997	1998	Total
RF-5-AJ1		1	4		3	2 *)				10
Total		1	4		3	2				10

*) davon ein Kitsatz, der 1999 montiert wurde

Arc Atlantique Aeronautique SA

Andre Daout

Arc Atlantique Aeronautique SA wurde 1991 von Andre Daout als Tours Aviation in Tours gegründet. Andre Daout hatte mehr als 30 Jahre im afrikanischen Niger gelebt und dort eine Flugschule betrieben. Er kehrte 1991 mit seiner Familie nach Frankreich zurück. Tours Aviation betrieb auf dem Militärflugplatz St. Symphonerien bei Tours einen kleinen Wartungsbetrieb und eine Flugschule. Als die französische Sportfliegervereinigung FNA 1991 die Spezifikation für ein Trainingsflugzeug für französische Flugschulen herausgab, war Daout an der Entwicklung eines entsprechenden Flugzeugs interessiert. Als technischen Berater zog Daout Rene Fournier hinzu, der die Entwicklung einer verkleinerten RF-6B unter der Bezeichnung RF-47 für Tours Aviation ab 1991 betrieb. Um den Zulassungsaufwand für die RF-47 minimal zu halten, schlug Rene Fournier eine Zulassung als Experimentalflugzeug vor. Verkauft werden sollte die RF-47 als Kitsatz für interessierte Eigenbauer.

Da der Militärflugplatz in Tours als Standort für einen Flugzeugbaubetrieb ungeeignet war, suchte Daout nach einem alternativen Produktionsstandort. Tours Aviation wurde dazu 1993 in Arc Atlantique Aviation umbenannt. Da die reine Fertigung von Flugzeug-Baukits bei den regionalen Wirtschaftsförderkreisen nur auf geringes Interesse stieß und auch eine Verkauf an die eigentliche Zielgruppe der Flugschulen fast unmöglich machte, veranlasste Daout die volle Zertifizierung der RF-47, die im Sommer 1995 nach dem Bau eines zweiten Prototypen erteilt wurde. Prinzipiell stand die RF-47 damit ab Oktober 1995 für die Aufnahme einer Serienproduktion bereit. Allerdings gelang es Daout mit dem fertig entwickelten Flugzeug nicht, die Mittel von 20 Millionen Francs für den Aufbau der Produktionsanlagen zu finden. Daout verhandelte mit den Städten Vannes bei St. Nazaire und Montauban bei Cahors, denen aber die Finanzkraft fehlte.

RF-47 Prototypenbau in St. Symphonerien, 1991 (Keith Wilson)

Im April 1998 erklärte sich Investoren und die Regionalverwaltung von Epinal-Mirecourt in den Vogesen bereit, den Aufbau eines Flugzeugwerks zu unterstützen. Jacques Florence gründete 1998 in Epinal die Euravial SA, die 40 Mitarbeiter über eine Arbeitsbeschaffungsmaßnahme beschäftigen sollte. Euravial stellte für Arc Atlantique RF-47 Baukitsätze her, die Arc Atlantique vertrieb. Mit 15 Mechanikern begann im Spätherbst 1998 der Produktionsbetrieb. Eine Mustermaschine und drei Kitsätze waren fertiggestellt, als die Regionalverwaltung die ABM-Mittel strich und Florence Euravial auflösen musste. Andre Daout unternahm keinen weiteren Versuch zum Aufbau einer Produktion für die RF-47.

Arc Atlantique (1992 – 1999)

Typ	1992	1993	1994	1995	1996	1997	1998	1999	2000	Total
RF-47		1		1				4*)		6

*) gebaut bei Euravial, davon drei Kitsätze

Einsitzer

	RF-1	RF-2	RF-3	RF-4	SFS-31	RF-7
Rumpflänge	5,90 m	5,90 m	6,00 m	6,05 m	6,05 m	6,14 m
Rumpfhöhe	1,58 m	1,57 m	1,57 m	1,57 m	1,57 m	1,57 m
Spannweite	11,20 m	11,20 m	11,20 m	11,25 m	15,0 m	9,40 m
Flügelfläche	11,00 m²		11,00 m²	11,20 m²	12,00 m²	10,26 m²
Flügel-Ratio		11	11	11,2	18,7	
Leergewicht	225 kg	245 kg	240 kg	272 kg	310 kg	300 kg
Nutzlast	110 kg	105 kg	110 kg	118 kg	130 kg	145 kg
Max. Startgewicht	335 kg	350 kg	350 kg	390 kg	440 kg	445 kg
g-Rate		+5,3/-2,6	+4,4/-1,7	+6 / -3		
Gleitratio	17	17	18	20	30	13,5
Max. Geschwindigkeit	150 km/h	250 km/h	190 km/h	180 km/h	180 km/h	220 km/h
Reise-Geschwindigkeit		190 km/h	160 km/h	160 km/h	160 km/h	180 km/h
Stall-Geschwi.	65 lm/h	70 km/h	70 km/h	70 km/h	70 km/h	86 km/h
T/O Strecke 15 m		500 m	270 m	290 m	210 m	270 m
Steigrate SL		180 m/min	180 m/min	210 m/min	180 m/min	330 m/min
Flughöhe	5000 m	5500 m	5500 m	6000 m	6000 m	7000 m
Max. Reichweite		500 km	525 km	670 km	670 km	650 km
Tankvolumen		30 l	30 l	38 l	35 l	
Motor	1 x 27 PS Mitteaux 1131ccm	1 x 39 PS Rectimo 4AR1200	1 x 39PS Rectimo 4AR1200	1 x 39 PS Rectimo 4AR1200	1 x 39 PS Rectimo 4AR1200	1 x 68PS Limbach SL1700D

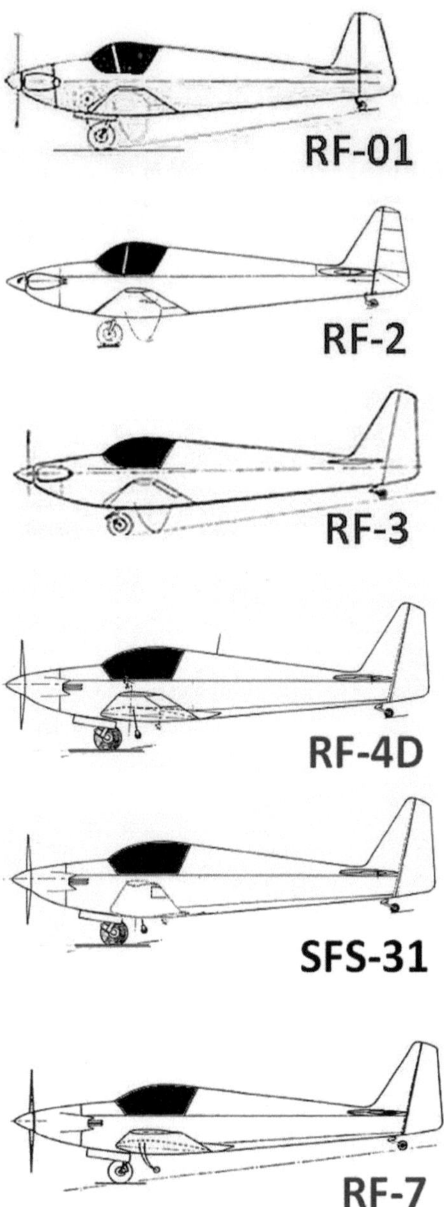

RF-01
RF-2
RF-3
RF-4D
SFS-31
RF-7

Zweisitzer Motorsegler

	RF-5	RF-5B	RF-5C	RF-55	RF-5D	F3A
Rumpflänge	7,80 m	7,71 m	7,80 m	7,70 m	7,80 m	7,00 m
Rumpfhöhe	1,96 m	1,96 m		1,96 m	1,93 m	1,65 m
Spannweite Total geklappt	13,74 m 8,74 m	17,00 m 11,22 m	11,12 m	17,00 m	17,00 m	11,47 m
Flügelfläche	15,16 m²	19,00 m²	13,43 m²	19,00 m²	19,00 m²	11,89 m²
Flügel-Ratio	12,4	15,3				
Leergewicht	418 kg	460 kg	380 kg	480 kg	430 kg	292 kg
Nutzlast / Zuladung	242 kg	220 kg	215 kg	240 kg	220 kg	180 kg
Max. Startgewicht	660 kg	680 kg	595 kg	720 kg	650 kg	472 kg
g-Rate	+6/-3					+4/-2
Gleitratio	22	26				24
Max. Geschwindigkeit	185 km/h	225 km/h	204 km/h	175 km/h	190 km/h	235 km/h
Reise-Geschwindigkeit	120 km/h	175 km/h	190 km/h	160 km/h		200 km/h
Stall-Geschw.	73 km/h	68 km/h	84 km/h	72 km/h		60 km/h
T/O Strecke 15 m	522 m	497 m	420 m		440 m	150 m
Steigrate SL	180 m/min	192 m/min	220 m/min	168 m/min	210 m/min	300 m/min
Flughöhe	5000 m	5500 m		5000 m		
Max. Reichweite	760 km	420 km		620 km		930 km
Tankvolumen	63 l	39 l				70 l
Motor	1 x 68PS Limbach SL1700E	1 x 68PS Limbach SL1700E	1 x 80PS Limbach L2000E0	1 x 60 PS Franklin 2A-120	1 x 74PS Limbach L1700-ED	1 x 80 PS Rotax 912UL

	RF-9	RF-9 ABS	RF-10-01 RF-10	AMT 100	AMT 200	AMT 300	AMT 600
Rumpflänge	7,86 m	8,06 m	7,89 m	7,89 m	8,05 m	8,08 m	8,07 m
Rumpfhöhe	1,93 m	1,93 m	1,93 m	1,93 m	1,93 m	1,93 m	2,65 m
Spannweite geklappt	17,0 m	17,3 m 10,0 m	17,30 m 17,47 m	17,47 m	17,47 m 10,15 m	17,70 m	10,50 m
Flügelfläche	18,00 m²		18,70 m²	18,70 m²	18,70 m²	18,75 m²	13,80 m²
Flügel-Ratio	16,6	16,6	16,3	16,3	16,3	16,7	
Leergewicht	520 kg	500 kg	530 kg 600 kg	600 kg	625 kg	630 kg	675 kg
Nutzlast / Zuladung	230 kg		240 kg 200 kg	200 kg	220 kg	220 kg	225 kg
Max. Startgewicht	750 kg	750 kg	770 kg 800 kg	800 kg	850 kg	850 kg	900 kg
g-Rate					5,3/-2,65	5,3/-2,65	3,8/-1,52
Gleitratio	28	29	31	30	31	32	
Max. Geschwindk.	220 km/h	220 km/h	200 km/h	245 km/h	220 km/h	230 km/h	226 km/h
Reise-Geschwindigk.	185 km/h	180 km/h	185 km/h	180 km/h	205 km/h	225 km/h	157 km/h
Stall-Geschwindigk.	73 km/h	70 km/h	72 km/h	72 km/h	78 km/h	78 km/h	90 km/h
T/O-Strecke 15m	405 m	400 m	540 m		305 m	296 m	
Steigrate SL	215 m/min	230 m/min	180 m/min		180 m/min	198 m/min	216 m/min
Flughöhe	6000 m	6500 m	5000 m		4900 m	8700 m	5300 m
Max. Reichweite	745 km	900 km	1300 km		1450 km	1500 km	1450 km
Tankvolumen		80 l			90 l	90 l	90 l
Motor	1x 68PS Limb. L1700E	1x 80PS Rotax 912-A3	1x80PS Limb. L2000	1x 80PS Limb. L2000E	1x 81PS Rotax 912-A2(	115 PS 914-F3 (300)	115PS Lycom. O235N2

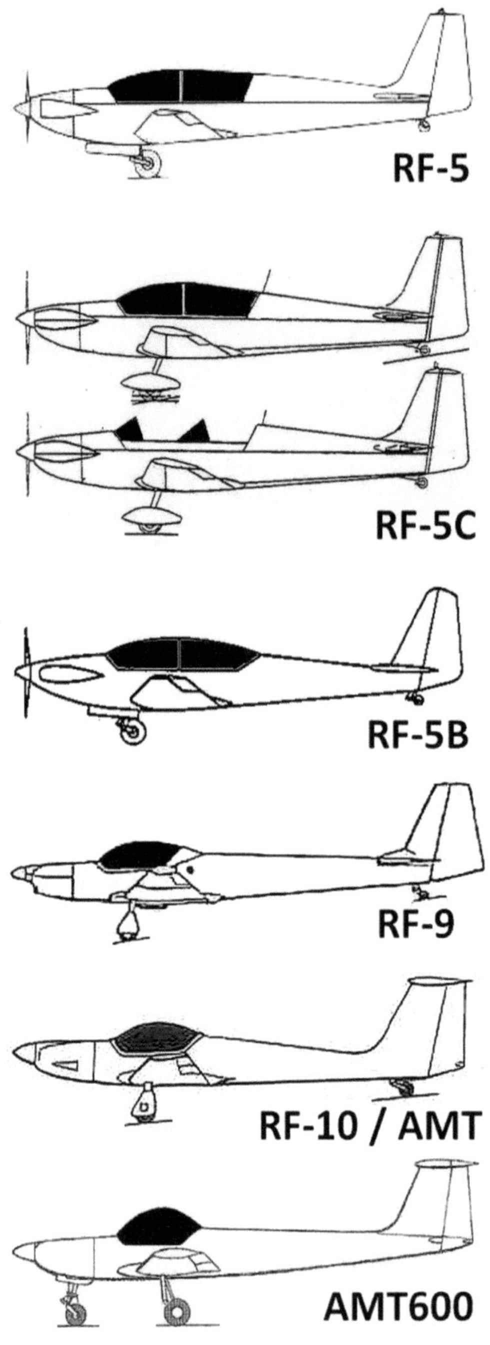

RF-5
RF-5C
RF-5B
RF-9
RF-10 / AMT
AMT600

Zweisitzer Motorflugzeuge

	RF-6	RF-6B	RF-6C	RS-180	RF-8	RF-47
Rumpflänge	7,02 m	7,00 m	7,02 m	7,15 m	7,42 m	6,44 m
Rumpfhöhe	2,37 m	2,52 m	2,36 m	2,56 m	2,40 m	2,22 m
Spannweite Total	10,30 m	10,50 m	10,30 m	10,50 m	12,40 m	10,0 m
Flügelfläche	12,60 m²	13,00 m²	12,57 m²	14,50 m²	13,20 m²	10,93 m²
Flügel-Ratio	8,44				11,6	9,15
Leergewicht	450 kg	475 kg	530 kg	640 kg	600 kg	395 kg
Nutzlast / Zuladung	325 kg	275 kg	370 kg	460 kg	295 kg	225 kg
Max. Startgewicht	775 kg	750 kg	900 kg	1100 kg	870 kg	620 kg
g-Rate		+6/-3				+4,4/-2,2
Gleitratio o. Klappen					17	13
Max. Fluggeschwindigkeit	250 km/h	256 km/h	250 km/h	320 km/h	300 km/h	230 km/h
Reisefluggeschwindigkeit	200 km/h	190 km/h	210 km/h	235 km/h	250 km/h	180 km/h
Stall-Geschwindigk.	88 km/h	80 km/h	60 km/h		80 km/h	78 km/h
T/O Strecke 15 m		290 m		210 m 450 m	240 m	230 m
Steigrate SL	210 m/min		228 m/min	300 m/min	420 m/min	260 m/min
Flughöhe	5500 m	4000 m	4800 m	5400 m	7000 m	5000 m
Max. Reichweite	800 km	650 km	840 km	1210 km	800 km	1000 km
Tankvolumen	90 l			220 l	60 l	68 l
Motor	1 x 125PS RR O235A	1 x 100PS RR O200A	1 x 125PS Lycoming O235	1 x 180 PS Lycoming O360-A3A	1 x 115 PS Lycoming	1 x 87 PS Limbach L2400EBI

	T-67A	T-67B	T-67C	T-67M-160/MkII	T-67M-200	T-67M-260
Rumpflänge	7,37 m	7,32 m	7,32 m	7,29 m	7,32 m	7,57 m
Rumpfhöhe	2,37 m	2,36 m	2,36 m	2,36 m	2,36 m	2,29 m
Spannweite	10,59 m	10,59 m	10,59 m	10,59 m	10,59 m	10,59 m
Flügelfläche	12,63 m²	12,60 m²	12,63 m²	12,63 m²	12,63 m²	12,63 m²
Flügel-Ratio	8,88		8,9	8,9	8,9	
Leergewicht	518 kg	610 kg	685 kg C3 650 kg C2	658 kg	698 kg	777 kg
Nutzlast / Zuladung	232 kg	252 kg	290 kg C3 257 kg C2	249 kg	277 kg	357 kg
Max. Startgewicht	750 kg	862 kg	975 kg C3 907 kg C2	907 kg / 975 kg)	1020 kg	1157 kg
g-Rate	+6/-3	+6/-3	+6/-3	+4,4/-1,8 +6/-3	+6/-3	+3,8/-1,6
Gleitratio						
Max. Geschwindigk.	209 km/h	213 km/h	246 km/h	252 km/h	259 km/h	297 km/h
Reisegeschwindigk.	200 km/h	204 km/h	231 km/h	235 km/h	241 km/h	287 km/h
Stall-Geschwindigk.	89 km/h	102 km/h	97 km/h	91 km/h	95 km/h	112 km/h
T/O Strecke 15 m	340 m	537 m	442 m	402 m	409 m	363 m
Steigrate SL	247 m/min	200 m/min	287 m/min	335 m/min	350 m/min	503 m/min
Flughöhe	4000 m	3658 m	3658 m	4575 m		
Max. Reichweite	633 km	835 km	1025 km C3 666 km C2	1047 km	926 km	
Tankvolumen	80 l	117 l	159l C3 82 l C2	117 l 157 l (Mk)	161 l	161 l
Motor	1 x 118PS Lycom. O235-L2A	1 x 116PS Lycom. O235-N2A	1 x 160PS Lycoming O320-D2A	1 x 160PS AEIO-320-D1B	1 x 200PS AEIO-360-A1E	1 x 260PS AEIO-540-D4A

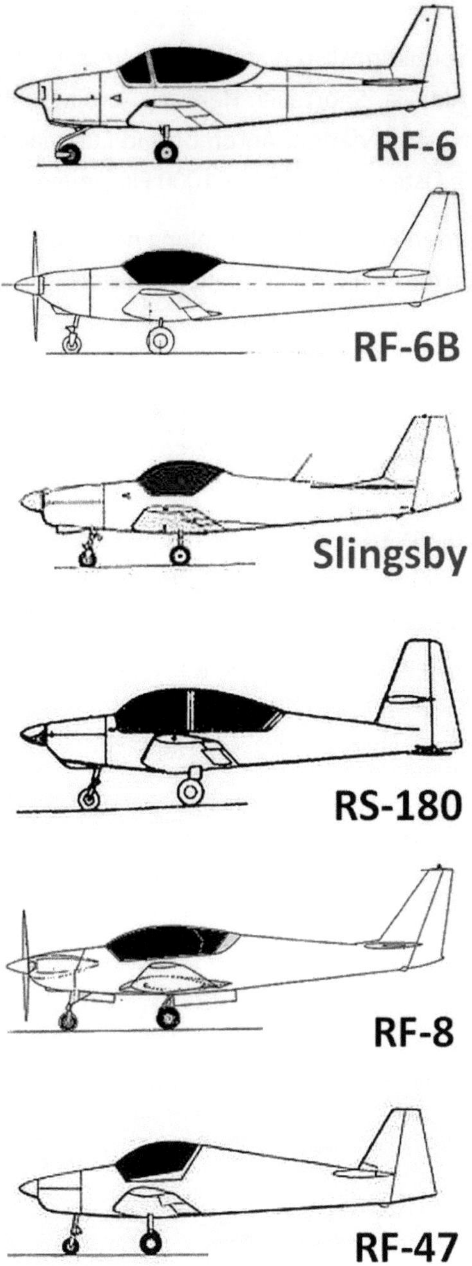

RF-6
RF-6B
Slingsby
RS-180
RF-8
RF-47

PRODUKTIONSLISTEN

Die nachfolgenden Produktionslisten stellen den Versuch dar, die individuellen Lebensläufe der bei Alpavia, Sportavia, Helwan, Aerojaen, Avions Fournier und Fournier Aviation, Slingsby Aviation, Aeromot und Euravial gebauten Flugzeuge zu rekonstruieren. Die Liste umfasst mehr 1000 Flugzeuge.

Aus Platzgründen wurden auf die Wiederholung der Kopfzeile in den Listen verzichtet. Diese wird stattdessen einleitend hier erläutert:

Wnr.	Typ	Datum	Register	Eigentümer / Ereignis	Quelle
1	RF-X	tt.mm.jjjj	F-XXXX	zzzzzz	Y

Die erste Spalte gibt die Werknummer der beschriebenen Maschine an, gefolgt vom Typ. Bei einer modifizierten Maschine kann die Typbezeichnung im Lebenslauf geändert werden. In der dritten Spalte folgt das Datum für den Eintrag, gefolgt von der gültigen Zulassung. In der Spalte „Eigentümer / Ereignis" kann der Name des am Datum gültigen Eigentümers oder aber auch der Hinweis auf ein spezielles Ereignis stehen. Folgende Abkürzungen können auftreten:

CoA	Certificate of Airworthiness	Zulassung
CVT	Converted	Umgerüstet / modifiziert
CXX	Cancelled	Zulassung gestrichen
FF	First Flight	Erstflug
In Service	In Service	In Betrieb
RRG	Reregistered	Neue Zulassung
S/A	Sold to other country	Abgabe ins Ausland
w/o	Written off / Accident	Unfall
Wfu	Withdrawn from use	Stillgelegt

Privatbesitzer werden nicht namentlich aufgeführt. Ein oder mehrere private Besitzer werden in der Form „PRIVAT (X)" angegeben, wobei X die Anzahl der Besitzer bezeichnet.

Die Eintragungen wurden aus verschiedenen Quellen zusammengetragen. Die Quelle jedes Eintrags ist über einen Zahlencode in der rechten Spalte der Tabelle wiedergegeben:

/000/	Sonstige Quellen, Informationen
/001/	Airport-Data.com
/002/	Club Fournier America Fournier Sportavia Serial Number List
/003/	Aviation Safety Network
/004/	Luchtvaartarchief Herman Dekker Nederlandse Luchtvaarthistorie na 1940
/005/	AustAirData Historical Civil Aircraft Register of the Pacific
/006/	Antoakis Spotters
/007/	DGAC Immatriculation des aéronef
/008/	Civil Aviation Authority (UK) GINFO Registration Database
/009/	Aerodata.it Italian General Aviation Website
/010/	Michael Peters RF-4 D-KKTK
/011/	Belgium Government Belgium Aircraft Register
/012/	Aerial Visuals Airframe Dossier
/013/	South African Civil Aviation Authority Aircraft Register
/014/	Mogens Wahl OY-Reg
/015/	Transport Styrelsen Sök Luftfartyg

/016/	BAZL
	Luftfahrzeugregister
/017/	Aeromedia
	The Italian Aerospace Information Web
/018/	Pascal Brugier
	Civil Aircraft Register of World
/019/	Airframes.org
	Aircraft Registration Database Lookup
/020/	FAA
	FAA Registry
/021/	Transport Canada
	Canadian Civil Aircraft Register
/022/	RNAC
	Spanish Civil Aircraft Register since 1920
/023/	AviationDB
	Aircraft Quer
/024/	Fournier Forum
/025/	Andreas Allenspach
	alles mit Links
/026/	Joe Baugher
	USAF Serials
/027/	Christian Brechbühl
	Chriggis Photo Site
/028/	Historique Wassmer
	Registre Jodel D112
/029/	Finnische Fournier Flugzeuge
/030/	Agencia Nacional de Aviacao Civil
	Brasilianisches Luftfahrtregister
/031/	Lars Finken
	Danish Aircraft Database
/032/	CAA of New Zealand
	Aircraft Registration History
/033/	Ole Nikolajsen
	Turkish Civil Register 1957 - today

RF-01 Produktionsliste

1	RF-01	05.1957		Baubeginn in Tours	
		10.1957		Baufortsetzung in Cannes	
		30.05.1960		Rene Fournier, Erstflug	1
		16.08.1960	F-PJGX	Rene Fournier	7
		17.06.1961	F-PJGX	w/o Dijon	1
		08.11.1966	F-PJGX	Zulassung gestrichen	7

RF-02 Produktionsliste

01	RF-02	Herbst 1961		Strukturbauteile bei Robin	
		03.1962		Fertigstellung bei Alpavia	1
		05.1962	F-PJSR	Alpavia Erstflug	1
		14.08.1964	F-BJSR	Direction Gen. l'Aviation Civile	7
		12.07.1979	F-BJSR	Aeroclub Louis Notteghem	7
		17.09.1984	F-BJSR	Privat (5)	7
		15.07.2011	F-BJSR	Privat (7)	7
		22.05.2012	F-AZRZ	RRG	7
		22.02.2017	F-AZRZ	Club Fournier de Druillat	7
2	RF-02	Herbst 1961		Statische Testzelle	
		03.1962		Fertigstellung bei Alpavia	1
		1963	F-WJSY	Fertigstellung als Musterflugz.	1
		08.02.1972	F-BJSY	Direction Gen. l'Aviation Civile	7
		04.03.1977	F-BJSY	Exponat Le Bourget	1

1	RF-3	06.03.1963	F-BKQV	Alpavia, Erstflug	2
		15.06.1963	F-BKQV	Aero Salon Paris 1963	AB
			D-KILO	Abgabe nach Deutschland	
		31.03.1968	D-KILO	w/o Remscheid-Hohenhagen	4
---	RF-3	1963		Bruchzelle	
		05.1963		zerstört bei Bruchversuchen	
2	RF-3	13.11.1963	F-BLEK	Caron	7
		15.12.1967	F-BLEK	Aero Club de l'Aisne	7
		08.03.1974	F-BLEK	Privat (2)	7
		27.03.1979	I-BLEK	Operiert in Italien	7,1
3	RF-3	13.11.1963	F-BLEN	Aeroclub de la Corse	7
		28.01.1972	F-BLEN	Filippini, Puiseux, Leccia, Puiseux	7
		05.09.1978	F-BLEN	Aeroclub de la Corse	7
		02.10.1991	F-BLEN	Privat (4)	7
		19.12.2013	F-CLEN	RRG	7
4	RF-3	08.11.1963	F-BLET	S.A. Alpavia	7
		14.05.1965	F-BLET	verkauft ins Ausland	7
		06.1965	CN-TVX	Aeroclub Marrakech	TS
		01.10.1990	CN-TVX	wfu	
5	RF-3	13.11.1963	F-BLEL	Aeroclub du Maconnais Berrard	7
		13.05.1977	F-BLEL	verkauft ins Ausland	7
		14.09.1978	G-BFZA	RAE Bedford Flying Club	8
		22.04.1999	G-BFZA	Privat (1)	8
		(2012)	G-BFZA	wfu, eingelagert Sackville Lodge	AB
6	RF-3	19.12.1963	F-BLEM	Aero Club du Dauphine	7
		19.11.1971	F-BLEM	w/o, repariert	7
		05.10.1983	F-BIUJ	ASSOCIATION CHOLET VOL	7
		04.09.1989	F-BIUJ	Privat (8)	7
		13.04.2012	F-CIUJ	Soc. Aeronautique SCAN	7
		17.01.2014	F-CIUJ	Privat (1)	7
7	RF-3	15.04.1964	F-BLEO	Aeroclub Marseille	7
		07.03.1968	F-BLEO	Privat (1)	7
		30.08.1983	F-BLEO	Aeroclub Provence Aviation	7
		27.10.1986	F-BLEO	Privat (1)	7
8	RF-3	1963		Alpavia	1
		15.01.1964	F-BLEP	Aeroclub d'Angouleme	7
		06.07.1971	F-BLEP	Aeroclub de Pons	7
		04.12.1975	F-BLEP	Privat (9)	7
		06.07.2010	F-CLEP	RRG	7
9	RF-3	14.11.1963	F-BLEQ	Ass. Cercle Aeron. Vallee du Cher	7
		09.01.1967	F-BLEQ	Privat (2)	7
		01.09.1969	F-BLEQ	Aeroclub d'Evreux les Authieux	7
		10.12.1971	F-BLEQ	Aeroclub de la Somme	7
		17.09.1974	F-BLEQ	Privat (1)	7
		10.09.1976	F-BLEQ	Aeroclub du Rhone et du S.E.	7
		16.01.1978	F-BLEQ	Privat (1)	7
		25.10.1983	F-BLEQ	w/o	7

10	RF-3	1963		Alpavia	1
		15.01.1964	F-BLER	Aeroclub les Ailes Mosellanes	7
		08.11.1967	F-BLER	Privat (9)	7
		03.09.2004	F-BLER	wfu	7
		11.02.2008	F-AZLH	St. Quentin Roupy	6
11	RF-3	1964		Alpavia, 4AR1200	1
		24.01.1964	F-BLXA	Aeroclub de Valence	7,1
		04.09.1970	F-BLXA	verkauft ins Ausland	7
		08.09.1970	G-AYJD	Central Flying Services	8
		11.12.1973	G-AYJD	Shackleton Aviation Ltd.	8
		24.12.1974	G-AYJD	Privat (5)	8
12	RF-3	1963		Alpavia	1
		06.02.1964	F-BLXD	Dassault Aeroclub Aquitaine	7
		20.04.1965	F-BLXD	Aeroclub de L'Est	7
		04.07.1968	F-BLXD	Privat (1)	7
		13.03.1970	F-BLXD	Aeroclub de L'Aude	7
		09.02.1971	F-BLXD	Privat (5)	7
		18.10.1991	F-BLXD	verkauft ins Ausland	7
			D-KLAK	nach Deutschland	2
13	RF-3	1964		Alpavia	1
		19.02.1964	F-BLXE	Aeroclub du Perreux	7
		04.08.2000	F-BLXE	Privat (1)	7
14	RF-3	1964		Alpavia	1
		19.02.1964	F-BLXC	Aeroclub Rossi Levallois	7
		01.04.1997	F-BLXC	Privat (3)	7
15	RF-3	1964		Alpavia	1
		28.02.1964	F-BLXG	Ass. Aeronautique de Saumur	7
		27.01.1971	F-BLXG	Privat (3)	7
16	RF-3	1964		Alpavia	1
		28.02.1964	F-BLXH	Aeroclub de Savoie	7
		24.03.1969	F-BLXH	Privat (1)	7
		13.11.1970	F-BLXH	Aeroclub Brocard	7
		28.06.1977	F-BLXH	Aeroclub du Perreux	7
		07.12.1994	F-BLXH	Privat (5)	7
		04.03.2015	F-CLXH	RRG	7
17	RF-3	1964		Alpavia	1
		19.03.1964	F-BLXI	Aeroclub Sadi Lecointe	7
		16.11.1967	F-BLXI	Ass. Club Air Touraine	7
		08.03.1974	F-BLXI	Privat (5)	7
18	RF-3	1964		Alpavia	1
		23.03.1964	F-BMDA	Aeroclub de Cannes	7
		29.09.1970	F-BMDA	Privat (1)	7
		07.07.1971	F-BMDA	Aeroclub de Grasse Saint Exupery	7
		05.04.1995	F-BMDA	wfu/Reforme?	7
19	RF-3	1964		Alpavia	1
		01.06.1964	F-BLXB	Direction Gen. l'Aviation Civile	7
		14.04.1978	F-BLXB	Aeroclub de l'Ecole l'Aviation	7
		14.01.1986	F-BLXB	Privat (3)	7
		01.10.1999	F-BLXB	Ass. Air Stratus	7
		19.01.2010	F-BLXB	Privat (3)	7

20	RF-3	1964		Alpavia	1
		17.06.1964	F-BLXF	Direction Gen. l'Aviation Civile	7
		21.07.1977	F-BLXF	Aeroclub de l'Ecole l'Aviation	7
		12.12.1988	F-BLXF	Privat (4)	7
		15.05.2007	F-BLXF	verkauft nach Italien	7
		03.07.2007	I-TBTA	Privat (1)	9
21	RF-3			Alpavia	1
		08.05.1964	F-BMDB	Aeroclub D'Orleans	7
		14.05.1968	F-BMDB	Privat (2)	7
		26.06.1964	F-BMDB	verkauft ins Ausland	7
		01.12.1977	I-BMDB	(nicht in 9)	25
			F-GNDB	(nicht in 7)	2
22	RF-3			Alpavia	1
		08.05.1964	F-BMDC	Aeroclub de Millau Larzac	7
		29.07.1968	F-BMDC	Aeroclub de Castres Mazamet	7
		11.04.1972	F-BMDC	Mary et Cie Norestair SARL	7
		22.11.1972	F-BMDC	verkauft ins Ausland	7
			D-KEHL		1
		04.1978	OE-9155		25
		11.2002	OE-9155	wfu, Abgabe ins Ausland	25
		2003	D-KAOT	nach Deutschland	JP
		05.2017	D-KAOT	in Service	
23	RF-3	1964		Alpavia	1
		13.05.1964	F-BLXJ	Aeroclub de Toulouse	7
		12.10.1966	F-BLXJ	Ass. Union Aeron. Des Pyrenees	7
		04.04.1995	F-BLXJ	wfu/Reforme?	7
24	RF-3	1964		Alpavia, 4AR-1200	1
		13.05.1964	F-BMDD	Aeroclub de Toussus	7
		17.10.1969	F-BMDD	Aeroclub Renault	7
		17.01.1975	F-BMDD	verkauft ins Ausland	7
		07.02.1975	G-BCWK	RAE Bedford Flying Club	8
		23.02.2005	G-BCWK	Privat (1)	8
25	RF-3	1964		Alpavia	1
		15.06.1964	F-BMDE	Aeroclub du Bassin d'Arcachon	7
		21.04.1969	F-BMDE	Aeroclub de Toulouse	7
		27.03.1995	F-BMDE	wfu/Reforme?	7
26	RF-3				1
		29.05.1964	F-OCBI	Aeroclub de Fort Lamy (Tschad)	7
		16.02.1966	F-OCBI	Abgabe ins Ausland	7
		1966	TT-CAD	Aeroclub de Fort Lamy	18
27	RF-3	1964		Alpavia	1
		19.06.1964	F-BMDF	Aeroclub du Bearn	7
		24.02.1977	F-BMDF	Aeroclub de Luchon	7
		18.02.1980	F-BMDF	w/o	7
28	RF-3	1964		Alpavia	1
		19.08.1964	F-BMDI	Dassault Aeroclub Aquitaine	7
		12.11.1968	F-BMDI	Privat (1)	7
		12.11.1968	F-BMDI	Abgabe ins Ausland	7
		21.04.1969	HB-2005		16
		05.2016	HB-2005	Privat (1)	16

Nr.	Typ	Datum	Kennung	Halter/Bemerkung	
29	RF-3	1964		Alpavia	1
		29.07.1964	F-BMDG	Aeroclub de Pontarlier	7
		18.06.1970	F-BMDG	Privat (1)	7
		07.07.1970	F-BMDF	Abgabe ins Ausland	7
		2006	HB-2013	wfu, ohne Motor in Lausanne	2
30	RF-3	1964		Alpavia	1
		20.08.1964	F-BMDJ	Aeroclub de Viche	7
		17.03.1965	F-BMDJ	Ass. Aeron. Du Nivernais	7
		14.11.1967	F-BMDJ	Privat (3)	7
		12.10.1979	F-BMDJ	Aeroclub Ailes Montluconnaises	7
		17.11.1989	F-BMDJ	Privat (4)	7
		26.11.1997	OO-MTA	Privat (1)	11
		19.04.2001	OO-MTA	wfu	0
		16.03.2005	OO-MTA	Aeroclub Brasschaat	0
		21.05.2005	OO-MTA	Landeunfall Brasschaat	0
		2009		Privat (1)	0
		07.07.2012	OO-MTA	Erstflug nach Instandsetzung	0
31	RF-3	1964		Alpavia	1
		11.08.1964	F-BMDH	Aeroclub du Puy	7
		22.09.1971	F-BMDH	w/o	7
32	RF-3			Alpavia	1
		10.03.1965	F-BMDK	Aeroclub Alpin Gap Tallard	7
		08.07.1965	F-BMDK	w/o	7
33	RF-3	1964		Alpavia	1
		20.08.1964	F-BMDL	Aeroclub de Toulouse	7
		26.10.1987	F-BMDL	Dassault Aeroclub	7
		10.09.1990	F-BMDL	Privat (4)	7
		09.01.2007	F-BMDL	Aeroclub Vallee de L'Aubetin	7
		27.09.2010	F-BMDL	Privat (1)	7
		04.05.2012	F-BMDL	wfu	7
34	RF-3	1964		Alpavia	1
		11.08.1964	F-BMDM	Aeroclub du Morbihan	7
		08.08.1969	F-BMDM	Aeroclub du Dauphine	7
		01.06.1972	F-BMDM	Privat (4)	7
		30.05.1984	F-BMDM	Aeroclub de la Vallee du Morin	7
		17.04.1989	F-BMDM	Privat (6)	7
35	RF-3	15.10.1964	F-BMDN	Avia Club St. Lois	7
		30.06.1969	F-BMDN	Aeroclub de Granville	7
		26.02.1981	G-BIPN	The Syerston Soaring	8
		22.05.1985	G-BIPN	Privat (2)	8
		27.09.1994	G-BIPN	G-BIPN Group	8
36	RF-3			Alpavia	1
		15.10.1964	F-BMDO	Aeroclub de Granville	7
		23.10.1967	F-BMDO	w/o	7
37	RF-3	15.10.1964	F-BMDP	Aeroclub Montabanais	7
		09.01.1979	F-BMDP	Privat (1)	7
		28.01.1980	F-BMDP	Aeroclub Aigle de Saint Maur	7
		25.06.1981	F-BMDP	Privat (2)	7
		06.1998	D-KMDP	Privat (1), seit 2001 in Irland mit D-Reg.	2
		15.10.2004	D-KMDP	U/C Damage at Galway, repariert 2006	8
			D-KMDP	wfu	

38	RF-3	11.1964	D-KIKI	Sportavia	1
		1965	D-KIKI	RF-3 Musterzulassung BRD	
		2016	D-KIKI	in Service	AB
39	RF-3	1964		Alpavia, 4AR-1200	1
		10.11.1964	F-BMDQ	Aeroclub du Beauvais	7
		07.03.1985	F-BMDQ	Abgabe in Ausland	7
		25.03.1985	G-BLXH	Privat (6)	8
		21.10.2012	G-BLXH	XH Group	8
40	RF-3	1964		Alpavia	1
		04.11.1964	F-BMDR	Aeroclub de Beziers Cap D'Agde	7
		02.01.1970	F-BMDR	w/o	7
41	RF-3	1964		Alpavia	1
		04.11.1964	F-BMDS	Aeroclub de Montbeliaro	7
		17.10.1973	F-BMDS	Privat (1)	7
		28.04.1977	F-BMDS	Aeroclub de Languedoc-Roussillon	7
		30.07.1981	F-BMDS	Privat (1)	7
		05.11.1981	F-BMDS	Ass. Amphibie Club	7
		13.06.1983	F-BMDS	Privat (1)	7
		22.01.1985	F-BMDS	Aeroclub du Haut Comtat	7
42	RF-3		D-KIKE	(/02/ gibt D-KIKI an)	18
43	RF-3	1964		Alpavia	1
		18.01.1965	F-BMDT	Aeroclub Annecy Haute Savoie	7
		18.12.1973	F-BMDT	Privat (1)	7
		09.09.1983	F-BMDT	wfu/Reforme?	7
44	RF-3	1964		Alpavia	1
		18.01.1965	F-BMDU	Aeroclub Rossi-Levallois	7
		23.05.1972	F-BMDU	Privat (3)	7
		28.07.1977	F-BMDU	Aeroclub de Pons	7
		10.08.1979	F-BMDU	Privat (1)	7
		02.02.1982	F-BMDU	w/o	7
45	RF-3				1
		01.12.1964	F-OCDV	Aeroclub de Tananrive	7
		03.06.1970	F-OCDV	Abgabe ins Ausland	7
		1970	5R-	in Madgascar	
46	RF-3			Alpavia	1
		01.12.1964	F-BMDV	Aeroclub du Tricastin Pierrelatte	7
		19.07.1966	F-BMDV	w/o	7
47	RF-3	04.12.1964	D-KIKA	Sportavia	10
		28.05.1965	D-KITO		10
48					
49	RF-3	1964		Alpavia	1
		18.01.1965	F-BMDY	Ass. Pilotage de Provence	7
		23.10.1978	F-BMDY	Privat (15)	7
50	RF-3	1965		Alpavia	1
		02.03.1965	F-BMDZ	Privat (1)	7
		08.1966	D-KIKO	Photo von 1966?	
		19.08.1969	F-BMDZ	Aeroclub de Bergerac	7
		24.05.1972	F-BMDZ	Aeroclub de La Mayenne	7
		26.01.1976	F-BMDZ	Aeroclub de Chelles	7
		21.12.1977	F-BMDZ	Privat (5)	7
		27.03.1995	D-KMDZ	nach Deutschland	2

51	RF-3	1965		Alpavia, 4AR-1200	1
		23.02.1965	F-BMTA	Aeroclub D'Annonay	7
		23.12.1976	F-BMTA	Privat (5)	7
		14.11.1980	G-BIIA	Brize Group	8
		05.03.1987	G-BIIA	Double M Flying Group	8
		03.04.2001	G-BIIA	Privat (4)	8
		23.01.2017	G-BIIA	Privat (2)	8
52	RF-3	05.04.1965	F-BMDX	Aeroclub D'Alsace	7
		15.09.1971	F-BMDX	Mary et Cie Norestair SARL	7
		29.09.1971	F-BMDX	Privat (3)	7
		17.12.1973	D-KMDX	Abgabe nach Deutschland	2
		07.04.1979	D-KMDX	w/o Kölchhausen	BA
53	RF-3	1965		Alpavia	1
		05.04.1965	F-BMTB	Aeroclub D'Aix Marseille	7
		10.03.1978	F-BMTB	Aeroclub De Cadarache	7
		17.06.1982	F-BMTB	Privat (2)	7
		21.07.2000	F-BMTB	Privat (1)	7
		10.07.2002	D-KFTB	Privat (1)	2
		13.10.2005	I-SMAL	Privat (1)	2
54	RF-3	15.04.1965	F-BMTC	Aeroclub de L'Abigeois	7
		19.05.1971	F-BMTC	SA Nouvelle Wassmer Aviation	7
		19.05.1971	F-BMTC	Abgabe ins Ausland	7
			D-????	nach Deutschland	2
55	RF-3	12.04.1965	F-BMTD	Aeroclub Frontieres Lorraines	7
		21.05.1981	F-BMTD	Privat (3)	7
		30.12.2010	F-BMTD	Privat (1)	7
		04.12.2015	F-BMTD	Abgabe ins Ausland	7
		08.1974?	OE-9095	nach Österreich	2
56					
57	RF-3	1965		Alpavia, 4AR1200	2
		06.1965	D-KITI	in Service	19
58	RF-3	06.1965	D-KITA	in Service	19
59	RF-3	1965		Alpavia, 4AR.1200	1
		11.03.1965	G-ATBP	Sutton Aviation Ltd.	8
		01.09.1965	G-ATBP	Flariavia Ltd.	8
		29.03.1966	G-ATBP	Privat (3)	8
		10.03.1976	G-ATBP	Fulmar Flying Group	8
		03.09.1980	G-ATBP	Dishforth Flying Group	8
		25.08.1992	G-ATBP	Privat (1)	8
		22.04.1996	G-ATBP	Privat (1)	8
60	RF-3	1965		Alpavia	1
		17.05.1965	F-BMTE	Aeroclub de Dieppe	7
		09.03.1977	F-BMTE	Privat (4)	7
		06.08.1979	F-BMTE	Aeroclub de Loire	7
		13.08.1981	F-BMTE	Privat (6)	7
		13.06.2012	F-CMTE	RRG	7
		05.01.2015	F-CMTE	Privat (1)	7
61	RF-3	1965		Alpavia	1
		12.05.1965	F-BMTF	Societe Alpavia	7
		17.10.1995	F-BMTF	wfu/Reforme?	7
			D-KILI	(nicht bei 007)	1

62	RF-3	1965		Alpavia	1
		09.06.1965	F-BMTG	Aeroclub D'Albi	7
		13.05.1977	F-BMTG	wfu/Reforme	7
63	RF-3	09.06.1965	F-BMTH	Aeroclub de Graulhet	7
		20.01.1972	F-BMTH	Aeroclub du Limousin	7
		17.03.1977	F-BMTH	Privat (4)	7
		26.04.1988	F-BMTH	Dassault Aeroclub	7
		13.10.2014	F-BMTH	wfu?	7
64	RF-3	29.06.1965	F-BMTI	Aeroclub de Coutances	7
		01.06.1973	F-BMTI	Soc. Travail Aerien de L'Il de France	7
		29.06.1973	OO-NSC	Privat (8)	11
		06.10.1985	OO-NSC	w/o Jalhay	0
		21.11.2003	OO-NSC	CXX	11
65			D-KITE		2
66	RF-3	12.07.1965	F-BMTJ	Centre D'Aviation de Briey	7
		29.11.1984	F-BMTJ	Privat (2)	7
		17.03.1988	F-BMTH	Abgabe in Ausland	7
			I-VJGA	nach Italien	2
67					
68	RF-3	28.05.1965	D-KITO		10
	RF-3/4	06.1976	D-KITO	mit RF4-Tragfläche	10
		11.1978	OE-9159	Sportfliegerclub Salzkammergut	10
		04.1986	D-KKTK		10
		1993	D-KKTK	Privat (4)	10
69					
70	RF-3	27.07.1965	F-BMTK	Aeroclub du Bassin Minier	7
		21.11.1979	F-BMTK	Aeroclub Clement Ader	7
		13.08.1981	F-BMTK	Aeroclub de Luchon	7
		26.03.1991	F-BMTK	Privat (2)	7
		20.05.2015	F-CMTK	RRG	1,7
71	RF-3	1965		Alpavia	1
		03.08.1965	OO-WAA	Abgabe nach Belgien	11
		2017	OO-ULB	in Service	19
72		10.08.1965		Alpavia, Erstflug	
		14.02.1977	CS-ALI	Aeroclub de Portugal	
		2017	CS-ALI	in Service	19
73					
74					
75	RF-3	04.1965	D-KINO		2
76	RF-3	18.10.1965	F-BMTL	Aeroclub Jonzacais	7
		04.04.1995	F-BMTL	wfu/Reforme	7
77	RF-3	1965		Alpavia	1
		18.10.1965	F-BMTM	Aeroclub de Villeneuve Sur Lot	2
		02.11.1973	F-BMTM	Privat (2)	
		02.08.1974	F-BMTM	Abgabe ins Ausland	
			D-KMTM		
78	RF-3	1965		Alpavia	1
		04.1966	D-KILA	Alfons Pützer KG	0
		05.09.1974	OO-JAZ	Privat (5)	11
		26.06.2007	F-GLLP	Privat (8)	7
		27.12.2016	F-CLLP	RRG	7

79	RF-3	09.11.1965	F-BMTN	Aeroclub de St. Cloud	7
		07.08.1968	F-BMTN	Air Europ Club	7
		14.04.1990	G-BHLU	Privat (2)	8
		01.05.2001	G-BHLU	Skyview Systems Ltd.	8
		23.06.2005	G-BHLU	Privat (2)	8
80	RF-3	15.12.1965	F-BMTO	Aeroclub Cote D'Amour	7
		25.03.1987	F-BMTO	Abgabe ins Ausland	7
			D-KITX		2
		13.04.1987	G-BNHT	Privat (5)	8
		30.06.1995	G-BNHT	G-BNHT Group	8
81	RF-3	15.12.1965	F-BMTP	Aeroclub de Rouen	7
		20.01.1971	F-BMTP	Aeroclub d'Abbeville	7
		14.03.1995	F-BMTP	wfu/Reforme?	7
82	RF-3	16.12.1965	F-BMTQ	Aeroclub de Montelimar	7
		16.01.1974	F-BMTQ	Privat (1)	7
		28.11.1975	F-BMTQ	Aero Service Atlantique SARL	7
		18.02.1976	F-BMTQ	Ass. Club Aeron. Beglais	7
		18.03.1980	F-BMTQ	Aeroclub de Bordeaux	7
		03.06.1986	F-BMTQ	Privat (2)	7
		23.06.1995	F-BMTQ	Abgabe ins Ausland	7
			D-KUEP	nach Deutschland	1
		2009	D-KUEP	Privat (1)	CFI
83	RF-3	16.06.1965	(G-ATFI)	Sutton Aviation, ntu	8
		21.03.1966	F-BMTV	Aeroclub de Lyon Corbas	7
		11.01.1973	F-BMTV	w/o	7
84	RF-3	01.02.1966	F-BMTR	Aeroclub Clement Ader	7
		27.10.1983	F-BMTR	w/o	7
85	RF-3	01.02.1966	F-BMTS	Aeroclub de L'Orne	7
		19.05.1969	F-BMTS	Aeroclub du Rhone et du S.E.	7
		18.03.1977	F-BMTS	Centre de Vol a Voile Lyonnais	7
		09.12.1980	F-BMTS	Aeroclub des Pilotes du Centre	7
		22.11.1988	F-BMTS	Privat (2)	7
		29.05.2006	F-BMTS	wfu, im Musee de l'Air, Marce	7
86	RF-3	29.03.1966	F-BMTT	Aeroclub de Bigorre	7
		08.07.1977	F-BMTT	Aeroclub d'Apt	7
		04.07.1980	F-BMTT	Privat (8)	7
		22.01.2013	F-BMTT	wfu	7
87	RF-3	31.03.1966	F-BMTU	Aeroclub de Rouen	7
		06.07.1970	F-BMTU	Aeroclub les Ailes du Sud	7
		13.12.1988	F-BMTU	Graniou, Coulon	7
		25.06.2013	F-BMTU	Umbau	7
88	RF-3		D-KILE		2
		06.1975	OE-9102		25
		08.1995	D-KNAK		25

Friendship F3

1	F3A	2012		Ivanov Aircraft	0
		07.2012	OK-RUL90	Erstflug, Friendship Legend	0
		12.2012	F-	UA Academy SARL	0

1	RF-4	25.11.1965		Alpavia, Erstflug	1
		24.07.1968	F-BMKA	SA Alpavia	7
		24.07.1968	F-BMKA	Privat (1)	7
		24.11.1982	F-BMKA	wfu/Reforme?	7
2	RF-4	04.1966	D-KIRA	Alpavia	2
3	RF-4	04.1966		Alpavia	
4004	RF-4	13.02.1967	OO-WAB	Sotramat NV	1
		09.06.1967	OO-WAB	w/o St. Hubert	11
4005	RF-4D	1967		Sportavia	1
		17.03.1967	F-BMKB	Aeroclub de Vienne	7
		27.08.1979	F-BMKB	Privat (5)	7
		20.12.2006	F-BMKB	Privat (1)	7
4006	RF-4D	1967		Sportavia	1
		17.03.1967	F-BMKC	Aeroclub Brest Finistere	7
		05.04.1995	F-BMKC	wfu/Reforme	7
4007	RF-4D	1967		Sportavia	1
		26.05.1967	F-BMKD	Aeroclub de Calais	7
		27.11.1970	F-BMKD	Privat (10)	7
4008	RF-4D	1967		Sportavia	1
		29.06.1967	F-BMKE	Aeroclub de Belfort	7
		27.10.1969	F-BMKE	Mary et Cie Norestair SARL	7
		30.04.1970	F-BMKE	Aeroclub du Doubs	7
		10.11.1982	F-BMKE	Privat (2)	7
		30.05.1986	F-BMKE	w/o	7
4009	RF-4D	1967		Sportavia, 4AR1200	1
		10.03.1967	G-AVHY	Sportair Aviation Ltd.	8
		10.05.1967	G-AVHY	Farnborough Fournier Syn.	8
		06.08.1973	G-AVHY	Privat (2)	8
		03.11.1999	G-AVHY	Privat (1)	8
		06.2011	G-AVHY	CoA abgelaufen, wfu?	8
4010	RF-4D	1967		Sportavia	1
		21.04.1967	F-OCJO	Aeroclub de Brazzaville	7
		13.03.1970	TN-ABU	Einsatz im Kongo	18
4011	RF-4	1967		Sportavia	
	RF-4D			wurde erst nach 1968 zur RF-4D	0
			D-KIRE	Privat (1)	2
		31.07.2009	D-KIRE	w/o Timmelsjoch, Bergkollision	3
4012	RF-4D	1967		Sportavia	7
		03.07.1967	F-BORA	Aeroclub Louis Rouland	7
		16.10.2008	F-BORA	Privat (2)	7
		19.12.2012	F-BORA	Privat (1)	7
4013	RF-4	1967		Sportavia	
	RF-4D		D-KNUT	wurde erst nach 1968 zur RF-4D	0
4014	RF-4D	20.07.1967	F-BORB	Ass. Union Aerienne L'Escaut	7
		04.09.1975	F-BORB	Cercle Aeron. L'Ile Ouen	7
		25.06.1985	F-BORB	Ass. De Vol Nouvelle Caledonie	7
		14.03.1986	F-BORB	Privat (2)	7

4015	RF-4D	17.08.1967	F-BORC	Aeroclub de Brive	7
		26.03.1974	F-BORC	Aeroclub Dassault	7
		28.12.2000	F-BORC	Privat (2)	7
		02.06.2010	F-BORC	CAVOK, / Aero Distribution	7
		15.09.2016	F-BORC	Privat (1)	7
4016	RF-4D	17.08.1967	F-BORD	Les Ailes Vierzonnaises	7
		13.08.1975	F-BORD	Aeroclub Roger Janin	7
		10.08.1977	F-BORD	w/o	7
4017	RF-4D	04.09.1967	F-BORI	Privat (1)	7
		15.05.1990	F-BORI	SARL R. NAV	7
		17.11.1995	F-BORI	Privat (2)	7
4018	RF-4D	17.08.1967	F-BORE	Club Aeron. St. Andre de L'Eure	7
		27.10.1983	F-BORE	w/o	7
4019	RF-4D	1967?	D-KEVY		2
		31.08.1967	F-BORF	Aeroclub de Montbeliard	7
		23.09.1971	F-BORF	SA Continentale Air Service	7
		23.09.1971	F-BORF	Abgabe ins Ausland	7
		09.1971	I-FEWW		25
		2009	I-FEWW	Privat (1)	2
			i-FEWW	Abgabe ins Ausland	9
4020	RF-4D	1967	D-KGWG	Sportavia	2
		29.07.1967	F-BORG	Aeroclub du Valinco	7
		08.12.1970	F-BORG	Privat (2)	7
		21.10.1976	F-BORG	Ass. Constr. D'Ajaccio	7
		15.07.1991	F-BORG	Privat (2)	7
4021	RF-4D	28.09.1967	F-BORH	Privat (3)	7
		26.12.1979	F-BORH	Abgabe ins Ausland	7
		03.01.1980	G-BHJN	Privat (4)	8
		15.05.1992	G-BHJN	RF4 Flying Group,	8
4022	RF-4D	31.08.1967	F-BORK	Aerocloub Tourangeles	7
		08.03.1979	F-BORK	Club Aeron. St. Andre de L'Eure	7
		15.09.1997	G-BXLN	Privat (7)	8
4023	RF-4D	06.10.1967	F-BORL	Aeroclub Cauchois	7
		24.03.1995	F-BORL	wfu/Reforme nach Unfall	7
		ca. 2006?		Privat (1)	CFI
		20.02.2011	D-KWAC	Erstflug nach Wiederaufbau	CFI
4024	RF-4D	19.04.1967	G-AVKD	Sportair Aviation Ltd.	8
		25.08.1967	G-AVKD	Lasham RF4 Group	8
4025	RF-4D	09.05.1967	G-AVLW	Sportair Aviation Ltd.	8
		13.09.1967	G-AVLW	Privat (3)	8
		17.08.1976	G-AVLW	615 Flying Group	8
		16.07.1979	G-AVLW	Privat (7)	8
		05.08.2004	G-AVLW	wfu	1
4026	RF-4D	26.05.1967	G-AVNX	Sportair Aviation Ltd.	8
		18.09.1969	G-AVNX	Thurston Aviation Ltd.	8
		08.06.1970	G-AVNX	Privat (4)	8
		26.11.1990	G-AVNX	Nympsfield RF4 Group	8
		17.11.1995	G-AVNX	Privat (3)	8
		26.04.2004	G-AVNX	Abgabe ins Ausland	24
		11.04.2006	SE-XST	Abgabe nach Schweden	15
		28.02.2010	SE-XST	wfu	15

4027	RF-4	1967		Sportavia	1
	RF-4D		D-KILT	wurde erst nach 1968 zur RF-4D	0
4028		1967		Sportavia	
4029	RF-4D	26.05.1967	G-AVNY	Sportair Aviation Ltd.	8
		02.11.1967	G-AVNY	Luton Flying Club	8
		16.08.1971	G-AVNY	Pershore Flying Group	8
		19.08.1974	G-AVNY	Privat (4)	8
		29.06.1995	G-IVEL	RRG	8
		05.10.2009	G-AVNY	in Service	8
4030	RF-4D	26.05.1967	G-AVNZ	Sportair Aviation Ltd.	8
		21.11.1967	G-AVNZ	West Walis Gliding Company	8
		03.01.1969	G-AVNZ	Privat (2)	8
		19.11.1975	G-AVNZ	Cobra Group	8
		19.02.1985	G-AVNZ	ASD Formaero Ltd	8
		24.06.1992	G-AVNZ	Shipping and Airlines Ltd.	8
		20.11.1995	G-AVNZ	Privat (2)	8
4031	RF-4D	26.10.1967	G-AVWY	Sportair Aviation Ltd.	8
		07.03.1968	G-AVWY	Lucky Seven Entertainment Ltd	8
		11.02.1969	G-AVWY	Privat (1)	8
		13.12.1985	G-AVWY	ASD Formaero Ltd.	8
		24.06.1992	G-AVWY	Shipping and Airlines Ltd	8
		05.11.1992	G-AVWY	Privat (4)	8
4032	RF-4D	26.10.1967	G-AVWZ	Sportair Aviation Ltd.	8
		12.03.1968	G-AVWZ	Privat (1)	8
		20.11.1968	G-AVWZ	Plastastrip Ltd.	8
		02.03.1970	G-AVWZ	Layenby Garages Ltd-	8
		30.11.1971	G-AVWZ	Privat (5)	8
		02.02.1981	G-AVWZ	w/o	8
4033	RF-4D	13.11.1967	OO-WAC	Sotramat NV	11
		10.11.1971	G-AZIG	Sportair Aviation Ltd.	8
		26.08.1976	G-AZIG	Privat (1)	8
		11.06.1976	G-AZIG	w/o Little Faringden, Startzbfakk	0
		09.10.1984	G-AZIG	cxx durch CAA	8
4034	RF-4D	15.11.1967	F-BORN	Aeroclub de Villeneuve	7
		13.01.1972	F-BORN	Privat (3)	7
		02.03.1982	F-BORN	Aeroclub du Comtat Venaissin	7
		06.12.1982	F-BORN	Aero Club Renault	7
		11.10.1989	F-BORN	w/o	7
4035	RF-4D	15.11.1967	F-BORM	Aeroclub de Rouen	7
		04.05.191	F-BORM	Aeroclub de Bergerac	7
		14.08.1991	F-BORM	Privat (1)	7
		29.04.1996	D-KORM	Abgabe nach Deutschland	2
4036	RF-4D	30.01.1968	F-BOXE	Aeroclub de Sens	7
		02.12.1982	F-BOXE	Privat (2)	7
		12.11.1984	OO-LUS	Privat (1)	11
4037	RF-4D	12.1967	CN-TZZ	nach Marokko	6
		17.07.1978	CN-TZZ	Abgabe ins Ausland	
		09.09.1985	G-BMEM	Privat (1)	8
		08.03.1989	G-BMEM	D-G Powered Sailplanes UK	8
		18.04.1989	G-BMEM	Abgabe ins Ausland	8
			D-	in Deutschland	8

4038	RF-4	1967		Sportavia, wurde nach 1968 zur RF-4D	
	RF-4D		D-KAQA	Privat (1)	0
		2016	D-KAQA	in Service	1
4039	RF-4D	1967		Sportavia	
			OE-9020		25
		09.1987	D-KEEE		2
4040	RF-4	1967	D-KIRO	Sportavia, wurde nach 1968 zur RF-4D	25
	RF-4D		OE-9055		2
			D-KAAO		2
4041	RF-4D	30.11.1967	F-BOXA	Aeroclub Etienne Boileau	7
		03.07.1974	F-BOXA	SARL Avialair	7
		27.07.1976	F-BOXA	Privat (3)	7
		12.09.1984	F-BOXA	Airstar	7
		14.01.19986	F-BOXA	Privat (1)	7
		25.01.1989	F-BOXA	Ass. Ulysse	7
		11.05.1993	F-BOXA	w/o	7
4042	RF-4D	1967		Sportavia	1
		18.01.1968	F-BOXB	Aeroclub Vauclusien	7
		07.12.1973	F-BOXB	Aeroclub de Courbevoie	7
		08.06.1999	F-BOXB	Privat (3)	7
		07.09.2006	I-BOXB	Ass. Volovelistica Alpi Graie	17
4043	RF-4D	1967		Sportavia	1
		18.01.1968	F-BOXC	Union Aerienne Lille Roubaix	7
		17.04.1975	F-BOXC	Aeroclub Clement Ader	7
		23.03.1995	F-BOXC	wfu/Reforme	7
4044	RF-4D	1967		Sportavia	1
		30.01.1968	F-BOXD	Aeroclub de ka Creuse	7
		19.04.1971	F-BOXD	Privat (1)	7
		18.01.1973	F-BOXD	Aeroclub D'Evereux	7
		14.02.1978	F-BOXD	Privat (2)	7
4045	RF-4D	1967		Sportavia	
		1976	I-VOLK		9
		2013	I-A094	RRG	9
4046	RF-4D	1967		Sportavia	14
		19.10.1967	OY-DXW	Privat (3)	31
		28.11.1989	OY-DXW	Border Air I/S	31
		27.12.1989	D-KERL	wfu	14
		10.01.2014	D-KERL		31
4047	RF-4D	1967		Sportavia, 4AR1200	1
		09.04.1968	F-BOXG	Aeroclub de Franche Comte	7
		06.08.1971	F-BOXG	Privat (1)	7
		17.07.1974	F-BOXG	Les Ailes Florentinoises	7
		25.06.1979	F-BOXG	Abgabe ins Ausland	7
		31.10.1979	G-BVET	Kirk Aviation	8
		25.11.1980	G-BIIF	Privat (5)	8
		18.03.1993	G-BIIF	CoA abgelaufen	8
		29.09.2014	G-BIIF	Privat (2), Restauration	8
4048	RF-4D	1967		Sportavia	1
		20.03.1968	F-BOXF	Aeroclub Brocard	7
		29.05.1969	F-BOXF	w/o	7

4049	RF-4D	1967		Sportavia, 4AR1200, 1. RF-4D in USA	1
		01.12.1967	N7719	Sport Aviation Inc. Ohio	AD
		08.10.1971	N7719	W/U Landung Ballston	20
		05.07.1973	N7719	Privat (2)	20
		27.03.1982	N7719	Bodenberührung	20
		04.02.2017	N7719	wfu	20
4050	RF-4D	1967		Sportavia, Limbach L1700	2
			N7721	Sportair Aviation Inc	CFI
			N7721	Privat (1)	CFI
		04.06.2002	N65WT	Privat (1)	20
		(2017)	N65WT	in Service	20
4051	RF-4D	1967		Sportavia, 4AR1200	1
			N2188	Sportair Aviation Inc.	CFI
			N2188	Privat (1)	20
		09.05.1971	N2188	Startunfall Park City	20
		08.12.2006	N2188	Privat (1)	20
4052	RF-4D	1967	D-KAQE	Sportavia	2
		24.02.1970	N2187	Privat (1)	20
		19.06.1970	N2187	Abgabe ins Ausland	20
		06.1970	C-FAZO	Privat (1)	21
		17.01.1992	C-FAZO	wfu	21
		2017	D-KAPA	in Service	1
4053	RF-4 RF-4D	1967		Sportavia wurde erst nach 1968 zur RF-4D	0
			D-KAQI	Privat (2)	1
			D-KIXI		2
			OE-9028		2
4054	RF-4D	1967		Sportavia	1
			N2189	Sportair of Pennsylvania	24
		12.08.1967	N2189	Privat (1)	24
		04.04.1968	N2189	Sportair of Pennsylvania	24
		31.08.1968	N2189	Landeunfall durch Pilotenfehler	24
		09.04.1970	N2189	D Privat (2)	24
		06.02.1975	N2189	Mira Slovak Aviation	24
		22.08.1981	N2189	Privat (1)	24
		18.07.2008	N1700F	Privat (1)	1
		22.05.2012	N1700F	Privat (1)	20
		(2017)	N1700F	in Service	20
4055	RF-4D	12.01.1968	G-AWBJ	Sportair Aviation Ltd.	8
		15.05.1968	G-AWBJ	Privat (3)	8
		09.07.1970	G-AWBJ	Shackleton Aviation Ltd	8
		01.12.1970	G-AWBJ	Privat (3)	8
		06.03.1980	G-AWBJ	The BJ Group	8
		26.09.1991	G-AWBJ	Privat (5)	8
4056	RF-4D	1968		Sportavia	
		03.1974	OE-9085	Privat (1)	6
			D-KAQU		25
4057	RF-4D	12.1968	N1771	Aerosport Inc.	24
		26.05.1995	N1771	Landeunfall, repariert	23
		16.06.2000	N1771	Privat (3)	23

4058	RF-4D	1968		Sportavia	1
			D-KISI		5
		01.02.1972	N7720	Privat (1)	20
		23.10.2007	N7720	Abgabe ins Ausland, 6766 Fhrs	1
		21.05.2008	VH-TKD	Privat (1)	2
		05.03.2014	D-KDLE		5
4059	RF-4D	24.11.1968	N2719	(Photo in U.S. Hangar)	CFI
		08.07.1974	N2179	Privat (1)	20
4060	RF-4D	03.05.1968	F-BOXH	IPFO Bail SA	7
		21.07.1972	F-BOXH	Privat (1)	7
		14.06.1977	F-BOXH	Abgabe ins Ausland	7
			D-KHWD	Privat (2)	CFI
4061	RF-4D	04.04.1968	F-BOXI	Aeroclub du Quercy Chaors	7
		26.04.1971	F-BOXI	Aeroclub de Coulommiers	7
		13.12.1972	F-BOXI	Privat (1)	7
		14.03.1978	F-BOXI	Aeroclub Roger Janin	7
		01.07.2003	F-BOXI	Privat (2)	7
4062	RF-4D	03.07.1968	F-BOXJ	SA Alpavia	7
		19.01.1971	F-BOXJ	Union Aeron. Du Centre	7
		26.03.2012	F-BOXJ	Privat (1)	7
		01.03.2016	D-	Abgabe nach Deutschland	7
4063	RF-4D	1968	D-KAQO	Sportavia	
4064	RF-4D	12.1968	N1700	Sportair Aviation Inc.	CFI
		20.01.1969	N1700	Pacific NW Aviation Hist. Found.	23
		05.1969	N1700	Privat (1)	CFI
		05.1969	N1700	Atlantik Überquerung West-Ost	1
		1990	N1700	wfu, Museum of Flight, Seattle	CFI
			N389GS	Privat (1)	23
		22.10.2009	N1700G	RRG	23
		27.05.2015	G-RFAD	Privat (1)	1
4065	RF-4D	1968		Sportavia, 4AR1200	1
				Sportair of Pennsylvania	24
		01.02.1978	N2182	Privat (3)	23
4066	RF-4D	1968		Sportavia, 4AR1200	1
		13.06.1992	N2186	SLS Inc	23
		18.07.2001	N2186	Privat (1)	23
		27.05.2015	N2186	Tree-O LLC	20
4067	RF-4D	1968		Sportavia	
		19.02.1969	EC-BOY	Privat (1)	22
4068	RF-4D	10.05.1968	F-BOXK	Aeroclub de Courbevoie	7
		24.04.1975	F-BOXK	w/o	7
4069	RF-4D	17.07.1968	F-BOXL	Aeroclub Picardie Amiens Metr.	7
		04.01.1974	F-BOXL	wfu/Reforme	7
4070	RF-4D	17.07.1968	F-BOXM	Privat (1)	7
		15.03.1971	F-BOXM	Aeroclub De L'Aube	7
		30.03.1972	F-BOXM	Privat (1)	7
		10.05.1973	F-BOXM	Aeroclub Dassault	7
		02.03.1984	F-BOXM	w/o	7

4071	RF-4D	06.03.1968	G-AWEK	Sportair Aviation Ltd.	8
		20.06.1968	G-AWEK	Privat (4)	8
		25.10.1972	G-AWEK	Notlandung nach Stall	24
		12.2009	G-AWEK	Restaurierung mit Flügel G-BIIF	24
		07.2016	G-AWEK	CoA abgelaufen, wfu	8
4072	RF-4D	1968		Sportavia	
			D-KOHA		2
		02.08.2013	D-KOHA	w/o Saal, Motorausfall Start BFU3X096-13	3
4073	RF-4D		D-KOHE		2
4074	RF-4D	1968		Sportavia	
			LN-BNT		3
		26.09.1970	LN-BNT	w/o Norheimsund	3
4075	RF-4D	1968		Sportavia	
			LN-BNG		2
		31.08.1970	OH-FIK	Privat (1)	25
		15.03.1971	OH-399	Ilmailukerho Cumulus Ry	25
		23.02.1975	OH-399	w/o Himanka, bei Kunstflug	3
4076	RF-4D	1968		Sportavia, 4AR1200	1
		03.04.1975	N2185	Privat (1)	20
4077	RF-4D	07.03.1968	G-AWEL	Sportair Aviation Ltd.	8
		27.06.1968	G-AWEL	Privat (1)	8
		25.07.1969	G-AWEL	Portsmouth Flying School	8
		18.08.1972	G-AWEL	G.N. Kemp and Co. Ltd.	8
		18.07.1973	G-AWEL	Privat (1)	8
4078	RF-4D	07.03.1968	G-AWEM	Sportair Aviation Ltd.	8
		18.12.1968	G-AWEM	Privat (4)	8
4079	RF-4D	1968	D-KOHO	Sportavia	2
4080	RF-4D	06.08.1968	F-BOXN	Ass. Union Aeron. Du Perigord	7
		04.01.1974	F-BOXN	Aeroclub Egletoninais	7
		21.10.1975	F-BOXN	Privat (2)	7
		19.10.1995	F-BOXN	wfu/Reforme	7
4081	RF-4D	1968	D-KOHI	Sportavia	2
4082	RF-4D	1968	D-KAIG	Sportavia	2
		1972	PT-DVX		
4083	RF-4D	17.06.1968	OO-WAD		1
		31.12.1969	PH-DYL	Privat (1)	4
		30.06.1975	D-KAPT		4
4084	RF-4D	09.04.1968	G-AWGN	Sportair Aviation Ltd.	8
		23.07.1968	G-AWGN	Privat (1)	8
		01.06.1970	G-AWGN	Sportair Flying Club Ltd.	8
		15.10.1974	G-AWGN	Cedar Farm Ltd.	8
		02.03.1977	G-AWGN	Privat (1)	8
		22.11.1982	G-AWGN	Gloster Aero Group	8
		25.02.2003	G-AWGN	Privat (1)	8
		26.09.2005	G-AWGN	G-AWGN Group	8
		17.01.2008	G-AWGN	Privat (1)	8
4085	RF-4D	09.04.1968	G-AWGO	Sportair Aviation Ltd.	8
		13.08.1968	G-AWGO	Privat (1)	8
		24.09.1970	G-AWGO	Sportair Flying Club Ltd.	8
		20.06.1972	G-AWGO	Privat (1)	8
		24.06.1972	G-AWGO	collision nr. Seigford, UK, repariert	2

4086	RF-4D	04.09.1968	F-BOXO	Aeroclub Robert Thiery	7
		23.07.1980	D-KANT	Abgabe nach Deutschland	1
4087	RF-4D	04.09.1968	F-BPLA	Aeroclub du Tricastin	7
		17.12.1975	F-BPLA	Aeroclub du Var	7
		17.08.1979	F-BPLA	w/o	7
4088	RF-4D	28.05.1968	OO-JLB	Aeroclub des Ardennes	11
		23.02.1981	OO-JLB	Privat (3)	0
		30.04.2002	OO-JLB	wfu	0
		23.09.2005	OO-JLB	Erstflug nach Instandsetzung	0
4089	RF-4D	1968		Sportavia	1
		30.01.1970	N7723	Privat (1)	1
		28.04.1977	N7723	Prop-Verlust im Flug, Revmaster 2100	20
		08.03.2013	N7723	BB LSA Aviation Inc.	23
4090	RF-4D	1968		Sportavia	
			SE-TGY		2
		18.07.1980	D-KFHI	Abgabe nach Deutschland	252
4091	RF-4D	1968	D-KOHU	Sportavia, 4AR1200	3
		23.12.2014	D-KOHU	w/o Rottweil	3
4092	RF-4D	1968	D-KALD	Sportavia	9
		06.1968	I-LUCB		9
4093	RF-4D	30.12.1968	F-BPLB	Aeroclub de L'Orne	7
		18.10.1970	F-BPLP	Notlandung nach Motorstörung	24
		30.12.1971	F-BPLB	Privat (1)	7
		10.12.1981	F-BPLB	Abgabe ins Ausland	7
		18.11.1982	VH-HDO	Privat (4)	24
		07.12.2011	VH-HDO	Hard Landing Port Kennedy	3
4094	RF-4D	02.10.1968	F-BPLC	Aeroclub de la Creuse	7
		17.08.1979	F-BPLC	wfu/Reforme	7
4095	RF-4D	28.10.1968	F-BPLD	Aeroclub Moissac Castelsarrasin	7
		28.10.1971	F-BPLD	Privat (1)	7
		18.05.1972	G-AZUU	Privat (2)	8
		18.02.1981	G-AZUU	Gloster Aero Group	8
		27.09.1982	G-AZUU	w/o	1
4096	RF-4D	12.09.1968	OH-FIA	T. Saalasti, 1. RF-4 in Finnland	29
		31.01.1969	OH-367	Abo Flygklubb	29
		25.06.1986	OH-367X	Privat (1)	6
4097	RF-4D	1968		Sportavia	
		1971	HB-2004		25
		2004	HB-2004	Privat (1)	2
		2006	HB-2004	Einsatz bei CFID in Walsrode	CFI
		24.03.2006	D-KWAK	Abgabe nach Walsrode	25
4098	RF-4D	1968		Sportavia	
		30.01.1969	OH-FIB	Inkeroisten ilmailukerho	29
		1993	OH-370	RRG	2
4099	RF-4D	12.07.1968	G-AWLZ	Sportair Aviation Ltd.	8
		04.11.1968	G-AWLZ	Privat (3)	8
		20.11.1995	G-AWLZ	NYMPSFIELD RF4 GROUP	8
4100	RF-4D	28.10.1968	F-BPLE	Aeroclub de Chateauroux	7
		06.12.1973	F-BPLE	w/o	7
4101	RF-4D	22.11.1968	F-BPLF	Aeroclub Dassault	7
		24.04.1975	F-BPLF	w/o	7

4102	RF-4D	08.1968	D-KALC	Sportavia	2
4103	RF-4D	1968		Sportavia, 100. RF-4	1
			D-KALF	Privat (1)	2
		26.10.1994	N66LF	Coro Inc.	23
4104	RF-4D	21.11.1968	SE-TGX	Timmele Flygklubb	15
		30.06.1980	SE-TGX	wfu	15
		25.01.1995	SE-XSK	Privat (1)	15
4105	RF-4D	07.11.1968	OH-FID	Privat (1)	25
		12.05.1969	OH-372	Vaasa Flight Club Ry	29
		15.03.1984	OH-372	Privat (2)	29
		23.05.1991	OH-372	Turk Flight Club Ry	29
		30.06.1997	OH-372	Privat (1)	29
4106	RF-4D	07.11.1968	OH-FIC	Privat (1)	25
		12.07.1976	OH-371	Kokkolan Ilmail Flygklubb ry	6
		02.2010	OH-371	Privat (1)	6
4107	RF-4D	1968		Sportavia, 4AR1200	1
		07.05.1969	F-OGDO	Aeroclub Guadeloupeenes	7
		11.10.1974	F-OGDO	Cercle Aero Martiniquais	7
		16.05.1975	F-OGDO	Abgabe in Ausland	7
		10.02.1977	N30X		23
			N30X	Privat (3)	23
4108	RF-4D	10.1968	D-KALG	Sportavia	2
4109	RF-4D	1968		Sportavia	
		18.01.1969	OH-FIE	Privat (1)	25
		26.02.1969	OH-373	Salminen & Co.	29
		1996	OH-373		
		30.09.1996	OH-373	wfu	29
4110	RF-4D	1968		Sportavia	
		14.04.1969	OH-FIF	Privat (1)	25
		19.02.1970	OH-374	Nuorisoilmailijat Ry	2
		16.07.1974	OH-374	Autti J & Co	29
		10.08.1976	OH-374	J & Saajo Co	29
		11.02.1980	OH-374	J & Co Autti	29
		10.12.1982	OH-374	Joensuu Aviation Club Lahti (/25/: OH-382)	29
4111	RF-4D	1968	D-KEDB	Sportavia	25
		10.1968	ZS-UEG	Abgabe nach Südafrika	25
		12.03.1997	ZS-UEG	ZS-UEG Syndicate	13
4112	RF-4D	1968	D-KEDC	Sportavia	25
		06.01.1969	ZS-UEH	Abgabe nach Südafrika	CFI
		08.10.1984	ZS-UEH	Fournier Syndicate	13
		25.09.2004	ZS-UEH	wfu	13
4113	RF-4D	1968		Sportavia	
			SE-TGV		25
4114	RF-4D	1968		Sportavia, 4AR1200	1
		11.05.1992	N7224	Privat (1)	23
		16.07.1992	N7224	Motorausfall	23
		21.05.2003	N7224	Privat (1)	23
		30.11.2004	N7724	MJS Aviation	23
		29.03.2007	N7724	Privat (1)	23

WNr.	Typ	Datum	Kennz.	Bemerkung	
4115	RF-4D	06.05.1968	N1700	Privat (1), „Spirit of Sa Paula"	CFI
				Atlantiküberquerung Ost-West	
		26.05.1968	N1700	w/o Bodenber. Santa Paula	20
				Reconstr. WNr. 4064	2
4116	RF-4D	1968		Sportavia, VW	1
		27.06.1984	N3476		23
		11.08.1994	N3476	Privat (1)	23
		23.10.2002	N3476	PFT Inc	23
		07.03.2007	N3476	Athletic Adventures	23
		31.03.2011	N3476	CoA abgelaufen, wfu?	23
4117	RF-4D	1968		Sportavia, 4AR1200	1
		08.1969	N7726	Sportair Aviation Inc.	CFI
			N7726	Revmaster, Engine Tests	CFI
			N7726	Privat (1)	CFI
		12.08.1980	N41JL		1
		25.05.1989	N41JL	Privat (2)	23
4118	RF-4D	1968		Sportavia	
			D-KEDH		2
		ca. 1975	JA2110	Japan Motor Glider Club	24
4119	RF-4D	1968		Sportavia	1
		28.08.1969	N7752	Kollision mit Stromleitung	23
		12.07.1971	N7752	Startunfall, Canopy verloren	23
		31.07.1977	N7752	Startunfall, Stall, Tonopah, NV	23
		26.04.1985	N7752	Landeunfall, Fahrwerksschaden	23
			N7752	Galevston, TX, USA	23
		23.04.1991	N7752	Abgabe ins Ausland	23
		10.11.1992	G-BUPJ	Privat (1)	8
		28.10.2010	G-BUPJ	wfu	8
4120	RF-4D	1968		Sportavia	
			XB-MEF	Privat (1)	2
4121	RF-4D	1968		Sportavia	1
		16.01.1969	F-BPLI	Aeroclub de Bigorre	8
		26.01.1989	F-BPLI	Privat (5)	8
		17.01.2002	F-BPLI	Abgabe ins Ausland	8
			N505SE	Lancester, CA (nicht bei 23)	2
4122	RF-4D	1968		Sportavia	1
		20.06.1974	N7725	Privat (2)	23
4123	RF-4D	1968		Sportavia	1
		16.01.1969	F-BPLG	Aeroclub de la Cote d'Or	7
		14.02.1975	F-BPLG	Aeroclub du Puy	7
		19.07.1979	F-BPLG	Privat (1)	7
		01.08.1985	F-BPLG	Aeroclub de Loudes	7
		05.06.1987	F-BPLG	Privat (1)	7
		24.05.1994	F-BPLG	Aeroclub Dassault	7
		20.09.2006	F-BPLG	Privat (1)	7
		09.04.2009	I-BPLG	Privat (1)	17
		07.02.2010	I-BPLG	Landung in See bei Cinquale	3
		02.08.2012	D-	nach Deutschland	17
4124	RF-4D	22.11.1968	F-BPLH	Privat (1)	7
		12.05.1971	F-BPLH	Aeroclub de la Corse Napoleon	7
		04.01.1974	F-BPLH	wfu/Reforme	7

4125	RF-4D	30.12.1968	F-BPLJ	Aeroclub de Deauville	7
		22.05.1973	F-BPLJ	Aeroclub du Poitou	7
		29.07.1980	F-BPLJ	Aeroclub du Sarladais	7
		28.10.2002	F-BPLJ	Privat (3)	7
		29.05.2015	F-CPLJ	RRG	7
4126	RF-4D	30.12.1968	F-BPLK	Aeroclub de Champagne	7
		13.11.1973	F-BPLK	wfu/Reforme	7
4127	RF-4D	1968	D-KEDM	Sportavia	25
		12.1968	ZS-UEL	Abgabe nach Südafrika	25
		09.05.1973	ZS-UEL	Privat (1)	13
		11.01.2011	ZS-UEL	wfu	13
4128	RF-4D	1968	D-KEDN	Sportavia	25
		12.1968	ZS-UEM	Abgabe nach Südafrika	25
			ZS-UEM	Privat (1)	24
		08.06.1998	ZS-UEM	Privat (1)	13
		15.10.2006	ZS-UEM	w/o	24
4129	RF-4D	1968		Sportavia	2
		10.02.1969	F-BPLM	Aeroclub de Brive	7
		03.07.1989	F-BPLM	Abgabe ins Ausland	7
			D-KHJG		
4130	RF-4D	1969	D-KALH	Sportavia	2
		01.1978	OE-9149	Flugring Traunsee	1
4131		1969		Sportavia	
4132	RF-4D	1969		Sportavia	14
			SE-TGU		2
		25.04.1972	OY-XBA	Privat (3)	31
		20.09.1985	D-KGRU		14
4133	RF-4D	20.02.1969	F-BPLN	Aeroclub de Laon	7
		21.06.1972	F-BPLN	Aeroclub Francois 1er	7
		16.08.1990	F-BPLN	Privat (3)	7
4134	RF-4D	04.09.1969	F-BPLO	Aeroclub de Villeneuve	7
		02.01.1973	F-BPLO	Aeroclub de Champagne	7
		21.06.1977	F-BPLO	Privat (6)	7
		04.01.2010	G-PPLO	Privat (3)	8
		21.05.2012	G-PPLO	Privat (1)	8
		27.03.2013	SE-TRX	RRG	15
4135	RF-4D	18.04.1969	F-BPLP	Aeroclub de Savoie	7
		19.05.1976	F-BPLP	Privat (2)	7
		06.05.1977	F-BPLP	Aerobatic Club de Mediterrane	7
		06.02.1987	F-BPLP	Abgabe ins Ausland	7
		2017	D-KJNN	Privat (1)	1
4136	RF-4D	1969		Sportavia	1
		26.02.1970	F-BPLQ	Aeroclub Rennes Ille	7
		25.05.1990	F-BPLQ	Privat (3)	7
		20.09.2002	I-BPLQ	Ass. Volovelistica Alpi Graie	17
4137	RF-4D	13.06.1969	F-OCMX	Aeroclub de Tahiti	7
		05.12.1983	F-OCMX	wfu/Reforme	7
4138	RF-4D	04.12.1969	F-BPLS	Aeroclub du Rethelois	7
		15.07.1981	F-BPLS	Privat (1)	7
		27.11.1995	F-BPLS	wfu/Reforme	7
		18.12.1987	VH-XOS	Privat (2)	5, 6

4139	RF-4D	1969		Sportavia	
		01.03.1970	I-LUCO		25
4140	RF-4D	27.06.1969	F-BPLT	Aeroclub du Sarladais	7
		22.08.1994	F-BPLT	wfu/Reforme	7
4141	RF-4D	1969	HB-2006	Segelfluggruppe Veterano	2
		28.10.2001	HB-2006	w/o Spiringen, Manöverflug	3
4142	RF-4D	1969	SE-TGT	(oder SE-TOT)	25
		07.11.1969	OH-FIJ	Privat (1)	25
		07.12.1972	OH-390	Niemenpää & Co	29
		22.07.1980	OH-390	Sharp & Co.	29
		13.11.1997	OH-390	Osmo Siira & Co	6
		04.2009	OH-390	Privat (1)	2
4143	RF-4D	01.08.1969	OH-FIG	Aviation Ry Helsinki	2
		20.05.1980	OH-381	Moottoripurjelentjt ry	6
			OH-381X	RRG	25
4144	RF-4D	24.07.1969	OH-FIH	Privat (1)	25
		1969	OH-380	Inkeroisten Aviation Club	29
		2005	OH-380	Privat (1)	2
4145	RF-4D	15.09.1969	OH-FII	Privat (1)	25
		05.07.1975	OH-382	A. Kutvonen & Co.	29
		31.10.1989	OH-382	Privat (2)	29
4146	RF-4D	06.1969	D-KALB	Sportavia	2
4147	RF-4D	06.08.1969	PH-DYK	Privat (1)	4
		12.08.1975	OH-474	Privat (6)	29
		30.06.1997	OH-474	wfu, seit 1998 Wiederaufbau begonnen	25,4
4148	RF-4D	14.07.1969	G-AXJS	Sportair Aviation Ltd.	8
		12.09.1969	G-AXJS	Privat (1)	8
		14.10.1972	G-AXJS	w/o Skateraw, Absturz ins Meer	3
4149	RF-4D	1969	D-KEDP	Sportavia	25
		11.1969	ZS-UIL	Abgabe nach Südafrika	25
		04.05.2007	ZS-UIL	UIL Syndicate	13
		08.05.2008	ZS-UIL	wfu, Ficksburg, S. Africa	13
4150	RF-4D	1969	D-KEDQ	Sportavia	25
		09.1969	ZS-UEZ	Abgabe nach Südafrika	25
		12.03.1971	ZS-UEZ	Privat (1)	13
		02.04.2009	ZS-UEZ	Quarter Aviation CC	13
		01.04.2010	ZS-UEZ	Privat (2)	13
		2013-2017	ZS-UEZ	Restaurierung	24
4151	RF-4D	27.08.1969	PH-JFE	Privat (1)	4
		17.04.1975	OO-YES		1
		15.04.1991	OO-YES	wfu	11
			D-KFST	Privat (1)	1
4152	RF-4D	30.09.1969	D-KABH		1
4153	RF-4D	1969		Sportavia	
			OE-9028		2
		03.1983	D-KIXI		25
4154	RF-4D	1969		Sportavia	
			OE-9029		2
		03.1983	D-KIGT		25
4155	RF-4D	1969	D-KARL	Sportavia	1
		2017	D-KARL	in Service	

4156	RF-4D	24.07.1970	G-AYHY	Privat (1)	8
		30.06.1980	G-AYHY	Tiger Club Ltd.	8
		20.11.1990	G-AYHY	Privat (1)	8
		16.04.2004	JA24RF	Abgabe nach Japan	2
		2017	JA24RF	eingl. Otone Japanese Motor Gliding Club	24
4157	RF-4D		(PT-DVX)		1
			D-KAIG		
4158	RF-4D		D-KBDA		2
4XXX	RF-4D		JA2210		2
4XXX	RF-4D		G-AVGN	(nicht bei /008/)	2
4XXX	RF-4D		G-AWEW	(nicht bei /008/)	2
4XXX	RF-4D		G-GANY	(nicht bei /008/)	2

SFS-31 Milan Produktionsliste

6601	SFS31	1968		Sportavia, Wortmann FX61184	1
		31.08.1969	D-KORO	Privat (2)	2
			OE-9083		
		2012	D-KORE		AIRL
		29.11.2012	G-KORE	Privat (1)	8
6602	SFS31		D-KEBL	Privat (1)	2
6603	SFS31	1970		Sportavia, 4AR1200	
		23.07.2014	D-KABM	w/o Oppenheim, 3x075-14	3
6604	SFS31	1970	D-KIFF	Privat (1)	
6605	SFS31	1970		Sportavia, 4AR1200	1
		15.03.1973	N55JC	Motorausfall bei Landeanflug	20
		14.09.2000	N55JC	Privat (1)	1
		08.03.2013	N55JC	BB LSA Aviation Inc.	20
6606	SFS31	1971	D-KIRL	Sportavia, 4AR1200	2
		19.01.1971	G-AYRL	Aspen Developments Ltd.	8
		07.06.1973	G-AYRL	British Gliding Ass. Ltd.	8
		05.12.1974	G-ARYL	Privat (7)	8
		14.06.1986	G-AYRL	w/o Bincombe, Bodenberührung	2
6607	SFS31	1971		Sportavia	1
		05.01.1980?	N20BB	Cambridge, MA, USA (Experim.)	1
		07.2012	N20BB	wfu	2
6608					
6609	SFS31		D-KAGT	Deurne, NL	1
			OE-9041		2
		26.05.1986	PH-781	Zweefvliegclub Texel	4
		29.12.1995	PH-781	FAOM Otten, Deurne	4
		01.02.2007	PH-781	wfu, aktuell in Belgien	4
6610	SFS31	1972	D-KAEK	Privat (1), in Service 2008	29
6611	SFS31	1972		Sportavia	1
		04.10.1980	N658	Privat (1), CoA ausgelaufen 31.12.2012	20
6612	SFS31		D-KAUT		
			D-KFSG		
66XX	SFS31		D-KIFF		
66XX	SFS31		D-KARM		

Sportavia RF-5 Produktion

5001	RF5	1968		Rene Fournier, Nitray	1
		20.01.1968	D-KOLT	Erstflug RF-5, Dahlemer Binz	1
		10.03.1972	G-AZPF	Sportair Aviation Ltd.	8
		17.06.1976	G-AZPF	Privat (1)	8
		21.06.1978	G-AZPF	Fournier RF5 Flying Group	8
		25.02.1980	G-AZPF	Privat (2)	8
		08.2017	G-AZPF	CoA abgelaufen	8
5002	RF5	1969	D-KIGA	Sportavia	18
		1969	D-KIGA	Alpavia SA, Zulassung Frankreich	
		17.08.1984	F-GDMP	Privat (1)	7
		(2017)	F-GDMP	in Service	7
5003	RF5	1969	D-KIGE	Sportavia	0
		1969	D-KIGE	Alpavia SA	2
		1970	D-KIGE	Musterflugzeug franz. Zulassung	0
5004	RF5	1969	D-KIGI	Sportavia	18
5005	RF5	1969	D-KIGO		18
		14.07.1986	SE-UAX	Umea Segelflygcenter KB	15
5006	RF5	1969	D-KIGU		18
5007	RF5	1969			
5008	RF5	1969	D-KIGY		2
			D-KESE		2
5009	RF5	1969			
		2007-2001	D-KIHA	In Service	2
5010	RF5	1969	D-KIHE		
		06.2006	D-KIHE	In Service	1
5011	RF5	1969		Sportavia, SL1700EBI	1
			D-KIHI		1
		03.10.1983	G-BLAA	Privat (1), „Crosswinds"	8
		29.04.2002	G-BLAA	wfu	8
5012	RF5	1969	D-KIHO		18
	RF5D		D-KIHO	SL1700ED?	
5013	RF5	1969	D-KIHU		18
5014	RF5	1969	D-KIHY		2
5015	RF5	1969			
5016	RF5	1969			
			D-KATI	Aero Club Klippeneck	2
		13.12.2015	D-KATI	w/o Naßeck, Strommast BFU15-1704	3
5017	RF5	1969			
5018	RF5	1969	D-KAHK		2
		04.1973	D-KAUP	Sportavia	0
			D-KAHC		18

5019	RF5	10.09.1969	OH-FKC	Privat (1)	25
		22.01.1971	OH-386	Privat (2)	29
		02.01.1986	OH-386	Punkaharjun Ilmailukerho ry	6
5020	RF5	1969	D-KAHD		2
5021	RF5	1969	D-KAHF	Sportavia	18
		26.10.1984	F-GERF	Privat (1)	7
		12.07.1994	F-GERF	Ass. Aeron. Gerfaut	7
		04.07.1996	F-GERF	Privat (1)	7
5022	RF5	1969			
5023	RF5	24.07.1969	OH-FKA	Privat (1)	25
		1969	OH-383	Inkeroisten Aviation Club	29
		22.04.1983	OH-383	Privat (5)	29
		04.2007	OH-383	Turun Lentokerho Abo Flyclub	6
5024	RF5	1969			
5025	RF5	1969	D-KORA		18
5026	RF5	1969			9
			I-TORR	Privat (1)	9
5027	RF5	15.09.1969	OH-FKB	Privat (1)	25
		1969	OH-385	Privat (2)	29
		22.08.1983	OH-385	Aviation Club Ry Kokkola	25
		06.02.2003	I-RFOS	Privat (1)	25
5028		1969			
5029	RF5	1969	D-KORB		18
5030	RF5	1969	D-KORC		18
5031		1969			
			OE-9025	Privat (2)	TX
		11.1988	OE-9025	wfu	25
		05.2017	OE-9544	Privat (1), Rumpf -9991	
5032		1969			
5033	RF5	1969	D-KAMI	Sportavia	25
		11.1969	ZS-UFC	Abgabe nach Südafrika	25
		19.07.2001	ZS-UFC	Harris R & Ingram B Syndicate	13
		18.07.2002	ZS-UFC	Privat (1)	2
5034	RF5	1969	D-KEDH		2
5035	RF5	07.11.1969	OH-FKD	Privat (1)	25
		1969	OH-389	Varkauden Lentokerho r.y.	6
5036	RF5	1969	OE-9030		1
		03.1983	OE-9030	wfu	1
		09.06.1988	N555VM	Privat (1)	1
		30.08.1999	N555VM	wfu	1
		13.01.2000	D-KURS		1
		24.04.2006	D-KURS	Landeunfall Venedig	2
5037	RF5	1969			
		13.05.1970	F-OGEK	Aeroclub Gouadeloupeenes	7
		11.10.1974	F-OGEK	Cercle Aero Matriniquais	7
		11.10.1974	F-OGEK	Privat (1)	7
		11.04.1975	F-OGEK	Abgabe ins Ausland	7
		24.01.1991	N211DT	Privat (1)	1
		17.03.1999	N211DT	wfu	1
5038		1969	D-KGFL	In Service 03.2009	JP
5039					

5040	RF5	1969		Sportavia	1
		13.05.1970	F-BPLU	Aeroclub Marseille	7
		18.03.1974	F-BPLU	Privat (3)	7
		21.05.1982	F-BPLU	Aeroclub du Comtat Venaissin	7
		20.02.1984	F-BPLU	Aeroclub Gaston Caudron	7
		24.01.1989	F-BPLU	Aeroclub de la Valle du Morin	7
		22.07.1991	F-BPLU	Privat (8)	7
5041	RF5	1969		Sportavia, L2000	1
		08.06.1970	F-BPLV	Ass. Aeron. Du Val D'Essonne	7
		18.10.1979	F-BPLV	Privat (2)	7
		02.11.1981	F-BPLV	Abgabe ins Ausland	7
		07.12.1982	VH-HDN	Privat (1)	6
5042	RF5	1969			2
			D-KOKO	Privat (1), 2017 zum Verkauf	
5043	RF5	1969		Sportavia	
		09.05.1970	OH-FKE	Privat (1)	25
		16.04.1973	OH-392	Urjalan Aviation Club	29
		07.08.1974	OH-392	Fell Aviators	29
		30.09.1977	OH-392	T. Palokangas & Co.	29
		22.05.1979	OH-392	Turku Flight Club Association	29
		10.2009	OH-392	Privat (1)	6
5044	RF5	1969		Sportavia	1
		10.03.1970	F-OCOM	Aeroclub de Brazzaville	7
		05.04.1974	F-OCOM	Privat (2)	7
		07.02.1980	TR-LAO	nach Gabun	18
		16.09.1986	F-GFBE	Privat (1)	7
		01.06.1992	F-GFBE	Aeroclub de Pezenas Nizas	7
		20.07.2006	F-GFBE	Privat (4)	7
		29.05.2013	F-GFBE	wfu zum Umbau?	7
5045		1970			
5046	RF5	1970			2
			D-KBIT	Sauer Flugmotorenbau	
5047	RF5	1970	D-KOES		18
5048	RF5	1970	D-KLUB	Sportavia	TX
		06.1975	OE-9101		25
		22.07.1980	OE-9101	Unfall in Möchling	3
		08.1982	OE-9224	Privat (1), in Service 01.2012	25
5049		1970			
5050	RF5	1970		Sportavia, SL1700D	1
			D-KATF	Luftsportverein Bottrop 1932	1
5051		1970	D-KLER		18
5052		1970	D-KLIR		18
5053		1970	D-KLOR		18
5054	RF5	1970	D-KINB		18
		03.02.1982	G-BJXK	Privat (3)	8
		15.05.1990	G-BJXK	G-BJXK Syndicate	8
5055		1970	D-KINC		18
		06.03.1981	SE-TUD		15
		31.12.1998	SE-TUD	wfu	15
5056	RF5	1970	D-KIND		JP
		04.2014	D-KIND	In Service, in Italien	2

5057	RF5	1970		Sportavia	2
		09.2011	D-KONF	Privat (1)	
5058	RF5	1970			
			D-KONG	Blu Voltige	1
5059	RF5	1970			
			D-KONH		18
			HA-1007	Malev Repülöklub	1
		28.10.2008	HA-1007	w/o Harmashatarhegy Apt.	3
5060	RF5	1970			
			OE-9031		3
		11.10.1970	OE-9031	w/o Pinkafeld (/25/ 12.08.87?)	3
5061		1970			
5062	RF5	1970			
			D-KBAL		2
		03.1985	OE-9251		25
		12.2001	OE-9251	wfu	25
5063	RF5	1970	D-KBAM		2
	RF5D		D-KBAM	SL1700ED?	
5064	RF5	1970	D-KBAN		2
5065	RF5	01.06.1970	F-BPLX	Ass. Aeron. D'Aquitaine	7
		11.04.1973	F-BPLX	w/o	7
5066	RF5	08.06.1970	F-BPLY	Privat (1)	7
		25.07.1977	D-KEIL		1
5067	RF5	09.07.1970	F-BPLR	Comp. Des Gaz Modernes	7
		19.07.1971	F-BPLR	Unimat SA	7
		08.05.1972	F-BPLR	Privat (1)	7
		23.09.1975	F-BPLR	SARL Avialair	7
		14.03.1977	F-BPLR	SA Erualair	7
		14.04.1977	F-BPLR	Privat (8)	7
5068	RF5	02.1970	OE-9033	Privat (1)	25
		11.1996	D-KGRS		25
5069		1970	D-KITB	Sauer SS2100H1S	18
			D-KITB	Privat (1)	PIL
		03.2015	D-KITB	zum Verkauf, 7768 Fhrs	PIL
5070	RF5	1970	D-KIMP	In Italien	2
5071	RF5	31.03.1970	G-AYAI	Sportair Flying Club Ltd.	8
		11.06.1975	G-AYAI	Exeter R.F. Group	8
		05.10.1989	G-AYAI	Privat (1)	8
		18.03.1990	G-AYAI	w/o Rattlesden Apt.bei Start	3
5072	RF5	1970			2
			PL-70	Force Aerienne Belge	12
			D-KABC		12
				Ardennes Air Technic	12
			D-KABG		18
5073		1970			
5074	RF5	20.04.1970	G-AYBS	Sportair Flying Club Ltd.	8
		06.10.1973	G-AYBS	w/o	8
5075		1970			
5076	RF5	1970			
		(2008-2017)	D-KLEE	Flugsportgruppe DLR	1
5077		1970	D-KLEI		18

5078	RF5	1970	D-KIFD		18
5079	RF5	29.09.1970	F-BPLZ	Aero Club de Dreux	7
		16.10.1973	F-BPLZ	Soc. De Travail Aerien de L'Il de France	7
		06.11.1973	F-BPLZ	Direction Gen. L'Aviation Civile	7
		25.01.1988	F-BPLZ	Federation Franc. De Vol	7
		06.02.1991	F-BPLZ	Centre de Vol du Valentinois	7
		23.04.2001	F-BPLZ	Privat (1)	7
		21.03.2006	F-BPLZ	Landung ohne FW, Voghera	3
		19.05.2011	F-BPLZ	Privat (2)	7
5080		1970			
5081	RF5	1970			18
		15.02.1971	EC-BXU	Aerosport S.A.	22
		01.05.1985	EC-BXU	Unfall Sanchidran, repariert	22
5082	RF5	1970			
			JA2127	Unfall in Japan	1
			D-KOPF	Privat (1)	
		06.01.2015	F-KOPF	RRG	7
5083	RF5	1970	D-KABI		2
			HB-2012	nicht mehr bei /16/ in 2017	2
		02.1981	HB-2012	w/o	25
5084	RF5	1970			1
		03.02.1971	F-BSGA	Ass. Aeronautique Coulommiers M.	7
		17.09.1976	F-BGSA	Ass. Constr. Amateurs Ajaccio	7
		29.12.1982	F-BGSA	Privat (2)	7
		12.07.1995	F-BGSA	Abgabe ins Ausland	7
5085	RF5	23.10.1970	OO-ERA	Ass. D'Edtudes Aeronautiques Sprl	11
	RF5D	03.06.1987	OO-ERA	Privat (1)	0
5086	RF5	1970			
			CC-PFX	Club Planeadores Valparaisso	6
5087	RF5	1970		Fournier Aviation	1
		16.11.1970	F-GEFC	Club Aeron. De Douala	7
		05.07.1983	F-GEFC	Privat (1)	7
		28.11.1984	F-GEFC	Aeroclub de Figeac	7
		28.12.2006	F-GEFC	Privat (1)	7
		28.12.2006	F-GEFC	w/o	7
5088	RF5	1970			
		(2010)	D-KIFP	Flugsportverein Karlsruhe	18
5089	RF5	06.11.1970	G-AYME	Sportair Aviation Ltd.	8
		17.06.1975	G-AYME	Cedar Farm Ltd.	8
		11.05.1977	G-AYME	Privat (2)	8
		16.09.2014	G-AYME	Mike Echo Group	8
		25.07.2017	G-AYME	Romeo Foxtrott Group	8
5090	RF5	1970	D-KAFO		18
5091		1970	D-KAFU		18
5092	RF5	1971	D-KEAA		1
5093	RF5	1971	D-KATO		2
5094		1971			
5095		1971			
5096	RF5	1971		Sportavia, Sauer SS2100H1S	1
			D-KEMP	Privat (1)	1
5097		1971			

5098	RF5	08.1971	5Y-ANZ	Nach Kenia	25
5099	RF5	1971			
		09.2016	D-KFVA	In Service	JP
5100	RF5	07.06.1971	G-AYZX	Privat (1)	8
		23.11.1978	G-AYZX	w/o	8
5101	RF5	1971			
		18.05.1992	PT-PFX	Aeroclub de Vii a Veka CTA	6
		30.06.2003	PT-PFX	wfu	6
5102	RF5	1972	D-KCID	Sportavia, SL1700E	1
			(PT-DVZ)	ntu	18
		25.08.1972	G-BACE	Privat (3)	25
		10.06.1977	G-BACE	Clockwork Mouse Flying Group	25
		27.08.2004	G-BACE	Privat (1)	25
		03.05.2006	G-BACE	G-BACE FOURNIER GROUP	1
5103	RF5	1972		Sportavia, S2100	1
			D-KCIE	SGB Bohlhof (09.2008)	1
5104		1972			
5105	RF5	1972	D-KCIB	SFG Wershofen e.V.	1
		1983	D-KCIB	Abgabe	1
		12.10.2007	D-KCIB		
5106	RF5		D-KCIA		2
5107	RF5	1972	D-KAAZ	Sportavia, SL1700E	18
			5N-AIX	nach Kenia	18
		27.06.1977	G-BEVO	West Coast Buyers Ltd.	25
		13.03.1979	G-BEVO	Privat (6)	25
5108	RF5	1972		Sportavia, SL1700E	1
		30.11.1971	G-AZJC	Privat (2)	8
		24.02.1982	G-AZJC	Tamax Aviation	8
		15.11.1982	G-AZJC	Privat (2)	8
		30.06.2009	G-AZJC	Seighford RF5 Group	8
5109	RF5	1972		Sportavia, SL1700E	1
		06.1972	5Y-AOZ		25
		18.12.1975	G-BDOZ	Privat (4)	8
		26.11.1981	G-BDOZ	w/o	8
5110	RF5	1972			
			D-KEAH	LSV Hellertal e.V.	1
5111	RF5	24.03.1972	G-AZRM	Down Parks Estates Ltd.	20
		21.04.1988	G-AZRM	Privat (3)	8
		19.06.2003	G-AZRM	ROMEO MIKE GROUP	8
5112	RF5	29.03.1972	G-AZRK	Privat (1)	8
		05.01.1976	G-AZRK	Strathtay Flying Group	8
		05.06.1986	G-AZRK	Thurleigh Flying Group	8
		15.06.1994	G-AZRK	Privat (4)	8
5113	RF5	20.07.1972	G-AZZW	Privat (2)	8
		22.07.1975	G-AZZW	Gloster Aero Group	8
		18.02.1981	G-AZZW	Privat (2)	8
		23.09.1985	G-AZZW	Aviation Special Developments	8
		24.06.1992	G-AZZW	Shipping and Airlines Ltd.	8
		17.12.1992	G-AZZW	Privat (2)	8
		05.05.1997	LN-GRY	nach Norwegen	1
		2006	LN-GRY	Privat (2)	25

5114	RF5	1972			
			OE-9057		25
		08.1983	LN-GMI		25
5115	RF5	1972		Sportavia, L2000D1	1
		06.2013	D-KCID	in Service	1
		24.08.2015	G-CITD	Flying Group, Chesterfiled, UK	1
5116					
5117					
5118	RF5		D-KAUP		2
		23.09.2017	D-KAUP	w/o Ungarn, Transportunfall	
5119					
5120					
5121	RF5	20.11.1975	VH-GGJ		2
		30.12.1990	VH-GGJ	w/o Euroa, Stromleitung	3
5122	RF5		D-KATZ	Sauer Flugmotorenbau	1
				Operiert in Belgien	
5123			D-KLAM		18
5124	RF5		D-KCPC		2
5125	RF5		D-KLIK		1
5126	RF5		D-KCAS		2
5127	RF5	1980		Sportavia, SL1700E	1
			D-KCOI		2
		23.07.1981	G-BJCG	Executive Air Sport	8
		09.07.1982	G-BJCG	Abgabe nach Frankreich	8
			D-KOCI		18
5XXX	RF5		D-KOPE		2
5XXX	RF5		D-KABG		2
5XXX	RF5		D-KABJ		2
5XXX	RF5		OH-358		2
5XXX	RF5	1969	ZS-UFD	Abgabe nach Südafrika	25

Fournier Aviation Kitproduktion

A-01	RF5	1984		Ass. Aeron. La Piste de Fougeres	1
		19.10.1984	F-PZTA	Ass. Aeron. La Piste de Fougeres	7
		16.11.1992	F-PZTA	Privat (4)	7
		10.08.2011	F-CRTA	RRG	7
A-02	RF5	1989		Aldo Oberti	7
		16.08.1989	F-PCOL	Privat (3)	7
		13.04.2012	F-PCOL	Evasion 85 Association	7
		25.09.2012	F-PCOL	Privat (2)	7
		17.06.2015	F-PCOL	Abgabe ins Ausland (Italien)	7
A-03	RF5	2000		Jean Abiron	7
		20.07.2000	F-PBJC	Privat (1)	7
A-04	RF5	1995		Roger Letourneur	7
		12.07.1995	F-PMLG	Privat (7)	7

Aerojaen Produktion

E-0001	RF5-AJI	23.02.1991	EC-650	AJS, First Flight	18
		06.07.1992	EC-FNA	Aeronautica de Jaen S.A.	22
		28.03.1993	EC-FNA	w/o Cuatro Vientos	22
E-0002	RF5-AJI	03.07.1992	EC-FNC	ACME S.A.	22
		18.06.2008	I-CFNC	Privat (1)	17
E-0003	R5F-AJI	1992	EC-013		18
		06.07.1992	EC-FNB	Aeronautica de Jaen S.A.	22
		23.10.2006	I-OMAR	Abgabe nach Italien	18
E-0004	RF5-AJI	15.10.1992	EC-FOI	Aeronautica de Jaen S.A.	22
		16.04.2010	F-CJPK	Privat (1)	7
E-0005	RF5-AJI	05.10.1992	EC-FOJ	Privat (1)	22
		13.06.1994	EC-FOJ	Unfall Bilbao, repariert	22
E-0006					
E-0007	RF5-AJI	14.12.1994	EC-FZK	DGAC	22
		26.03.1998	EC-FZK	w/o Ocana, Toledo	22
E-0008	RF5-AJI	14.12.1994	EC-FZL	DGAC	22
			EC-FZL	SENSA	22
E-0009	RF5-AJI	14.12.1994	EC-FZM	DGAC	22
E-0010	RF5-AJI	03.07.1995	EC-GBC	DGAC	22
			EC-GBC	SENSA	22
E-0011	RF5-AJI	01.02.1999	EC-GZJ		22

RF-5B Sperber Produktionsliste

51001	RF5B	15.05.1971	D-KHEK	RF-5B Erstflug	2
		11.03.2005	OH-953	Privat (1)	6
51002	RF5B	1972			
		08.12.1980	ZS-UMZ		13
		23.07.2007	ZS-UMZ	Privat (2)	13
51003	RF5B	1972	D-KCIK	Sunrise Aviation	2
51004	RF5B	1972	D-KCIF		1
51005	RF5B	1972	D-KCIG	Sportavia, SL1700E	1
		19.06.1980	G-KCIG	Executive Air Sport Ltd.	8
		21.02.1985	G-KCIG	Exeter Sperber Syndicate	8
		10.06.1992	G-KCIG	Privat (2)	8
51006	RF5	1972		Sportavia, L1700E	1
		05.11.1990	N55BG	Privat (1)	1
51007	RF5B	1972	D-KCIH		2
		19.05.2004	SE-UDI		25
51008	RF5B	1972	D-KCII		2
		1973	660	Helwan Aircraft Factory	18
			SU-660	Misr. Flying Institute	18
		1983	D-KILL	Siegel & Borkmann	18
			EC-650		18
		18.02.1992	EC-FJU	Privat (1)	22
		(2008)	D-KCII		
51009	RF5B	1972	D-KAUA	Sportavia	1
		03.1972	PL70	Belgium Air Force	1
		08.03.2002	OO-PLB	Cadets de l'Air de Belgique asbl	11
		20.06.2002	D-KBAC	Cadets de l'Air de Belgique asbl	1
			D-KBAC	Privat (1)	0
51010	RF5B	1972	D-KMRW	Sportavia	
		05.1971	HB-2018	Nicht mehr bei /16/ in 2017	2
		18.07.2013	HB-2018	wfu	25
			D-KERY		
51011		1972			
51013		1972			
51013	RF5B	1972	D-KCIL	Sportavia, SL1700E	2
		29.10.1979	OY-XKC	Spurvehøgegruppen	31
		16.09.1985	OY-XKC	Privat (1)	14
		27.06.2002	G-CBPC	Lee RF5B Group	8
		17.07.2017	G-CBPC	CoA abgelaufen	8
51014	RF5B	1972	D-KCIM	Sportavia, L1700EO	1
		18.06.1976	OO-PIL	Aeroclub Keiheuvel	11
		23.08.1983	PH-728	Privat (1)	4
		04.07.1994	PH-728	Stichting Vliegmaterieel	4
		17.04.1996	PH-728	Vliegclub Modden Zeeland	4
		28.09.2001	PH-728	R.G.L. Buschmann	4
51015	RF5B	1972	D-KCIN	In Service in 2009	1
51016		1972			

51017	RF5B	08.10.1972	D-KCIP	Luftsportverein Ruhr-Lenne	2
		15.09.1980	OH-603	Kouvola Aviation Ry	6
		04.05.1983	OH-603	Privat (2)	29
		21.07.1986	OH-603	Suupohjan Motor Pilots Ass.	29
		10.07.1988	OH-603	Alajärven Aviation Club	29
		21.08.2005	OH-603	Quark Flight Club	29
51018	RF5B	03.1972	OE-9046		25
		05.06.2006	OE-9046	w/o Bad Blumau. Glider-Stall	3
51019	RF5B	1972		Sportavia, SL1700	1
		18.08.1973	VH-GCA	Privat (2), in Service in 2017	6
51020	RF5B	1972		Sportavia, SL1700	1
		19.08.1974	VH-GCB	Privat (2), in Service in 2017	6
51021	RF5B	1972	D-KKFL		1
51022	RF5B	1972	D-KCAW		1
		24.07.1998	OO-NKL	Privat (1)	11
51023	RF5B	1972	D-KCAV	Nach Ägypten	2
		08.04.1973	D-KCAV	Demonstrator in Ägypten	0
		1973	SU-	Misr Flying Institute	
51024		1973			
51025	RF5B	1973	D-KEAI	Sportavia, SL1700E	1
		09.02.1973	G-BAPA	Privat (3)	8
		17.10.1986	G-BAPA	Black Mountain Gliding Co.	8
		31.03.1988	G-BAPA	Privat (3)	8
		14.03.1991	G-BAPA	Nuthampstead BAPA Group	8
		26.09.1997	G-BAPA	w/o North Weald Apt. Start	3
51026	RF5B	1973		Sportavia, VW	1
		06.08.1974	N55RN	Privat (1)	20
51027	RF5B	1973		Sportavia, VW	1
		25.04.1980	N66RM	Privat (1)	1
51028		05.1973	D-KEAL	Sportavia	0
51029	RF5B	1973	D-KEAM		2
			I-TYNA		25
51030		1973			
51031	RF5	1973		Sportavia, L2000	1
		09.05.1980	N55GS	Privat (1)	20
		01.04.2000	N55GS	Tailwind bei Start, Gillespie	20
		19.10.2010	N55GS	Triple Cities Soaring Society	1
51032	RF5B	1973	D-	Privat (1)	20
		16.07.1983	N55WV	Landeunfall Warren, VT	20
		22.05.1990	G-SSWV	Skylark Flying Group	8
		16.09.2003	G-SSWV	G-SSWV Flying Group	8
		16.10.2009	G-SSWV	Fournier Flying Group, CoA exp. 4/16	8
51033		1973			
51034	RF5B	1973	D-KEAP	Sportavia	0
		29.03.1989	N55H	Abgabe ins Ausland	1
		03.07.1989	OO-MRM	Privat (4)	2
		22.02.2006	F-CMRM	Privat (1)	7
		04.04.2006	D-KRFV	Abgabe nach Deutschland	11
		2010	D-KRFV	wfu	0
51035		1973			
		01.07.1974	I-GEDE		9

51036	RF5B	1973		Sportavia, Limbach 1700E	1
			N56JM	USA	1
		15.03.1989	N56JM	wfu	1
		17.04.1989	G-BPWK	Privat (1)	8
		04.01.1991	G-BPWK	G-BPWK Flying Group	8
		19.07.2016	G-BPWK	wfu	
51037		1973			
51038	RF5B	1973	D-KFAG	Sportavia, Limbach 1700EO	1
			D-KEAU		4
		06.12.1991	PH-945	Architctenbureau Frenken	4
		08.10.1997	PH-945	Vliegclub Midden Zeeland	4
		28.04.2000	PH-945	Privat (1)	4
51039		01.1974	D-KEAV	Sportavia	0
		27.01.1974	SU-	Misr Flying Institute	0
51040		1974			
51041		1974			
51042	RF5B	1974		Sportavia, Limbach 1700E	1
		02.10.1980	N56BB	USA	1
		18.11.2005	N56BB	Red Baron Aviation Inc.	1
		2008	VH-GHY	siehe 51044!	1
51043	RF5B	1974		Sportavia	1
		18.05.1983	N66GL	North Brunswick, NJ, USA	1
51044	RF5B	1974		Sportavia, SL1700E	1
		26.09.1998	N56BB	Privat (1)	20
		18.11.2005	N56BB	Red Baron Aviation Inc.	20
		19.03.2008	VH-GHY	Privat (1)	6
51045	RF5B	1974		Sportavia, SL1700E	1
		01.12.1988	N55HC	ntu	20
		02.12.1988	G-RFSB	Privat (3)	8
		13.12.2006	G-RFSB	G-RFSB Group	8
51046	RF5B	1974			
		12.09.1996	N55RW	Privat (1)	1
		1998	ZS-GUF		24
		2014	ZS-GUF	East Rand Gliding Club	25
51047	RF5B	1974	I-TILU		9
		2015	I-TILU	Abgabe ins Ausland	9
51048		1974			
51049	RF5B	1974	D-KATM	SFG Wershofen	18
		22.07.1974	TC-PDK	Turkish Aeronautical Ass.	25
51050	RF5B	1974		Sportavia, SL1700	1
		17.03.1975	VH-GGK	Privat (2)	6
51051		1974			
51052	RF5B	1974	D-KILO		18
		02.05.1975	TC-PDL	Turkish Aeronautical Ass.	25
51053	RF5B	1974		Sportavia, Limbach 1700E	1
		10.08.1976	N55SM	Notlandung nach Motorausf.	20
		01.09.1991	N55SM	Cambria Flying Club	20
		14.04.2009	N55SM	Marcus Hook Glider Works	20
		19.03.2010	N55SM	Privat (1)	1
51054	RF5B	1974	D-KITT	Sportavia, L2000EO	1
		10.06.1980	PH-683	Zweefvliegclub Texel	4

51055	RF5B	1975			
		1979	D-KENT	LSV Bonn	0
		1988	D-KENT	FSV Giessen	2
		05.03.1992	F-CBOT	Aeroclub Clement Ader	7
		07.04.2006	F-CBOT	Privat (4)	7
51056	RF5B	1975			
		30.01.1976	N55JH	Privat (1)	1
		17.01.1976	N55JH	w/o Edison, CA on landing	3
51057		1975			
51058	RF5B	1975	D-KKOA		18
		30.03.1976	EC-CUP	Navimag S.A.	22
		28.07.1977	EC-CUP	Real Aero Club de Cuenca	22
		21.02.1984	EC-CUP	Aero Club de Las Gaviotas	22
			EC-CUP	Aero Club de Mallorca	22
		06.12.1997	EC-CUP	w/o Marrat	22
51059	RF5B	1975	D-KKOB	Sportavia, L2000EO	4
			EC-013		18
		03.1976	EC-CUQ	Navimag S.A.	22
		23.05.1979	PH-662	Aeroclub Valkenburg	4
		21.01.1992	PH-662	FAPM Otten, Deurne	4
		19.04.2011	PH-662	wfu	4
51060	RF5B	11.1975	N99809	Aerosport Inc.	
		27.07.2006	N99809	Privat (1)	1
51061		1975			
51062	RF5B	1975		Sportavia	1
		21.10.2009	N99814	Privat (1)	1
51063		1975			
51064	RF5B	1976		Sportavia	1
		26.12.2001	N99818	Privat (1)	1
51065	RF5B	1976	N99887		2
			ZP-DAA		2
51066		1976			
51067		1976			
		01.10.2017	D-KJQA	w/o Heist, Motorprobleme	3
51068		07.1976	OE-9115		25
		20.09.1987	OE-9115	w/o Kitzsteinhorn	3
51069		1976			
51070	RF5B	1976		Sportavia	1
			D-KMPF	Aeroclub de Portimap	25
			SX-GEB		1
		26.07.2005	SX-GEB	Unfall Trilji Motorausfall	3
		2004	SX-14		25
		25.11.2014	G-CIMO	Privat (1)	8
		23.08.2016	G-CIMO	G-CIMO Operating Group	8
51071	RF5B	1976	D-KMPF	Aeroclub de Portimao	2
51072	RF5B	1977	D-KMPH	Sportavia, ntu	4
		11.09.1978	PH-626	Privat (1)	4
		18.05.1982	PH-626	Aeroclub Valkenburg	4
		08.04.2006	PH-626	w/o Valkenburg Start	3
51073	RF5B	1977	D-KMPC		18
			5N-ALL	nach Nigeria	18

51074	RF5B	1977		Sportavia, L1700E	1
		03.01.1980	N55HG	Privat (1)	1
51075	RF5B	1977	D-KAIT		2
		08.03.1984	PH-741	Privat (1)	4
		20.08.1986	PH-741	Privat (1)	4
		23.08.1994	D-KAAL	Privat (1)	4
		2017	D-KAAL	in Service	
51076	RF5B	1977	D-KLEO		2
51077	RF5B	1977	D-KATM		2
51078	RF5B	1977		Sportavia, L1700EO	1
			D-KECE		2
		30.10.1990	PH-912	van der Weide	4
51079	RF5B	1977	D-KELL		2
51xxx	RF5B			Helwan	
			SU-188	Misr. Flying Institute at Embaba	
51xxx	RF5B		ZP-DAA	Nach Paraguay	25
51xxx	RF5B	(2017)	D-KOGO	LSV Radevormwald	

Helwan Produktion

1005	RF5B	1973	658	Helwan Aircraft Factory (od. 656)	25
			SU-658	Misr. Flying Institute	25
		1983	D-KILLI	Siegel & Borkmann	14
		01.1984	D-KILLI	Flugsport Saar-Dillinger e.V.	
		11.09.1987	OY-XPG	Kolding Flyveklub	14
		2016	OY-XPG	Privat (1)	14
		06.09.2016	SE-UXB	Privat (1)	25
1008	RF5B	1972	D-KCII		2
		1973	660	Helwan Aircraft Factory	18
			SU-660	Misr. Flying Institute	18
		1983	D-KILL	Siegel & Borkmann	18
			EC-650		18
		18.02.1992	EC-FJU	Privat (1)	22
		(2008)	D-KCII		
1010	RF5B		D-KMRW		

RF-5 Versuchsträger S-5 / C-1 Produktionsliste

V1	S-5	05.1971	D-EAFA	Sportavia Versuchsträger „Leiseflieger"	FF
		28.02.1979	D-EAFA	wfu	FF
V2	S-5K		D-	Lt. K.Kruber	0
V3	S-5K		D-	Lt. K. Kruber	0
V4	S-5K		D-	Lt. K. Kruber	0
V1	C-1	11.1975	D-EBUT	Sportavia Versuchsträger „Dopplerradar"	FF
			D-EBUT	wfu	
		06.1979	D-EBUC	RRG	
		1980	D-EBUC	wfu, aktuell Wernigerode Museum	

RF-6B Produktion (Avions Fournier)

01	RF-6B-100	12.04.1974		Fournier, Erstflug	1
		09.11.1979	F-BPXV	Fournier Aviation	
		06.05.1980	F-BPXV	Ass. Aero Sport	7
		11.08.1983	F-BPXV	Aeroclub du Soleil	7
		13.02.1992	F-BPXV	Aeroclub du Vexin	7
		2017	F-BPXV	in Service	7
1	RF-6B-100	04.03.1976	F-BVKS	Avions Fournier, Erstflug	0
		03.09.1976	F-BVKS	Aeroclub de Saint Galmier	7
		28.03.1988	G-BOLC	Soaring Equipment Ltd.	8
		26.07.1988	G-BOLC	Privat (4)	8
2	RF-6B-100	06.09.1976	F-GADA	Aeroclub Rossi Levallois	7
		07.11.1978	F-GADA	w/o	7
3	RF-6B-100	31.08.1976	F-GADR	Ardair	7
		30.04.1982	G-BKIF	Privat (1)	7
		08.10.1982	G-BKIF	Privat (4)	8
		01.12.2006	G-BKIF	Tiger Airways	8
4	RF-6B-100	06.09.1976	F-GADB	Aeroclub de la Cote de Granit	7
		17.08.1984	F-GADB	Aeroclub de la Rochelle	7
		13.12.1985	F-GADB	Aero Service Executive SA	7
		20.12.1993	F-GADB	Aerobel SARL	7
		08.03.2000	F-GADB	Privat (1)	7
		01.12.2003	F-GADB	Air Jontion Technique SARL	7
5	RF-6B-100	06.09.1976	F-GADD	Ass. Aeron. Du Perigord	7
		30.11.1981	F-GADD	Aeroclub de Calais	7
		14.09.1983	F-GADD	Aeroclub de L'Ardeche	7
		22.04.1986	F-GADD	w/o	7
6	RF-6B-100	24.09.1976	F-GADE	Comite de la Sagem	7
7	RF-6B-100	06.09.1976	F-GADF	Aeroclub Rossi Levallois	7
		14.08.1984	F-GADF	verkauft ins Ausland	1
		03.04.1985	G-BLWH	Privat (1)	8
		11.12.1985	G-BLWH	Gloster Aero Group	8
		24.09.1999	G-BLWH	Privat (3)	8
		05.09.2003	G-BLWH	CoA abgelaufen	8
8	RF-6B-100	06.09.1976	F-GADG	Aeroclub de la Corse	7
		06.10.1978	F-GADG	w/o	7
9	RF-6B-100	26.10.1976	F-GADI	Aeroclub Rene Barbaro	7
		26.02.2003	F-GADI	Privat (1)	7
		29.10.2015	F-GADI	Aeroclub du Quercy	7
10	RF-6B-100	06.09.1976	F-GADH	Aeroclub Cote D'Emeraude	7
		14.11.1989	F-GADH	Aeroclub Les 733	7
		30.05.2000	F-GADH	Privat (2)	7
			F-BXTV	nicht bei /7/, auch nicht F-SXTV	

11	RF-6B-100	05.11.1976	F-GADJ	Aeroclub St. Junien	7
		28.08.1990	F-GADJ	Privat (2)	7
		08.02.1993	F-GADJ	Aeroclub Chateauroux	7
		23.06.2000	F-GADJ	Privat (1)	7
		18.04.2002	F-GADJ	Airways Formation	7
		10.05.2005	F-GADJ	Privat (1)	7
12	RF-6B-100	21.10.1976	F-GADK	Aeroclub de Sologne	7
		28.07.1983	F-GADK	Privat (1)	7
		30.04.2004	F-GADK	Les Ailes Chatelleraudaises	7
13	RF-6B-100	24.11.1976	F-GADL	Direction Gen. l'Aviation Civile	7
		24.02.1988	F-GADL	Aeroclub de SFACT	7
		09.08.1994	F-GADL	Aeroclub des Jeunes Tiges	7
		16.08.1999	F-GADL	Aero Technique Service ATS	7
		28.06.2011	F-GADL	Privat (4)	7
		05.05.2014	F-GADL	Aeroclub du Quercy	7
14	RF-6B-100	1976	(F-GADM)	Ntu, Avions Fournier	18
			D-EGRF		18
			F-GANP		27
			HB-EZP		27
		10.01.1976	HB-EZP	Abgabe ins Ausland	27
		01.10.1979	F-GANP	Fournier Aviation	7
		01.07.1980	F-GANP	Abgabe ins Ausland	7
			F-BNRX		
15	RF-6B-100	22.12.1976	F-GADC	Aeroclub Brocard	7
		18.07.1983	F-GADC	Perigord Air Club	7
		25.09.1984	F-GADC	Aeroclub de l'Ardeche	7
		23.05.1985	F-GADC	Privat (1)	7
		06.11.1986	F-GADC	Aeroclub Ailes Narbonaises	7
		24.09.1993	F-GADC	Aeroclub Louis Breguet	7
		10.04.1996	F-GADC	Privat (1)	7
		11.06.1999	F-GADC	Aeroclub de la Haute-Saone	7
		26.12.2000	F-GADC	Aeroclub de la Creuse	7
		28.12.2009	F-GADC	Privat (1)	7
		08.04.2013	F-GADC	Aeroclub Villeneuve sur Lot	7
16	RF-6B-100	1976		Avions Fournier	1
		11.01.1977	F-GADN	Aeroclub de l'Ariege, in Service 2017	7
17	RF-6B-100	1976		Avions Fournier	1
		27.12.1976	F-GADO	Aeroclub du Gard, in Service 2017	7
18	RF-6B-100	1976		Avions Fournier	1
		31.01.1977	F-GADP	Aeroclub Clement Ader	7
		24.10.1995	F-GADP	wfu/Reforme?	7
19	RF-6B-100	1976		Avions Fournier	1
		24.01.1977	F-GADQ	Bordeaux Yvrac Aeroclub	7
		06.09.1984	F-GADQ	Aeroclub de Dreux	7
20	RF-6B-100	1976		Avions Fournier	1
		09.02.1977	F-GADS	Aeroclub Chatelleraudaises	7
		18.03.2015	F-GADS	Privat (1)	7
21	RF-6B-100	04.03.1977	F-GADT	Ass. Sportive Dassault	7
		02.12.2015	F-GADT	Privat (1)	7
		23.12.2012	F-GADT	Notlandung nach Motorausf.	3
		25.11.2016	F-GADT	Locavions Aero Services	7

Nr	Typ	Datum	Kennung	Halter / Bemerkung	
22	RF-6B-100	08.02.1977	F-GADU	Aeroclub de Franche Comte	7
		18.04.1979	F-GADU	Aeroclub du Doubs	7
		28.04.1983	F-GADU	Aeroclub D'Ales	7
		12.12.1988	F-GADU	w/o	7
23	RF-6B-100	10.02.1977	F-GADV	Aeroclub de ´Loire	7
24	RF-6B-100	16.03.1977	F-GADX	Privat (1)	7
25	RF-6B-100	13.05.1977	F-GADY	Aeroclub du Gard	7
		30.07.1999	F-GADY	Privat (4)	7
		15.05.2006	F-GADY	Aeroclub d'Ancenis	7
		12.04.2012	F-GADY	Aeroclub de Saint Chamond	7
		08.02.2016	F-GADY	Privat (1)	7
26	RF-6B-100	20.04.1977	F-GADZ	Les Aeroclub de Cognac	7
		27.09.1983	F-GADZ	w/o	7
27	RF-6B-100	21.03.1977	F-GANA	Aeroclub de Dreux	7
		11.03.1991	F-GANA	Privat (1)	7
28	RF-6B-100	20.04.1977	F-ODFL	Club Aeron. De Douala	7
		09.01.1985	TJ-AHD	Abgabe nach Kamerun	18
29	RF-6B-100	28.03.1977	F-GADM	Societe Bairthe Aviation	7
		18.04.1980	F-GADM	Privat (1)	7
		02.06.1982	F-GADM	Cordouan Air Club	7
		04.06.1996	F-GADM	Aero Technique Service ATS	7
		12.11.2007	F-GADM	Privat (1)	7
		12.07.2010	F-GADM	Aircraft Technic Service ATSR	7
30	RF-6B-100	26.04.1977	F-GANB	Aeroclub de Cholet Leon G.	7
		18.07.1980	F-GANB	Saimpex Aero SA	7
		10.12.1981	F-GANB	CM-CIC Bail	7
		05.04.1984	F-GANB	Aeroclub d'Abbeville	7
		26.04.1998	F-GANB	w/o Tilloloy, Kontrollverlust	3
31	RF-6B-100	01.04.1977	F-GANC	Aeroclub de Dieppe	7
		27.10.1980	F-GANC	Privat (1)	7
		26.05.1981	F-GANC	Air Europ Club	7
		18.09.1984	F-GANC	Albatros Air Club	7
		03.10.1985	F-GANC	Privat (1)	7
		29.05.1991	F-GANC	Aeroclub D'Orleans	7
		17.06.1998	F-GANC	Amicale Ailes Tremontaises	7
		03.11.1999	F-GANC	Aeroclub Villeneuve sur Lot	7
32	RF-6B-100	04.07.1977	F-GAND	Aeroclub Villeneuve sur Lot	7
		19.05.2003	F-GAND	w/o Villeneuve sur Lot	3
33	RF-6B-100	17.06.1977	F-GANE	Aeroclub de Pons	7
		27.11.1985	F-GANE	Aeroclub D'Aubenas	7
		02.02.2001	F-GANE	Aerolithe SAS	7
		05.04.2002	F-GANE	Aeroclub de Royan	7
		18.04.2003	F-GANE	w/o Royan, Startunfall, Feuer	3
		27.08.2015	F-GANE	gestrichen	7
34	RF-6B-100			Avions Fournier	
			F-GANF	letztes Avion Fournier Flugzeug	18
			CN-TCL	nach Marroco	18
35	RF-6B-100	1977		Avions Fournier	1
		06.06.1977	F-GANG	Aeroclub Maurice Cambois	7
		05.12.1984	F-GANG	Aeroclub Louis Bonte	7
		25.03.2014	F-GANG	Aeroclub de Granville	7

36	RF-6B-100	1977		Avions Fournier	1
		17.06.1977	F-GANH	Privat (1)	7
		19.09.1978	F-GANH	Aeroclub Tourangeles	7
		20.06.2003	F-GANH	w/o Santenay, Kontrollverlust	3
37	RF-6B-100	1977		Konkursverwaltung Avions Fournier	1
		03.08.1977	F-GANI	Aeroclub Saint Dizier Robins.	7
		11.10.1983	F-GANI	w/o	7
38	RF-6B-100	1977		Konkursverwaltung Avions Fournier	1
		31.08.1977	F-GANJ	Aeroclub Rossi Levallois	7
		16.08.1984	G-GANJ	Soaring Equipment Ltd.	8
		08.12.2000	G-GANJ	wfu, CoA abgelaufen in 1994	8
39	RF-6B-100	1977		Konkursverwaltung Avions Fournier	1
		07.10.1977	F-GANM	Societe Bairthe Aviation	7
		14.12.1978	F-GANM	Aeroclub Rossi-Levallois	7
		19.03.1982	F-GANM	Aeroclub de la Mortagne	7
		13.09.2016	F-GANM	w/o	7
40	RF-6B-100	1977		Konkursverwaltung Avions Fournier	1
		03.10.1977	F-GANL	Aeroclub Cercle Aerien Peugot	7
		03.10.1985	F-GANL	Aeroclub de Loire	7
41	RF-6B-100	1978		Konkursverwaltung Avions Fournier	1
		26.12.1978	F-GANK	Aeroclub de Loire	7
		01.03.1999	F-GANK	Ass Breizh Air Force	7
42	RF-6B-100	1979		Fournier Aviation	1
		11.12.1979	F-GANN	Aeroclub de Dieppe	7
		02.06.1982	F-GANN	Aeroclub du Gard	7
		2017	G-GANN	in Service	7
43	RF-6B-100	1979		Fournier Aviation	1
		07.09.1979	F-GANO	Privat (1)	7
44	RF-6B-100	1980		Fournier Aviation	1
	RF-6B-120	16.08.1980	F-GANF	O235-Motor Prototyp	
		10.12.1980	F-GANF	Aeroclub Nord Lorraine	7
		21.01.1988	F-GANF	Albatros Air Club	7
		25.10.1991	F-GANF	Privat (1)	7
		08.11.1993	F-GANF	Aeroclub Angers-Marce	7
		27.04.1998	F-GANF	Aeroclub de Touraine	7
		17.01.2001	F-GANF	Privat (1)	7
45					
46					
47					
48					
49					
50					
51	RF-6B	1980		Amateurbau	7
		12.12.1980	F-PYIU	Privat (1)	7
		28.05.1982	F-PYIU	w/o	7

T67 Produktion (Slingsby Aviation)

1988	T67A	1981		Slingsby, O235-N2A	1
		26.02.1981	G-BIOW	Slingsby Engineering Ltd.	8
		16.04.1981	G-BIOW	Erstflug einer T67 (15.05.81?)	WIK
		11.03.1985	G-BIOW	Specialist Flying Training Ltd.	8
		19.05.1988	G-BIOW	Slingsby Aviation Ltd.	8
		26.03.1990	G-BIOW	Slingsby T67A Group Burnside	8
		09.09.2013	G-BIOW	wfu	8
1989	T67A	1981		Slingsby, O235-N2A	1
		16.06.1981	G-BIZN	Slingsby Engineering Ltd.	8
		19.05.1982	G-BIZN	Perncebrook Ltd.	8
		10.08.1983	G-BIZN	Specialist Flying Training Ltd.	8
		17.03.1988	G-BIZN	Condor Club	8
		21.10.1992	G-BIZN	Privat (2)	8
		16.02.1996	G-BIZN	Sport to Business	8
		22.02.2001	G-BIZN	wfu	8
1990	T67A	1981		Slingsby, O235-L2A	1
		04.08.1981	G-BJCY	Slingsby Engineering Ltd.	8
		11.03.1985	G-BJCY	Specialist Flying Training Ltd.	8
		11.04.1988	G-BJCY	w/o	8
1991	T67A	1981		Slingsby, O235-L2A	1
		29.08.1981	G-BJGH	Slingsby Engineering Ltd.	8
		11.03.1985	G-BJGH	Specialist Flying Training Ltd.	8
		18.05.1988	G-BJGH	w/o	8
1992	T67A	1982		Slingsby, O235-L2A	1
		16.09.1981	G-BJIG	Slingsby Engineering Ltd.	8
		11.03.1985	G-BJIG	Specialist Flying Training Ltd.	8
		13.10.1987	G-BJIG	Chapman and Partners	8
		30.10.1991	G-BJIG	ACBell G-BJIG Syndicate	8
		23.03.1998	G-BJIG	G-BJIG Slingsby Syndicate	8
		30.08.2005	G-BJIG	Privat (1), CoA exp. 15.05.2004	8
1993	T67A	16.10.1981	G-BJNG	Slingsby Engineering Ltd., O235-L2A	8
	T67M-160	1982	G-BJNG	CVT M-160 Versuchsträger	0
		11.03.1985	G-BJNG	Specialist Engineering Ltd.	8
		24.06.1988	G-BJNG	Slingsby Aviation Ltd.	8
		10.08.1989	G-BJNG	Privat (2)	8
		16.06.1993	G-BJNG	Dolphin Property Ltd.	8
		06.10.1999	G-BJNG	Privat (1), CoA exp. 23.07.2001	8
1994	T67A	08.02.1982	G-BJXA	Slingsby Engineering Ltd., O235-L2C	8
		10.05.1982	G-BJXA	Privat (1)	8
		29.04.1985	G-BJXA	Specialist Flying Training Ltd.	8
		24.06.1988	G-BJXA	Slingsby Aviation Ltd.	8
		27.02.1990	G-BJXA	Comed Aviation Ltd.	8
		31.10.2003	G-BJXA	Liberty Group Assets Ltd.	8
		13.04.2005	G-BJXA	Chipmunk Flying Group	8
		29.01.2008	G-BJXA	Aircraft Grouping Ltd.	8
		28.07.2008	G-GFAA	RRG	8
		20.01.2012	G-GFAA	Slingsby Flying Group	8
		08.09.2017	G-GFAA	Privat (1)	8

1995	T67A	08.02.1982	G-BJXB	Slingsby Engineering Ltd., O235-L2A	8
		24.04.1984	G-BJXB	Light Planes Ltd.	8
		11.08.1992	G-BJXB	Privat (1)	8
		03.05.2000	G-BJXB	Xray Bravo Ltd.	8
		03.07.2012	G-BJXB	Privat (1)	8
		24.02.2017	G-BJXB	CoA abgelaufen	8
1996	T67A	1982		Slingsby, O235-L2A	1
		31.03.1982	G-BJZM	Slingsby Engineering Ltd.	8
		11.03.1985	G-BJZM	Specialist Flying Training Ltd.	8
		04.06.1987	G-BJZM	w/o	8
1997	T67A	1982		Slingsby, O235-L2A	1
		31.03.1982	G-BJZN	Slingsby Engineering Ltd.	8
		24.04.1984	G-BJZN	Light Planes Ltd.	8
		01.03.1989	G-BJZN	Privat (5)	8
		04.07.2011	G-BJZN	ZN Group	8
1998	T67A	1981	(G-BIUZ)	Ntu	8
				nicht fertiggestellt	8
1999	T67M-160	1982		Slingsby, AEIO320-D1B	1
		26.04.1982	G-BKAM	Slingsby Engineering Ltd.	8
		05.12.1982	G-BKAM	Erstflug GFK Firefly	Wik
	Mk2	01.08.1986	G-BKAM	Privat (3)	8
2000	T67M-160	1983		Slingsby, AEIO320-D1B	1
		07.02.1983	G-SFTZ	Specialist Flying Training Ltd.	8
		11.11.1991	G-SFTZ	Firefly Aerial Promotions Ltd.	8
		18.06.1992	G-SFTZ	Mega Yield Ltd.	8
		06.02.1996	G-SFTZ	Airborne Service Ltd.	8
		02.03.2000	G-SFTZ	Pelham Ltd.	8
		12.04.2001	G-SFTZ	Western Air Ltd.	8
		11.03.2013	G-SFTZ	Privat (2)	8
		28.11.2013	G-SFTZ	Slingsby T67M Group	8
2001	T67M Mk2	1983		Slingsby, AEIO320-D1B	1
		02.02.1983	G-SFTY	Specialist Flying Training Ltd.	8
		30.10.1984	G-SFTY	w/o	8
2002	T67M Mk2	1983		Slingsby, AEIO320-D1B	1
		07.02.1983	G-SFTX	Specialist Flying Training Ltd.	8
		18.08.1988	G-DLTA	Delta Flight	8
		15.05.1989	G-DLTA	Air and General Air Service	8
		09.08.1989	G-DLTA	Sherwood Flying Club Ltd.	8
		07.07.1992	G-DLTA	Firefly Aerial Promotions Ltd.	8
		18.10.1996	G-OPUB	Privat (1)	8
2003	T67M-160	1983		Slingsby, AEIO320-D1B	1
		14.03.1983	G-SFTW	Specialist Flying Training	1
		09.11.1984	HB-NBB	Fliegerschule Birrfeld AG	16
2004	T67M-160	1983		Slingsby, AEIO320-D1B	1
		14.03.1983	G-SFTV	Specialist Flying Training	1
		26.08.1983	G-BKTZ	Slingsby Aviation Ltd.	8
		25.03.1991	G-BKTZ	Privat (3)	8
		01.08.2017	G-BKTZ	Formation Flying Ltd.	8
2005	T67B	1984		Slingsby, O235-N2A	1
		31.10.1983	G-BIUZ	Slingsby Aviation Ltd.	8
		08.04.1987	G-BIUZ	w/o	8

2006					
2007	T67M	1983		Slingsby, AEIO320-D1B	1
		28.06.1983	G-FFLY	Slingsby Aviation Ltd.	1
		30.05.1986	G-FFLY	w/o	1
2008	T67B	1984		Slingsby, O235-N2A	1
		19.07.1984	G-BLLP	Slingsby Aviation Ltd.	1
		29.06.1993	G-BLLP	Cleveland Flying School Ltd.	8
		06.03.2006	G-BLLP	Air Navigation and Trade Ltd.	8
		04.12.2000	G-BLLP	CoA abgelaufen	8
2009	T67M-160	1984		Slingsby, AEIO320-D1B	1
		18.01.1984	G-BLDP	Cavendish Aviation Ltd.	8
		07.06.1991	G-BLDP	Sherbuurn Aero Club Ltd.	8
		13.06.1997	G-SKYC	Privat (1)	8
		09.01.2015	G-SKYC	York Aircraft Leasing Ltd.	8
		18.04.2016	G-SKYC	Skyboard Aerobatics Ltd.	8
		04.03.2016	G-SKYC	CoA abgelaufen	8
2010	T67M	1984		Slingsby, AEIO320-D1B	1
		16.02.1984	G-BLER	Privat (1)	8
		01.09.1987	OO-VAD	Ercovan Bvba	0
		16.01.1997	OO-VAD	Privat (1)	11
		13.08.2007	OO-VAD	Quality Environment, Zoersel	11
2011	T67B	1984		Slingsby, O320-D2A	1
		19.07.1984	G-BLLR	Slingsby Aviation Ltd.	8
		15.10.1998	G-BLLR	Privat (1)	8
		17.03.2008	G-BLLR	CoA abgelaufen	8
2012	T67C	1985		Slingsby, O320-D2A	1
		30.11.1984	G-BLRE	Slingsby Aviation Ltd.	8
		02.12.1988	G-BLRE	w/o	8
2013	T67B	1984		Slingsby, O235-N2A	1
		13.07.1984	G-BLLS	Slingsby Aviation Ltd	8
		23.12.1992	G-BLLS	Chikka Ltd.	8
		31.01.1995	G-BLLS	Western Air Training Ltd.	8
		02.08.2005	G-BLLS	Developing Assets Ltd.	8
		25.02.2008	G-BLLS	Freedom Aviation Ltd.	8
		23.04.2009	G-BLLS	Privat (3)	8
		12.07.2017	G-BLLS	Parish Planes Ltd.	8
2014	T67C	1985		Slingsby, O320-D2A	1
		30.11.1984	G-BLRF	Slingsby Aviation Ltd,	8
		20.01.1988	G-BLRF	Bristow Helicopters Ltd.	8
		22.11.1999	G-BLRF	Polawood Aviation Ltd.	8
		20.04.2001	G-BLRF	Privat (1)	8
2015	T67M Mk2	1984		Slingsby, O320-D2A	1
		03.09.1984	G-BLLV	Fleet Delta Ltd.	8
		03.12.1986	G-BLLV	BLS Aviation Ltd.	8
		04.07.1988	G-BLLV	Privat (2)	8
	T67B	10.11.2000	G-BLLV	CoA abgelaufen	8
2016	T67B	29.09.1984	G-BLPI	Slingsby Aviation Ltd., O235N2A	8
		29.07.1986	G-BLPI	The Niederrhein Flying Club	8
		25.09.1992	G-BLPI	Shivair Ltd.	8
		12.11.1997	G-BLPI	Wyton Flying Club	8
		04.06.1999	G-BLPI	Pathfinder Flying Club Ltd.	8

2017	T67M Mk2	01.02.1985	G-BLVI	Slingsby Aviation Ltd., AEIO360-D1B	8
		14.05.1998	G-BLVI	Hunting Aviation Ltd.	8
		13.03.2001	G-BLVI	Babcock Support Services Ltd	8
		09.02.2004	G-BLVI	Northern Aviation Ltd	8
		10.05.2005	G-BLVI	Brooke Park Ltd.	8
		07.02.2012	G-BLVI	Privat (4)	8
			PH-IDA	Privat (2)	4
		19.02.1987	PH-KAF	nur Zulassunganfrage	4
			(PH-KIF)		4
2018	T67M Mk2	21.11.1985	G-BMIT	Slingsby Aviation Ltd., AEIO360-D1B	8
			(HB-NBE)	ntu	27
		06.01.1986	HB-NBC	S&M Flugschule Grenchen	8
		29.12.1999	HB-NBC	Privat (1)	27
		24.02.2000	S5-DGS	Privat (1)	11
		28.04.2005	OO-STK	Privat (3)	11
		13.01.2015	OK-GFO	F AIR, spol. s r.o.	
2019	T67M Mk2		G7-114		27
		01.09.1986	HB-NBD		27
		12.09.1987	HB-NBD	w/o	27
2020	T67B	1985		Slingsby, O235-N2A	1
		30.11.1984	G-BLRG	Slingsby Aviation Ltd.	8
		02.07.1993	G-BLRG	Privat (1)	8
		05.02.2009	G-BLRG	CoA abgelaufen	8
2021	T67M Mk2	20.08.1987	G-BNSO	Slingsby Aviation Ltd., AEIO360-D1B	8
		14.05.1998	G-BNSO	Hunting Aviation Ltd.	8
		13.03.2001	G-BNSO	Bebcock Support Service Ltd	8
		08.01.2004	G-BNSO	Privat (2)	8
		30.04.2016	G-BNSO	w/o	8
2022	T67M-200	13.05.1987	PH-KIF	Privat (1)	4
		19.08.1987	PH-KIF	King Air Holding BV	4
		28.06.1993	PH-KIF	wfu	4
2023	T67B	16.01.1985	G-BLTT	Slingsby Aviation Ltd., O235-N2A	8
		19.11.1992	G-BLTT	Privat (2)	8
		28.07.2004	G-BLTT	CoA abgelaufen	8
2024	T67B	16.01.1985	G-BLTU	Slingsby Aviation Ltd., O235-N2A	8
		11.12.1987	G-BLTU	Niederrhein Flying Club	8
		05.07.1999	G-BLTU	Pathfinder Flying Club Ltd.	8
		26.06.2006	G-BLTU	wfu	8
2025	T67B	16.01.1985	G-BLTV	Slingsby Aviation Ltd., O235-N2A	8
		04.03.1993	G-BLTV	Privat (1)	8
		29.08.2003	G-BLTV	wfu	8
2026	T67B	16.01.1985	G-BLTW	Slingsby Aviation Ltd, O235-N2A	8
		04.03.1993	G-BLTW	Privat (1)	8
		15.09.2006	G-BLTW	CoA abgelaufen	8
2027	T67M-200	31.01.1985	G-BLUX	Slingsby Aviation Ltd., AEIO360-A1E	8
		04.11.1994	G-BLUX	Privat (1)	8
		27.04.2007	G-BLUX	CoA abgelaufen	8
2028	T67B	01.04.1985	G-BLXD	Slingsby Aviation Ltd, O235-N2A	8
		27.05.1986	ZK-WAE	New Zealand	32
		15.11.1999	ZK-WAE	Auckland Aero Club (Inc	32

2029	T67B	01.04.1985	G-BLXE	Slingsby Aviation Ltd., O235-N2A	8
		21.05.1986	ZK-WAF		1
		01.1990	ZK-WAF	w/o	1
2030	T67M-200	20.08.1985	G-BMBH	Slingsby Aviation Ltd., AEIO360-A1E	8
		29.10.1985	TC-CBA	Türk Hava Kurumu	18
		04.08.1989	TC-CBA	w/o	33
2031	T67M-200	20.08.1985	G-BMBK	Slingsby Aviation Ltd., AEIO360-A1E	8
		29.10.1985	TC-CBB	Türk Hava Kurumu	18
		11.2013	TC-CBB	wfu	33
2032	T67M-200	20.08.1985	G-BMBL	Slingsby Aviation Ltd., AEIO360-A1E	8
		28.11.1985	TC-CBC	Türk Hava Kurumu	18
		11.2013	TC-CBC	wfu	33
2033	T67M-200	20.08.1985	G-BMBM	Slingsby Aviation Ltd., AEIO360-A1E	1
		28.11.1985	TC-CBD	Türk Hava Kurumu	18
		11.2013	TC-CBD	wfu	33
2034	T67M-200	20.08.1985	G-BMBN	Slingsby Aviation Ltd., AEIO360-A1E	8
		29.11.1985	TC-CBE	Türk Hava Kurumu	18
		21.05.1989	TC-CBE	w/o	33
2035	T67C	1986		Slingsby, O320-D2A	1
		05.01.1988	G-BOCL	CSE Aviation Ltd.	8
		13.12.1996	G-BOCL	Brinklow Aviation Ltd	8
		26.02.2007	G-BOCL	CoA abgelaufen	8
2036	T67C	1986		Slingsby, O320-D2A	1
		05.01.1988	G-BOCM	CSE Aviation Ltd.	8
		13.12.1996	G-BOCM	Brinklow Aviation Ltd.	8
		22.07.2010	G-BOCM	CoA abgelaufen	8
2037	T67B	1986		Slingsby, O320-N2A	1
		03.05.1988	G-BONU	Slingsby Aviation Ltd.	8
		14.09.1993	G-BONU	Brinklow Aviation Ltd.	8
		29.06.2000	G-BONU	CoA abgelaufen	8
2038	T67M-200			Slingsby, AEIO360-A1E	1
			G-7-116		4
		25.05.1987	PH-KAI	Privat (1)	4
		19.08.1987	PH-KAI	King Air Holding BV	4
		24.05.1993	PH-KAI	Test and Training Center	4
2039	T67M-200	1987		Slingsby, AEIO360-A1E	1
			G-7-117		1
		25.05.1987	PH-KAJ	Privat (1)	4
		19.08.1987	PH-KAJ	King Air Holding BV	4
		24.05.1993	PH-KAJ	Test and Training Center	4
2040	T67M-200	1987		Slingsby, AEIO360-A1E	1
			G-7-118		4
		05.06.1987	PH-KAU	Privat (1)	4
		19.08.1987	PH-KAU	King Air Holding BV	4
		24.05.1993	PH-KAU	Test amd Training Center	4
		17.06.2011	G-CILK	Privat (1)	4
		25.02.2015	G-CILK	Slingsby Partnership	8
		23.10.2015	G-CILK	top View GmbH	1
		30.10.2015	HB-NBE	RRG	16

2041	T67M-200	1987		Slingsby, AEIO360-A1E	1
			VP-HZP		1
		24.03.1994	G-KONG	Privat (2)	8
		18.10.1995	G-KONG	Hunting Aviation Ltd.	8
		15.03.2001	G-KONG	Babcock Support Services Ltd	8
		23.12.2003	G-KONG	Privat (2)	8
		28.07.2017	G-KONG	CoA abgelaufen	8
2042	T67M-200	1987		Slingsby, AEIO360-A1E	1
			HKG-11	Royal HKG Auxiliary Air Force	12
			B-HZQ		1
		28.09.1999	G-BYRY	Privat (3)	8
		29.07.2009	G-BYRY	Just Plane Trading Ltd.	8
		17.03.2010	G-BYRY	Pi Air Service SPRL	8
		13.06.2014	G-BYRY	Privat (1)	8
2043					
2044	T67M-Mk2	1987		Slingsby, AEIO320-D1B	1
		20.03.1987	G-BNSP	Slingsby Aviation Ltd.	8
		14.05.1998	G-BNSP	Hunting Aviation Ltd.	8
		13.03.2001	G-BNSP	Babcock Support Services Ltd	8
		27.02.2004	G-BNSP	Slingsby Group	8
		29.04.2009	G-BNSP	Privat (2)	8
		16.10.2013	G-BNSP	Bromley Aviation	8
		02.04.2014	G-BNSP	Turweston Flying Club Ltd.	8
2045	T67M-Mk2	1987		Slingsby, AEIO320-D1B	1
	T67M-200			modifiziert, AEIO360-A1E	8
			LN-TFA		8
		22.07.2003	G-TONS	Privat (1)	8
		27.08.2012	OK-OKC	Abgabe nach Tschechien	1
2046	T67M-200	1987		Slingsby, AEIO360-A1E	1
		17.07.1998	SE-LBB		15
		31.07.1999	SE-LBB	wfu	15
		12.11.2001	G-ONES	Privat (2)	8
		05.02.2009	G-ONES	Aquaman Aviation Ltd.	8
		09.04.2017	G-ONES	CoA abgelaufen	8
2047	T67M-Mk2	1987		Slingsby, AEIO320-D1B	1
		20.08.1987	G-BNSR	Slingsby Aviation Ltd	8
		14.05.1998	G-BNSR	Hunting Aviation Ltd	8
		13.03.2001	G-BNSR	Babcock Support Services Ltd	8
		07.01.2004	G-BNSR	Privat (2)	8
		26.05.2006	G-BNSR	Slingsby SR Group	8
2048	T67M-200	1987		Slingsby, AEIO360-A1E	1
			SE-LBC		8
		15.08.1995	G-BWGO	Privat (1)	8
2049					
2050	T67M-200	1987		Slingsby, AEIO320-D1B	1
			SE-LBE		8
		28.12.2001	G-CBHE	Privat (1)	8
		14.12.2005	G-CBHE	Liddel Aircraft Ltd.	8
		21.12.2006	G-CBHE	Abgabe ins Ausland	8
		03.04.2007	ZK-TZX	nach Neuseeland	32
		13.08.2013	ZK-TZX	Privat (1)	32

2051					
2052	T67M-200	1988		Slingsby, AEIO360-A1E	1
		23.03.1988	G-FLYV	Firefly Aerial Promotions Ltd	8
		17.09.1996	G-FLYV	w/o	8
2053	T67C	1986		Slingsby, O320-D2A	1
		21.01.1988	G-BODJ	BBC Club	1
		17.02.1988	G-GAFG	RRG	1
		26.07.1989	G-GAFG	w/o	1
2054	T67M-Mk2	1988		Slingsby, AEIO320-D1B	1
		03.05.1988	G-BONT	Slingsby Aviation Ltd.	8
		14.05.1998	G-BONT	Hunting Aviation Ltd.	8
		13.03.2001	G-BONT	Babcock Support Services Ltd	8
		15.01.2010	G-BONT	ETICO	8
		20.07.2016	G-UCRM	CRM Aviation Ltd.	8
2055	T67M-200	09.02.1988	G-BOFP	Slingsby Aviation Ltd. AEIO360-A1E	8
		23.05.1988	TC-CBF	Türk Hava Kurumu	1
		19.11.2011	TC-CBF	w/o Efes, Trainingsunfall	3
2056	T67M-200	09.02.1988	G-BOFR	Sllingsby Aviation Ltd. AEIO360-A1E	8
		01.07.1988	TC-CBG	Türk Hava Kurumu	1
		11.2013	TC-CBG	wfu	33
2057	T67M-200	09.02.1988	G-BOFS	Sllingsby Aviation Ltd. AEIO360-A1E	8
		01.07.1988	TC-CBH	Türk Hava Kurumu	1
		11.2013	TC-CBH	wfu	33
2058	T67M-200	09.02.1988	G-BOFT	Slingsby Aviation Ltd. AEIO360-A1E	8
		01.07.1988	TC-CBJ	Türk Hava Kurumu	18
		03.02.1992	TC-CBJ	w/o	33
2059	T67M-200	09.02.1988	G-BOFU	Slingsby Aviation Ltd. AEIO360-A1E	1
		12.07.1988	TC-CBK	Türk Hava Kurumu	33
		20.03.1991	G-BOFU	wfu	18
2060	T67M-200	1988		Slingsby, AEIO-360-A1E	1
			HKG-12		12
			VR-HZR		1
		24.03.1994	G-HONG	Privat (2)	8
		29.08.1995	G-HONG	Hunting Aviation Ltd.	8
		15.03.2001	G-HONG	Babcock Support Services Ltd	8
		23.01.2004	G-HONG	Jewel Aviation Ltd.	8
2061	T67M-200	1988	G-BXKW	Slingsby, AEIO360-A1E	1
2062					
2063	T67C	26.09.1988	G-BOXK	Slingsby Aviation Ltd. O320-D2A	8
		14.03.1999	G-BOXK	w/o	8
2064					
2065					
2066	T67M-200	26.09.1988	G-BOXL	Slingsby Aviation Ltd. AEIO360-A1E	8
		05.07.1989	TC-CBL	Türk Hava Kurumu	18
		08.09.1999	TC-CBL	w/o	33
2067	T67M-200	26.09.1988	G-BOXM	Slingsby Aviation Ltd. AEIO360-A1E	8
		20.07.1989	TC-CBM	Türk Hava Kurumu	33
		11.2013	TC-CBM	wfu	33
2068	T67M-200	19.12.1988	G-BPET	Slingsby Aviation Ltd. AEIO360-A1E	8
		05.07.1989	TC-CBN	Türk Hava Kurumu	18
		09.07.1998	TC-CBN	w/o	33

2069	T67M-200	22.11.1988	G-BPEU	Slingsby Aviation Ltd. AEIO360-A1E	8
		15.05.1989	TC-CBP	Türk Hava Kurumu	1
		11.2013	TC-CBP	wfu	33
2070					
2071					
2072	T67M-260	03.02.1989	G-BPLK	Slingsby Aviation Ltd. AEIO540-D4A5	1
		16.07.1992	G-EFSM	RRG	8
		20.09.2000	G-EFSM	Flight Test Associates Ltd.	8
		30.03.2001	G-EFSM	Slingsby Aviation Ltd.	8
		18.07.2001	G-EFSM	Pooler LMT Ltd.	8
		02.03.2005	G-EFSM	Cambridge Aero Club Ltd	8
		09.03.2009	G-EFSM	Privat (2)	8
		28.07.2015	G-EFSM	Anglo Europe Aviation Ltd.	8
2073	T67M Mk2	1989		Slingsby, AEIO320-D1B	1
			B-HSB		1
		13.11.2014	G-CIKS	Privat (1)	8
		2017	G-CIKS	in Service	8
2074	T67C3	1990		Slingsby, O320-D2A	1
		16.08.1990	(PH-SBA)	nur Zulassungsanfrage	4
		04.09.1990	PH-SGA	Rijksluchtvaartschool, Eelde	4
		28.08.1991	PH-SGA	KLM Luchtvaartschool BV	4
		22.08.2002	G-FLYG	Privat (1)	8
		22.01.2014	G-FLYG	CoA abgelaufen	8
2075	T67M-200	22.11.1988	G-BPEV	Slingsby Aviation Ltd. AEIO360-A1E	8
		15.05.1989	TC-CBR	Türk Hava Kurumu	18
		11.2013	TC-CBR	wfu	33
2076	T67C	1989		Slingsby, O320-D2A	1
		02.11.1989	G-RAFG	Privat (1)	8
		12.01.1995	G-RAFG	BBC Club	8
		17.09.1997	G-RAFG	Privat (3)	8
		03.03.1998	G-RAFG	Arrow Flying Ltd.	8
		19.02.2009	G-RAFG	Privat (3)	8
		30.04.2013	G-RAFG	Aeros Holdings Ltd.	8
		29.04.2015	G-RAFG	Privat (2)	8
2077	T67C3	1990	G-7-136	Slingsby, O320-D2A	4
		16.08.1990	(PH-SBB)	nur Zulassungsanfage	4
		04.09.1990	PH-SGB	Rijksluchtvaartschool, Eelde	4
		28.08.1991	PH-SGB	KLM Luchtvaartschool BV	4
		10.11.2009	PH-SGB	KN Singles and Twins Aviation	4
		17.04.2012	PH-SGB	Emma Aviation BV	4
			OK-WTC		33
		01.2017	TC-EDY	Privat (1)	33
2078	T67M-200	02.09.1989	G-BPMZ	Slingsby Aviation Ltd. AEIO360-A1E	8
		06.07.1989	TC-CBT	Türk Hava Kurumu	8
		15.07.2009	TC-CBT	w/o	33
2079	T67C	1992		Slingsby, O360-D2A	1
		15.07.1992	C-GSTB	Canadian Aviation Training	21
		31.08.2005	C-GSTB	wfu	21
		12.09.2005	N107GA	Gemini Aircraft LLC	20
		20.08.2007	N107GA	Privat (1)	20

2080	T67C	1992		Slingsby, O320	1
		30.07.1992	C-GSTC	Canadian Aviation Training	21
		31.08.2005	C-GSTC	wfu	21
		12.09.2005	N113GA	Gemini Aircraft LLC	20
		09.12.2005	N113GA	Privat (1)	20
2081	T67C3	1990	G-7-138	Slingsby, O320-D2A	4
		16.08.1990	(PH-SBC)	nur Zulassungsanfrage	4
		11.10.1990	PH-SGC	Rijksluchtvaartschool, Eelde	4
		28.08.1991	PH-SGC	KLM Luchtvaartschool BV	4
		11.05.2000	PH-SGC	Privat (1)	4
		20.01.2005	G-CDHC	Privat (2)	8
2082	T67C	1990	G-7-139	Slingsby, O320-D2A	4
		16.08.1990	(PH-SBD)	nur Zulassungsanfrage	4
		11.10.1990	PH-SGD	Rijksluchtvaartschool, Eelde	4
		28.08.1991	PH-SGD	KLM Luchtvaartschool BV	4
		19.11.1999	G-FORS	Open Skies Partnership	8
		25.05.2002	G-FORS	w/o Towcester	4
2083	T67C			Slingsby, O320-D2A	1
		16.01.1991	PH-SGE	Rijksluchtvaartschool, Eelde	4
		28.08.1991	PH-SGE	KLM Luchtvaartschool BV	4
		25.06.2002	PH-SGE	Privat (1)	4
		09.05.2011	PH-SGE	Hangaar BV	4
		13.11.2012	PH-SGE	Trendcom Invest	4
		13.05.2015	D-EDRS	Privat (1)	1
2084	T67C	1992		Slingsby, O320	1
		(ntu)	(PH-SGF)	nur Zulassungsanfrage	4
		30.09.1992	C-GSTH	Canadian Aviation Training	21
		31.08.2005	C-GSTH	wfu	21
		12.09.2005	N125GA	Gemini Aircraft Inc	1
		15.11.2011	N125GA	wfu	1
		25.11.2011	C-GSTY	Privat (2)	21
2085	T67C	1993		Slingsby, O320	1
		30.07.1992	C-GSTI	Canadian Aviation Training	1
		31.08.2005	C-GSTI	wfu	1
		08.12.2005	N204PF	Privat (1)	20
		17.09.2013	C-FUOK	Canada Inc.	1
2086	T67C	1992		Slingsby, O320	1
		20.08.1992	C-GSTQ	Canadian Aviation Training	1
		31.08.2005	C-GSTQ	wfu	1
		12.09.2005	N132GA	Gemini Aircraft LLC	20
		09.12.2005	N132GA	Duke LLC	20
		02.03.2006	N132GA	Privat (1)	20
		17.10.2014	N132GA	CoA abgelaufen	20
2087	T67C	1990	G-7-141	Slingsby, O320-D2A	1
		16.01.1991	PH-SGF	Rijksluchtvaartschool, Eelde	4
		28.08.1991	PH-SGF	KLM Luchtvaartschool BV	4
		01.07.2002	PH-SGF	Privat (1)	4
		15.05.2003	OO-SGF	RRG	1
		14.11.2003	OO-SGF	wfu	1
		02.04.2012	F-HSGF	Privat (1)	7

2088 - 2098					
2099	T67C	1990	G-7-142	Slingsby, O320-D2A	4
		12.03.1991	PH-SGG	Rijksluchtvaartschool, Eelde	4
		28.08.1991	PH-SGG	KLM Luchtvaartschool BV	4
		21.11.2001	PH-SGG	Elocar Trading BV	4
		07.10.2002	PH-SGG	Privat (1)	4
2100	T67C	1990	G-7-143	Slingsby, O320-D2A	4
		12.03.1991	PH-SGH	Rijksluchtvaartschool, Eelde	4
		28.08.1991	PH-SGH	KLM Luchtvaartschool BV	4
		10.03.2003	PH-SGH	Firefly Lease Company	4
		08.08.2005	PH-SGH	Privat (1)	4
2101	T67C	1990	G-7-144	Slingsby, O320-D2A	4
		12.03.1991	PH-SGI	Rijksluchtvaartschool, Eelde	4
		28.08.1991	PH-SGI	KLM Luchtvaartschool BV	4
		29.11.1999	G-BYYG		1
2102	T67C	1992		Slingsby, O360-D2A	1
		12.09.2005	N135GA	Gemini Aircraft	20
		14.01.2013	N135GA	Privat (1)	20
2103	T67C	19.11.1992	C-GSTS	Canadian Aviation Training, O320	1
		02.11.2005	N104RF	Ron Farish Aircraft Inc.	20
		25.11.2008	N103XX	Privat (2)	20
2104	T67C	19.11.1992	C-GSTT	Canadian Aviation Training, O320	1
		12.09.2005	N158GA	Gemini Aircraft LLC	20
		02.11.2005	N158GA	Corporate Skyways Inc	20
		02.03.2007	N158GA	Grizzly Freight Systems Inc	20
		22.01.2009	N158GA	Privat (1)	20
		25.09.2009	N158GA	E600 Holdings Inc.	20
		05.04.2010	N158GA	Florida Defense Museum	20
		15.11.2010	N158GA	Tizard Aviation LLC	20
2105	T67C	22.12.1992	C-GSTV	Canadian Aviation Training, O320	1
		12.09.2005	N165GA	Gemini Aircraft LLC	20
		29.11.2005	N167MS	Privat (2)	20
2106	T67C	1992		Slingsby, O360-D2A0	1
		22.12.1992	C-GSTX	Canadian Aviation Training	21
		31.08.2005	C-GSTX	wfu	21
2107	T67C	1993		Slingsby, O320	1
		10.02.1993	C-GSTY	Canadian Aviation Training	21
		12.09.2005	N166GA	Gemini Aircraft LLC	20
		06.12.2005	N166GA	Total Aviation Services Inc	20
		05.01.2015	N166GA	Nevada Paralyzed Veterans	20
		13.05.2016	N166GA	JE-5 Enterprises LLC	20
2108	T67C	1993		Slingsby, O320	1
		10.02.1993	C-GSTZ	Canadian Aviation Training	1
		12.09.2005	N169GA	Gemini Aircraft LLC	20
		16.12.2005	N169GA	Privat (1)	20
		05.01.2015	N169GA	Nevada Paralyzed Veterans	20
		20.04.2015	N169GA	Mindset Dynamics LLC	20
		18.05.2017	N169GA	Privat (1)	20

2109	T67M-260	08.07.1993	G-BVAK	Slingsby Aviation Ltd. AEIO540-D4A5	8
		25.01.1994	92-0625	USAF	0
			N7020D	RRG	20
		01.11.2006	N7020D	wfu	20
2110	T67M-260	08.07.1993	G-BVAL	Slingsby Aviation Ltd. AEIO540-D4A5	1
		19.01.1994	92-0626	USAF	0
			N3154Z	RRG	1
		06.11.2006	N3154Z	wfu	1
2111	T67M Mk2	1993		Slingsby, AEIO320-D1B	1
		17.03.1993	G-BUUA	Hunting Aircraft Ltd.	8
		13.03.2001	G-BUUA	Babcock Support Services Ltd	8
		25.03.2011	G-BUUA	Privat (3)	8
2112	T67M Mk2	1993		Slingsby, AEIO320-D1B	1
		17.03.1993	G-BUUB	Hunting Aircraft Ltd	8
		13.03.2001	G-BUUB	Babcock Support Services Ltd	8
		23.02.2010	G-BUUB	Leicestershire Aero Club Ltd.	8
		23.05.2014	G-OCRM	CRM Aviation Ltd.	8
2113	T67M Mk2	1993		Slingsby, AEIO320-D1B	1
		17.03.1993	G-BUUC	Hunting Aircraft Ltd.	8
		13.03.2001	G-BUUC	Babcock Support Services Ltd	8
		09.11.2010	G-BUUC	Swiftair Maintenance Ltd	8
2114	T67M Mk2	1993		Slingsby, AEIO320-D1B	1
		17.03.1993	G-BUUD	Hunting Aircraft Ltd.	8
		13.03.2001	G-BUUD	Babcock Support Services Ltd	8
		13.02.2004	G-BUUD	Leisair Ltd.	8
		26.04.2004	G-BUUD	Privat (3)	8
		17.03.2007	G-BUUD	w/o	8
2115	T67M Mk2	1993		Slingsby, AEIO320-D1B	1
		17.03.1993	G-BUUE	Hunting Aircraft Ltd.	8
		13.03.2001	G-BUUE	Babcock Support Services Ltd	8
		30.12.2003	G-BUUE	Privat (1)	8
2116	T67M Mk2	1993		Slingsby, AEIO320-D1B	1
		17.03.1993	G-BUUF	Hunting Aircraft Ltd.	8
		13.03.2001	G-BUUF	Babcock Support Services Ltd	8
		18.03.2004	G-BUUF	Insurefast Ltd.	8
		28.06.2004	G-BUUF	Northamptonshire School of	8
		10.01.2006	G-BUUF	Tiger Airways	8
2117	T67M Mk2	1993		Slingsby, AEIO320-D1B	1
		17.03.1993	G-BUUG	Hunting Aircraft Ltd.	8
		13.03.2001	G-BUUG	Babcock Support Services Ltd	8
		13.02.2004	G-BUUG	Leisair Ltd.	8
		16.06.2004	G-BUUG	Abgabe ins Ausland	8
		24.04.2006	EC-JMH	Flight Training Europe SL	22
2118	T67M Mk2	1993		Slingsby, AEIO320-D1B	1
		17.03.1993	G-BUUH	Hunting Aircraft Ltd.	8
		18.10.1995	G-BUUH	w/o	8
2119	T67M Mk2	1993		Slingsby, AEIO320-D1B	1
		17.03.1993	G-BUUI	Hunting Aircraft Ltd.	8
		13.03.2001	G-BUUI	Babcock Support Services Ltd	8
		23.12.2003	G-BUUI	Privat (1)	8
		14.06.2006	G-BUUI	Bustard Flying Club Ltd.	8

2120	T67M Mk2	1993		Slingsby, AEIO320-D1B	1
		17.03.1993	G-BUUJ	Hunting Aircraft Ltd.	8
		13.03.2001	G-BUUJ	Babcock Support Services	8
		30.12.2003	G-BUUJ	Privat (2)	8
		20.04.2010	G-BUUJ	Durham Tees Flight Trng. Ltd	8
		11.01.2017	G-BUUJ	Blue Skies Flying Group	8
2121	T67M Mk2	1993		Slingsby, AEIO320-D1B	1
		17.03.1993	G-BUUK	Hunting Aircraft Ltd.	8
		13.03.2001	G-BUUK	Babcock Support Services Ltd	8
		27.08.2010	G-BUUK	Urop Aviation Ltd.	8
		13.09.2011	G-BUUK	Avalanche Aviation Ltd	8
2122	T67M Mk2	1993		Slingsby, AEIO320-D1B	1
		17.03.1993	G-BUUL	Hunting Aircraft Ltd.	8
		13.03.2001	G-BUUL	Babcock Support Services Ltd	8
		15.03.2004	G-BUUL	Witham Verhicles Ltd.	8
		13.04.2007	G-BUUL	Privat (1)	8
		03.07.2008	HA-WAI	Magyar Repül Akademia	1
		07.07.2016	F-HVAI	Privat (1)	7
2123	T67M-260 T3A	1994		Slingsby, AEIO540-D4A5	1
		27.01.1994	92-0627	USAF	1
			N30010	RRG	0
		06.11.2006	N30010	wfu	1
2124	T67M-260 T3A	1994		Slingsby, AEIO540-SER	1
		27.01.1994	92-0628	USAF	0
			N30016	RRG	1
		01.11.2006	N30016	wfu	1
2125	T67M-260 T3A	1994		Slingsby	1
		04.03.1994	92-0629	USAF	0
			N3002A	RRG	1
		01.11.2006	N3002A	wfu	1
2126	T67M-260 T3A	1994		Slingsby, AEIO540-SER	1
		07.03.1994	92-0630	USAF	1
			N3004H	RRG	1
		01.11.2006	N3004H	wfu	
2127	T67M-260 T3A	1994		Slingsby, AEIO540-SER	1
		08.03.1994	92-0631	USAF	1
			N3010H	RRG	0
		01.11.2006	N3010H	wfu	1
2128	T67M-260 T3A	1994		Slingsby, AEIO540-SER	1
		08.03.1994	92-0632	USAF	0
			N3011Q	RRG	1
		01.11.2006	N3011Q	wfu	1
2129 **2129R**	T67M-260 T3A	1994		Slingsby, AEIO540-SER	1
		1994	92-633	USAF	0
		20.04.1995	92-0633	w/o, Neuaufbau	0
			N3022C	RRG	1
		01.11.2006	N3022C	wfu	1
2130	T67M-260 T3A	1994		Slingsby, AEIO540-SER	1
		18.03.1994	92-0634	USAF	0
			N3022K	RRG	1
		01.11.2006	N3022K	wfu	1

2131	T67M-260 T3A	1994 18.03.1994 01.11.2006	92-0635 N30265 N30265	Slingsby, AEIO540-SER USAF RRG wfu	1 0 1 1
2132	T67M-260 T3A	1994 18.03.1994 01.11.2006	92-0636 N30364 N30364	Slingsby, AEIO540-SER USAF RRG wfu	1 0 1 1
2133	T67M-260 T3A	1994 26.05.1994 01.11.2006	92-0637 N30367 N30367	Slingsby, AEIO540-SER USAF RRG wfu	1 0 1 1
2134	T67M-260 T3A	1994 31.05.1994 01.11.2006	92-0638 N3037C N3037C	Slingsby, AEIO540-SER USAF RRG wfu	1 0 1 1
2135	T67M-260 T3A	1995 09.03.1994 01.11.2006	92-0639 N3037H N3037H	Slingsby, AEIO540-SER USAF RRG wfu	1 0 1 1
2136	T67M-260 T3A	1994 31.05.1994 01.11.2006	92-0640 N3037T N3037T	Slingsby, AEIO540-SER USAF RRG wfu	1 0 1 1
2137	T67M-260 T3A	1994 31.05.1994 01.11.2006	92-0641 N3037X N3037X	Slingsby, AEIO540-SER USAF RRG wfu	1 0 1 1
2138	T67M-260 T3A	1994 13.06.1994 01.11.2006	92-0642 N30377 N30377	Slingsby, AEIO540-SER USAF RRG wfu	1 0 1 1
2139	T67M-260 T3A	1994 13.06.1994 01.11.2006	92-0643 N30428 N30428	Slingsby, AEIO540-SER USAF RRG wfu	1 0 1 1
2140	T67M-260 T3A	1994 13.06.1994 01.11.2006	92-0644 N3043V N3043V	Slingsby, AEIO540-SER USAF RRG wfu	1 0 1 1
2141	T67M-260 T3A	1994 13.06.1994 01.11.2006	92-0645 N3045H N3045H	Slingsby, AEIO540-SER USAF RRG wfu	1 0 1 1
2142	T67M-260 T3A	1994 13.06.1994 01.11.2006	92-0646 N3045S N3045S	Slingsby, AEIO540-SER USAF RRG wfu	1 0 1 1

2143	T67M-260	1994		Slingsby, AEIO540-SER	1
	T3A	13.06.1994	92-0647	USAF	0
			N30454	RRG	1
		01.11.2006	N30454	wfu	1
2144	T67M-260	1994		Slingsby, AEIO540-SER	1
	T3A	13.06.1994	92-0648	USAF	0
			N3046E	RRG	1
		01.11.2006	N3046E	wfu	1
2145	T67M-260	1995		Slingsby, AEIO540-SER	1
	T3A	16.06.1995	92-0649	USAF	0
			N3046L	RRG	1
		01.11.2006	N3046L	wfu	1
2146	T67M-260	1994		Slingsby, AEIO540-SER	1
	T3A	27.07.1994	92-0650	USAF	0
			N30466	RRG	1
		01.11.2006	N30466	wfu	1
2147	T67M-260	1994		Slingsby, AEIO540-SER	1
	T3A	27.07.1994	92-0651	USAF	0
			N3047K	RRG	1
		01.11.2006	N3047K	wfu	1
2148	T67M-260	1994		Slingsby, AEIO540-SER	1
	T3A	27.07.1994	92-0652	USAF	0
			N3051R	RRG	1
		01.11.2006	N3051R	wfu	1
2149	T67M-260	1994		Slingsby, AEIO540-SER	1
	T3A	28.07.1994	92-0653	USAF	1
			N30575	RRG	0
		01.11.2006	N30575	wfu	1
2150	T67M-260	1994		Slingsby, AEIO540-SER	1
	T3A	28.07.1994	92-0654	USAF	0
			N3063G	RRG	1
		01.11.2006	N3063G	wfu	1
2151	T67M-260	1994		Slingsby, AEIO540-SER	1
	T3A	28.07.1994	92-0655	USAF	0
			N3064Q	RRG	1
		01.11.2006	N3064Q	wfu	1
2152	T67M-260	1994		Slingsby, AEIO540-SER	1
	T3A	28.07.1994	92-0656	USAF	0
			N30678	RRG	1
		01.11.2006	N30678	wfu	1
2153	T67M-260	1994		Slingsby, AEIO540-SER	1
	T3A	28.07.1994	92-0657	USAF	0
			N30698	RRG	1
		01.11.2006	N30698	wfu	1
2154	T67M-260	1994		Slingsby, AEIO540-SER	1
	T3A	28.07.1994	92-0658	USAF	0
			N30723	RRG	1
		01.11.2006	N30723	wfu	1

2155	T67M-260	1994		Slingsby, AEIO540-SER	1
	T3A	28.07.1994	92-0659	USAF	0
			N30744	RRG	1
		01.11.2006	N30744	wfu	1
2156	T67M-260	1994		Slingsby, AEIO540-SER	1
	T3A	28.07.1994	92-0660	USAF	0
			N3079Q	RRG	1
		01.11.2006	N3079Q	wfu	1
2157	T67M-260	1994		Slingsby, AEIO540-SER	1
	T3A	28.07.1994	92-0661	USAF	0
			N3088R	RRG	1
		01.11.2006	N3088R	wfu	1
2158	T67M-260	1994		Slingsby, AEIO540-SER	1
	T3A	28.07.1994	92-0662	USAF	0
			N3091G	RRG	1
		01.11.2006	N3091G	wfu	1
2159	T67M-260	1994		Slingsby, AEIO540-SER	1
	T3A	28.07.1994	93-0555	USAF	0
			N3092K	RRG	1
		22.02.1995	N3092K	w/o	0
		15.05.1995	N3092K	CXX	1
2160	T67M-260	1994		Slingsby, AEIO540-SER	1
	T3A	02.11.1994	93-0556	USAF	0
			N3094T	wfu	1
		01.11.2006	N3094T		1
2161	T67M-260	1994		Slingsby, AEIO540-SER	1
	T3A	04.11.1994	93-0557	USAF	0
			N3100X	RRG	1
		01.11.2006	N3100X	wfu	1
2162	T67M-260	1994		Slingsby, AEIO540-SER	1
	T3A	04.11.1994	93-0558	USAF	0
			N3102J	RRG	1
		01.11.2006	N3102J	wfu	1
2163	T67M-260	1994		Slingsby, AEIO540-SER	1
	T3A	04.11.1994	93-0559	USAF	0
			N3103U	RRG	1
		01.11.2006	N3103U	wfu	1
2164	T67M-260	1994		Slingsby, AEIO540-SER	1
	T3A	04.11.1994	93-0560	USAF	0
			N3104L	RRG	1
		01.11.2006	N3104L	wfu	1
2165	T67M-260	1994		Slingsby, AEIO540-SER	1
	T3A	02.11.1994	93-0561	USAF	0
			N3107H	RRG	1
		01.11.2006	N3107H	wfu	1
			CS-AVU		1
			TG-BOM		1
2166	T67M-260	1994		Slingsby, AEIO540-SER	1
	T3A	24.11.1994	93-0562	USAF	0
			N3107K	RRG	1
		01.11.2006	N3107K	wfu	1

2167	T67M-260	1994		Slingsby, AEIO540-SER	1
	T3A	04.11.1994	93-0563	USAF	0
			N3108A	RRG	1
		01.11.2006	N3108A	wfu	1
2168	T67M-260	1994		Slingsby, AEIO540-SER	1
	T3A	04.11.1994	93-0564	USAF	0
			N31106	RRG	1
		01.11.2006	N31106	wfu	1
2169	T67M-260	1994		Slingsby, AEIO540-SER	1
	T3A	04.11.1994	93-0565	USAF	0
			N3114B	RRG	1
		01.11.2006	N3114B	wfu	1
2170	T67M-260	1994		Slingsby, AEIO540-SER	1
	T3A	01.11.1994	93-0566	USAF	0
			N3122W	RRG	1
		01.11.2006	N3122W	wfu	1
2171	T67M-260	1994		Slingsby, AEIO540-SER	1
	T3A	02.11.1994	93-0567	USAF	0
			N3122X	RRG	1
		01.11.2006	N3122X	wfu	1
2172	T67M-260	1994		Slingsby, AEIO540-SER	1
	T3A	02.11.1994	93-0568	USAF	0
			N3124J	RRG	1
		01.11.2006	N3124J	wfu	1
2173	T67M-260	1994		Slingsby, AEIO540-SER	1
	T3A	02.11.1994	93-0569	USAF	0
			N3125H	RRG	1
		01.11.2006	N3125H	wfu	1
2174	T67M-260	1994		Slingsby, AEIO540-SER	1
	T3A	02.11.1994	93-0570	USAF	0
			N3129E	RRG	1
		01.11.2006	N3129E	wfu	1
2175	T67M-260	1994		Slingsby, AEIO540-SER	1
	T3A	02.11.1994	93-0571	USAF	0
			N31360	RRG	1
		01.11.2006	N31360	wfu	1
2176	T67M-260	1995		Slingsby, AEIO540-SER	1
	T3A	12.01.1995	93-0572	USAF	0
			N31398	RRG	1
		01.11.2006	N31398	wfu	1
2177	T67M-260	1995		Slingsby, AEIO540-SER	1
	T3A	12.01.1995	93-0573	USAF	0
			N3140L	RRG	1
		01.11.2006	N3140L	wfu	1
2178	T67M-260	1995		Slingsby, AEIO540-SER	1
	T3A	25.01.1995	93-0574	USAF	0
			N3142H	RRG	1
		01.11.2006	N3142H	wfu	1

2179	T67M-260	1995		Slingsby, AEIO540-SER	1
	T3A	12.01.1995	93-0575	USAF	0
			N3143S	RRG	1
		01.11.2006	N3143S	wfu	1
2180	T67M-260	1995		Slingsby, AEIO540-SER	1
	T3A	25.01.1995	93-0576	USAF	0
			N31481	RRG	1
		01.11.2006	N31481	wfu	1
2181	T67M-260	1995		Slingsby, AEIO540-SER	1
	T3A	12.01.1995	93-0577	USAF	0
			N3149M	RRG	1
		01.11.2006	N3149M	wfu	1
2182	T67M-260	1995		Slingsby, AEIO540-SER	1
	T3A	12.01.1995	93-0578	USAF	0
			N3149Y	RRG	1
		01.11.2006	N3149Y	wfu	1
2183	T67M-260	1995		Slingsby, AEIO540-SER	1
	T3A	12.01.1995	93-0579	USAF	0
			N3150C	RRG	1
		01.11.2006	N3150C	wfu	1
2184	T67M-260	1995		Slingsby, AEIO540-SER	1
	T3A	08.02.1995	93-0580	USAF	0
			N31513	RRG	1
		01.11.2006	N31513	wfu	1
2185	T67M-260	1995		Slingsby, AEIO540-SER	1
	T3A	25.01.1995	93-0581	USAF	0
			N3157S	RRG	1
		01.11.2006	N3157S	wfu	1
2186	T67M-260	1995		Slingsby, AEIO540-SER	1
	T3A	25.01.1995	93-0582	USAF	0
			N3158M	RRG	1
		01.11.2006	N3158M	wfu	1
2187	T67M-260	1995		Slingsby, AEIO540-SER	1
	T3A	25.01.1995	93-0583	USAF	0
			N3159C	RRG	1
		25.06.1997	N3159C	w/o	0
		08.04.1998	N3159C	CXX	1
2188	T67M-260	1995		Slingsby, AEIO540-SER	1
	T3A	25.01.1995	93-0584	USAF	0
			N3159U	RRG	1
		30.09.1996	N3159U	w/o	0
		08.04.1998	N3159U	CXX	1
2189	T67M-260	1995		Slingsby, AEIO540-SER	1
	T3A	12.01.1995	93-0585	USAF	0
			N3161F	RRG	1
		01.11.2006	N3161F	wfu	1
2190	T67M-260	1995		Slingsby, AEIO540-SER	1
	T3A	12.01.1995	93-0586	USAF	0
			N31638	RRG	1
		01.11.2006	N31638	wfu	1

2191	T67M-260	1995		Slingsby, AEIO540-SER	1
	T3A	25.01.1995	93-0587	USAF	0
			N3167R	RRG	1
		01.11.2006	N3167R	wfu	1
2192	T67M-260	1995		Slingsby, AEIO540-SER	1
	T3A	25.01.1995	93-0588	USAF	0
			N3172Q	RRG	1
		01.11.2006	N3172Q	wfu	1
2193	T67M-260	1995		Slingsby, AEIO540-SER	1
	T3A	25.01.1995	93-0589	USAF	0
			N3172R	RRG	1
		01.11.2006	N3172R	wfu	1
2194	T67M-260	1995		Slingsby, AEIO540-SER	1
	T3A	25.01.1995	93-0590	USAF	0
			N3172W	RRG	1
		01.11.2006	N3172W	wfu	1
2195	T67M-260	1995		Slingsby, AEIO540-SER	1
	T3A	25.01.1995	93-0591	USAF	0
			N31727	RRG	1
		01.11.2006	N31727	wfu	1
2196	T67M-260	1995		Slingsby, AEIO540-SER	1
	T3A	16.03.1995	93-0592	USAF	0
			N31728	RRG	1
		01.11.2006	N31728	wfu	1
2197	T67M-260	1995		Slingsby, AEIO540-SER	1
	T3A	17.03.1995	93-0593	USAF	0
			N3173D	RRG	1
		01.11.2006	N3173D	wfu	1
2198	T67M-260	1995		Slingsby, AEIO540-SER	1
	T3A	17.03.1995	93-0594	USAF	0
			N3175K	RRG	1
		01.11.2006	N3175K	wfu	1
2199	T67M-260	1995		Slingsby, AEIO540-SER	1
	T3A	17.03.1995	93-0595	USAF	0
			N3176V	RRG	1
		01.11.2006	N3176V	wfu	1
2200	T67M-260	1995		Slingsby, AEIO540-SER	1
	T3A	17.03.1995	93-0596	USAF	0
			N3179M	RRG	1
		01.11.2006	N3179M	wfu	1
2201	T67M-260	1995		Slingsby, AEIO540-SER	1
	T3A	17.03.1995	94-0001	USAF	0
			N31879	RRG	1
		01.11.2006	N31879	wfu	1
2202	T67M-260	1995		Slingsby, AEIO540-SER	1
	T3A	17.03.1995	94-0002	USAF	0
			N3188F	RRG	1
		01.11.2006	N3188F	wfu	1

2203	T67M-260	1995		Slingsby, AEIO540-SER	1
	T3A	17.03.1995	94-0003	USAF	0
			N3188G	RRG	1
		01.11.2006	N3188G	wfu	1
2204	T67M-260	1995		Slingsby, AEIO540-SER	1
	T3A	17.03.1995	94-0004	USAF	0
			N3188K	RRG	1
		01.11.2006	N3188K	wfu	1
2205	T67M-260	1995		Slingsby, AEIO540-SER	1
	T3A	03.05.1995	94-0005	USAF	0
			N3188R	RRG	1
		01.11.2006	N3188R	wfu	1
2206	T67M-260	1995		Slingsby, AEIO540-SER	1
	T3A	17.03.1995	94-0006	USAF	0
			N31880	RRG	1
		01.11.2006	N31880	wfu	1
2207	T67M-260	1995		Slingsby, AEIO540-SER	1
	T3A	20.03.1995	94-0007	USAF	0
			N31883	RRG	1
		01.11.2006	N31883	wfu	1
2208	T67M-260	1995		Slingsby, AEIO540-D4A5	1
	T3A	20.03.1995	94-0008	USAF	0
			N3189A	RRG	1
		01.11.2006	N3189A	wfu	1
			435	Royal Jordanian AF	
2209	T67M-260	1995		Slingsby, AEIO540-SER	1
	T3A	20.03.1995	94-0009	USAF	0
			N3189F	RRG	1
		01.11.2006	N3189F	wfu	1
2210	T67M-260	1995		Slingsby, AEIO540-SER	1
	T3A	20.03.1995	94-0010	USAF	0
			N3189G	RRG	1
		01.11.2006	N3189G	wfu	1
2211	T67M-260	1995		Slingsby, AEIO540-SER	1
	T3A	20.03.1995	94-0011	USAF	0
			N3189K	RRG	1
		01.11.2006	N3189K	wfu	1
2212	T67M-260	1995		Slingsby, AEIO540-SER	1
	T3A	20.03.1995	94-0012	USAF	0
			N3189L	RRG	1
		01.11.2006	N3189L	wfu	1
2213	T67M-260	1995		Slingsby, AEIO540-SER	1
	T3A	20.03.1995	94-0013	USAF	0
			N3189N	RRG	1
		01.11.2006	N3189N	wfu	1
2214	T67M-260	1995		Slingsby, AEIO540-SER	1
	T3A	20.03.1995	94-0014	USAF	0
			N3189W	RRG	1
		01.11.2006	N3189W	wfu	1

2215	T67M-260	1995		Slingsby, AEIO540-SER	1
	T3A	20.03.1995	94-0015	USAF	0
			N3190H	RRG	1
		01.11.2006	N3190H	wfu	1
2216	T67M-260	1995		Slingsby, AEIO540-SER	1
	T3A	20.03.1995	94-0016	USAF	0
			N3190K	RRG	1
		01.11.2006	N3190K	wfu	1
2217	T67M-260	1995		Slingsby, AEIO540-SER	1
	T3A	17.03.1995	94-0017	USAF	0
			N31901	RRG	1
		01.11.2006	N31901	wfu	1
2218	T67M-260	1995		Slingsby, AEIO540-SER	1
	T3A	17.03.1995	94-0018	USAF	0
			N31904	RRG	1
		01.11.2006	N31904	wfu	1
2219	T67M-260	1995		Slingsby, AEIO540-SER	1
	T3A	17.03.1995	94-0019	USAF	0
			N31907	RRG	1
		01.11.2006	N31907	wfu	1
2220	T67M-260	1995		Slingsby, AEIO540-SER	1
	T3A	17.03.1995	94-0020	USAF	0
			N31909	RRG	1
		01.11.2006	N31909	wfu	1
2221	T67M-260	1995		Slingsby, AEIO540-SER	1
	T3A	17.03.1995	94-0021	USAF	0
			N3191K	RRG	1
		01.11.2006	N3191K	wfu	1
2222	T67M-260	1995		Slingsby, AEIO540-SER	1
	T3A	17.03.1995	94-0022	USAF	0
			N3191X	RRG	1
		01.11.2006	N3191X	wfu	1
2223	T67M-260	1995		Slingsby, AEIO540-SER	1
	T3A	17.03.1995	94-0023	USAF	0
			N3191Y	RRG	1
		01.11.2006	N3191Y	wfu	1
2224	T67M-260	1995		Slingsby, AEIO540-SER	1
	T3A	17.03.1995	94-0024	USAF	0
			N31917	RRG	1
		01.11.2006	N31917	wfu	1
2225	T67M-260	1995		Slingsby, AEIO540-SER	1
	T3A	15.03.1995	94-0025	USAF	0
			N3192A	RRG	1
		01.11.2006	N3192A	wfu	1
2226	T67M-260	1995		Slingsby, AEIO540-SER	1
	T3A	16.03.1995	94-0026	USAF	0
			N3192D	RRG	1
		01.11.2006	N3192D	wfu	1

2227	T67M-260	1995		Slingsby, AEIO540-SER	1
	T3A	16.03.1995	94-0027	USAF	0
			N3192E	RRG	1
		01.11.2006	N3192E	wfu	1
2228	T67M-260	1995		Slingsby, AEIO540-SER	1
	T3A	16.03.1995	94-0028	USAF	0
			N3192F	RRG	1
		01.11.2006	N3192F	wfu	1
2229	T67M-260	1995		Slingsby, AEIO540-SER	1
	T3A	16.03.1995	94-0029	USAF	0
			N3192H	RRG	1
		01.11.2006	N3192H	wfu	1
2230	T67M-260	1995		Slingsby, AEIO540-SER	1
	T3A	16.03.1995	94-0030	USAF	0
			N3192K	RRG	1
		01.11.2006	N3192K	wfu	1
2231	T67M-260	1995		Slingsby, AEIO540-SER	1
	T3A	16.03.1995	94-0031	USAF	0
			N3192X	RRG	1
		01.11.2006	N3192X	wfu	1
2232	T67M-260	1995		Slingsby, AEIO540-SER	1
	T3A	16.03..1995	94-0032	USAF	0
			N3192Z	RRG	1
		01.11.2006	N3192Z	wfu	1
2233	T67M-260	1995		Slingsby, AEIO540-SER	1
	T3A	15.03.1995	94-0033	USAF	0
			N3193K	RRG	1
		01.11.2006	N3193K	wfu	1
2234	T67M-260	19.07.1995	G-ZEIN	Slingsby Aviation Ltd. AEIO540-D4A5	8
		16.11.1995	G-ZEIN	RV Aviation Ltd.	8
		27.03.2003	G-ZEIN	Privat (2)	8
2235	T67M-260			Slingsby, AEIO540-D4A5	1
			BDF-04	Belize Defence Force	1
2236	T67M-260	19.03.1996	G-BWXA	Slingsby Aviation Ltd. AEIO540-D4A5	8
		16.08.1996	G-BWXA	Hunting Aviation Ltd.	8
		15.03.2001	G-BWXA	Babcock Support Services Ltd	8
		12.08.2011	G-BWXA	Swift Aircraft Ltd:	8
		08.10.2014	G-BWXA	Redline Aviation Security Ltd.	8
		11.11.2015	G-BWXA	Power Aerobatics Ltd.	8
2237	T67M-260	19.03.1996	G-BWXB	Slingsby Aviation Ltd. AEIO540-D4A5	8
		16.08.1996	G-BWXB	Hunting Aviation Ltd.	8
		15.03.2001	G-BWXB	Babcock Support Services Ltd	8
		12.08.2011	G-BWXB	Swift Aircraft Ltd:	8
		18.07.2013	G-BWXB	Redline Aviation Security Ltd.	8
		23.11.2015	G-BWXB	Privat (1)	8
		19.05.2016	G-BWXB	Power Aerobatics Ltd.	8
2238	T67M-260	19.03.1996	G-BWXC	Slingsby Aviation Ltd. AEIO540-D4A5	8
		16.08.1996	G-BWXC	Hunting Aviation Ltd.	8
		15.03.2001	G-BWXC	Babcock Support Services Ltd	8
		12.08.2011	G-BWXC	Swift Aircraft Ltd:	8
		23.04.2014	N-	Abgabe nach USA (nicht bei /20/)	8

2239	T67M-260	19.03.1996	G-BWXD	Slingsby Aviation Ltd. AEIO540-D4A5	8
		29.08.1996	G-BWXD	Hunting Aviation Ltd.	8
		15.03.2001	G-BWXD	Babcock Support Services Ltd	8
		12.08.2011	G-BWXD	Swift Aircraft Ltd:	8
		13.06.2017	G-BWXD	wfu	8
2240	T67M-260	19.03.1996	G-BWXE	Slingsby Aviation Ltd. AEIO540-D4A5	8
		03.09.1996	G-BWXE	Hunting Aviation Ltd.	8
		15.03.2001	G-BWXE	Babcock Support Services Ltd	8
		12.08.2011	G-BWXE	Swift Aircraft Ltd:	8
		27.01.2015	N789FR	Flight Research Inc.	20
2241	T67M-260	19.03.1996	G-BWXF	Slingsby Aviation Ltd. AEIO540-D4A5	8
		13.09.1996	G-BWXF	Hunting Aviation Ltd.	8
		15.03.2001	G-BWXF	Babcock Support Services Ltd	8
		12.08.2011	G-BWXF	Swift Aircraft Ltd:	8
		09.06.2016	G-BWXF	CTC Aviation Group Ltd.	8
		12.05.2017	G-BWXF	L3 CTS Airline Academy Trng.	8
2242	T67M-260	19.03.1996	G-BWXG	Slingsby Aviation Ltd. AEIO540-D4A5	8
		08.10.1996	G-BWXG	Hunting Aviation Ltd.	8
		15.03.2001	G-BWXG	Babcock Support Services Ltd	8
		12.08.2011	G-BWXG	Swift Aircraft Ltd:	8
		13.08.2015	437	Royal Jordanian AF	1
2243	T67M-260	19.03.1996	G-BWXH	Slingsby Aviation Ltd. AEIO540-D4A5	8
		28.10.1996	G-BWXH	Hunting Aviation Ltd.	8
		15.03.2001	G-BWXH	Babcock Support Services Ltd	8
		12.08.2011	G-BWXH	Swift Aircraft Ltd:	8
		13.08.2015	443	Royal Jordanian AF	1
2244	T67M-260	19.03.1996	G-BWXI	Slingsby Aviation Ltd. AEIO540-D4A5	8
		16.10.1996	G-BWXI	Hunting Aviation Ltd.	8
		15.03.2001	G-BWXI	Babcock Support Services Ltd	8
		12.08.2011	G-BWXI	Swift Aircraft Ltd:	8
		25.03.2015	(N987FT)	Intern. Flight Test Institute	20
2245	T67M-260	19.03.1996	G-BWXJ	Slingsby Aviation Ltd. AEIO540-D4A5	12
		05.11.1996	G-BWXJ	Hunting Aviation Ltd.	12
		15.01.2001	G-BWXJ	Babcock Defence Services	12
		12.08.2011	G-BWXJ	Swift Aircraft Ltd.	12
		22.05.2013	G-BWXJ	Privat (1)	12
2246	T67M-260	19.03.1996	G-BWXK	Slingsby Aviation Ltd. AEIO540-D4A5	8
		19.11.1996	G-BWXK	Hunting Aviation Ltd.	8
		15.03.2001	G-BWXK	Babcock Support Services Ltd	8
		12.08.2011	G-BWXK	Swift Aircraft Ltd.	8
		13.08.2015	442	Royal Jordanian AF	1
2247	T67M-260	19.03.1996	G-BWXL	Slingsby Aviation Ltd. AEIO540-D4A5	8
		29.11.1996	G-BWXL	Hunting Aviation Ltd.	8
		15.03.2001	G-BWXL	Babcock Support Services Ltd	8
		12.08.2011	G-BWXL	Swift Aircraft Ltd.	8
		08.02.2012	G-BWXL	Airspeed BVBA	8
		06.08.2014	G-BWXL	Privat (1)	8
		20.08.2015	OK-LET	Abgabe nach Tschechien	8

2248	T67M-260	19.03.1996	G-BWXM	Slingsby Aviation Ltd. AEIO540-D4A5	8
		20.12.1996	G-BWXM	Hunting Aviation Ltd.	8
		15.03.2001	G-BWXM	Babcock Support Services Ltd	8
		12.08.2011	G-BWXM	Swift Aircraft Ltd.	8
		13.03.2012	G-BWXM	Skelleftea Aeroclub AB	8
		03.04.2014	SE-MIG	RRG	1
2249	T67M-260	19.03.1996	G-BWXN	Slingsby Aviation Ltd. AEIO540-D4A5	8
		13.01.1997	G-BWXN	Hunting Aviation Ltd.	8
		15.03.2001	G-BWXN	Babcock Support Services Ltd	8
		12.08.2011	G-BWXN	Swift Aircraft Ltd.	8
		13.08.2015	444	Royal Jordanian AF	1
2250	T67M-260	19.03.1996	G-BWXO	Slingsby Aviation Ltd. AEIO540-D4A5	8
		13.01.1997	G-BWXO	Hunting Aviation Ltd.	8
		15.03.2001	G-BWXO	Babcock Support Services Ltd	8
		06.05.2011	N123FR	L'Avion Inc.	1
		29.06.2016	N123FR	Flight Research Inc.	20
2251	T67M-260	19.03.1996	G-BWXP	Slingsby Aviation Ltd. AEIO540-D4A5	8
		22.01.1997	G-BWXP	Hunting Aviation Ltd.	8
		15.03.2001	G-BWXP	Babcock Support Services Ltd	8
		29.10.2003	G-BWXP	Privat (3)	8
2252	T67M-260	19.03.1996	G-BWXR	Slingsby Aviation Ltd. AEIO540-D4A5	8
		22.01.1997	G-BWXR	Hunting Aviation Ltd.	8
		15.03.2001	G-BWXR	Babcock Support Services Ltd	8
		12.08.2011	G-BWXR	Swift Aircraft Ltd.	8
		13.08.2015	438	Royal Jordanian AF	1
2253	T67M-260	19.03.1996	G-BWXS	Slingsby Aviation Ltd. AEIO540-D4A5	8
		12.02.1997	G-BWXS	Hunting Aviation Ltd.	8
		15.03.2001	G-BWXS	Babcock Support Services Ltd	8
		12.08.2011	G-BWXS	Swift Aircraft Ltd.	8
		08.05.2015	G-BWXS	Redline Aviation Security Ltd.	8
		11.11.2015	G-BWXS	Power Aerobatics Ltd.	8
2254	T67M-260	19.03.1996	G-BWXT	Slingsby Aviation Ltd. AEIO540-D4A5	8
		20.02.1997	G-BWXT	Hunting Aviation Ltd.	8
		15.03.2001	G-BWXT	Babcock Support Services Ltd	8
		12.08.2011	G-BWXT	Swift Aircraft Ltd.	8
		20.12.2012	G-BWXT	Cranfield University	8
2255	T67M-260	19.03.1996	G-BWXU	Slingsby Aviation Ltd. AEIO540-D4A5	8
		25.02.1997	G-BWXU	Hunting Aviation Ltd.	8
		15.03.2001	G-BWXU	Babcock Support Services Ltd	8
		12.08.2011	G-BWXU	Swift Aircraft Ltd.	8
		03.02.2015	G-BWXU	CTC Aviation Group Ltd.	8
		08.04.2015	G-UPRT	RRG	8
		12.05.2017	G-UPRT	L3 CTS Airline Academy Trng.	8
2256	T67M-260	19.03.1996	G-BWXV	Slingsby Aviation Ltd. AEIO540-D4A5	8
		04.03.1997	G-BWXV	Hunting Aviation Ltd.	8
		15.03.2001	G-BWXV	Babcock Support Services Ltd	8
		21.03.2011	G-BWXV	Privat (1)	8
		28.11.2012	G-BWXV	TC Trading and Consulting	8
		30.11.2015	G-BWXV	Privat (1)	8
		12.02.2016	G-BWXV	CoA abgelaufen	8

2257	T67M-260	19.03.1996	G-BWXW	Slingsby Aviation Ltd. AEIO540-D4A5	8
		05.03.1997	G-BWXW	Hunting Aviation Ltd.	8
		15.03.2001	G-BWXW	Babcock Support Services Ltd	8
		23.12.2010	G-BWXW	Abgabe ins Ausland	8
		19.05.2011	N456FR	L'Avion Inc.	8
		24.10.2014	N456FR	w/o Spin Trainingsunfall	8
2258	T67M-260	19.03.1996	G-BWXX	Slingsby Aviation Ltd. AEIO540-D4A5	8
		26.03.1997	G-BWXX	Hunting Aviation Ltd.	8
		15.03.2001	G-BWXX	Babcock Support Services Ltd	8
		12.08.2011	G-BWXX	Swift Aircraft Ltd.	8
		13.08.2015	441	Royal Jordanian AF	1
2259	T67M-260	19.03.1996	G-BWXY	Slingsby Aviation Ltd. AEIO540-D4A5	8
		26.03.1997	G-BWXY	Hunting Aviation Ltd.	8
		15.03.2001	G-BWXY	Babcock Support Services Ltd	8
		12.08.2011	G-BWXY	Swift Aircraft Ltd.	8
		13.08.2015	439	Royal Jordanian AF	1
2260	T67M-260	19.03.1996	G-BWXZ	Slingsby Aviation Ltd. AEIO540-D4A5	8
		08.04.1997	G-BWXZ	Hunting Aviation Ltd.	8
		15.03.2001	G-BWXZ	Babcock Support Services Ltd	8
		12.08.2011	G-BWXZ	Swift Aircraft Ltd.	8
		13.08.2015	440	Royal Jordanian AF	1
2261	T67M-260	1998		Slingsby	1
			G-BYBK	nicht bei /8/	1
2262	T67M-260	08.06.1999	G-BYOA	Slingsby Aviation Ltd. AEIO540-D4A5	8
		11.11.1999	G-BYOA	Hunting Aviation Ltd.	8
		15.03.2001	G-BYOA	Babcock Support Services Ltd	8
		30.10.2003	G-BYOA	Leisair Ltd.	8
		26.01.2004	G-BYOA	wfu	8
2263	T67M-260	08.06.1999	G-BYOB	Slingsby Aviation Ltd. AEIO540-D4A5	8
		11.11.1999	G-BYOB	Hunting Aviation Ltd.	8
		15.03.2001	G-BYOB	Babcock Support Services Ltd	8
		30.12.2013	G-BYOB	Stapleford Flying Club Ltd.	8
2264	T67M-200	20.09.2000	G-SKYO	Slingsby Aviation Ltd. AEIO320-D1B	8
		17.10.2000	G-SKYO	Privat (3)	8
		23.10.2014	G-SKYO	Skyboard Aerobatics Ltd.	8
		21.04.2017	G-SKYO	VG Flight Ltd.	8
2265	T67M-200	13.06.2000	G-BYOD	Slingsby Aviation Ltd. AEIO360-A1E6	8
		21.02.2002	G-BYOD	TDR Aviation Ltd.	8
		22.09.2010	G-BYOD	Privat (1)	8
2266	T67M-260			Slingsby, AEIO540-D4A5	1
			421	Royal Jordanian AF	1
2267 - 2276					
2277	T67M-260	2002		Slingsby, AEIO540-D4A5	1
			432	Royal Jordanian AF	1
2278	T67M-260	2002		Slingsby, AEIO540-D4A5	1
			433	Royal Jordanian AF	1
2279					
2280					

2281	T67M-260	2002		Slingsby, AEIO540-D4A5	1
			434	Royal Jordanian AF	1
			436	rrg.	1
2282	T67M-260	2002	G-7-194	Slingsby, AEIO540-D4A5	1
		11.10.2002	G-CBWX	Slingsby Ad. Composite Ltd.	8
		10.06.2008	G-CBWX	Abgabe ins Ausland	8
		01.2003	401	Royal Bahrain Air Force	8
2283	T67	2002	G-7-195		
	T3A	01.2003	402	Royal Bahrain Air Force	Wik
2284	T67	2002	G-7-196		
	T3A	01.2003	403	Royal Bahrain Air Force	AN

RF-6C / RS-180 Produktion (Sportavia)

1	RF-6	15.03.1973	D-EHYO (1)	Lycoming O-235-E2A, „2+2"	SA
		1974	D-EHYO (1)	ILA 1974	SA
		1975	D-EHYO (1)	wfu, zerlegt	SA
6001	RF-6C	28.04.1976	D-EHYO (2)	Lycoming O-360-A2A, 4-sitzig	Wik
		05.1976	D-EHYO (2)	ILA 1976	
		16.05.1977	D-EHYO (2)	w/o Test des Trudelverhaltens	Wik
6002	RF-6	1974	D-EASK	Lycoming O-320-A1B, „2+2"	Wik
		05.1974	D-EASK	ILA 1974	GHF
			D-EASK	Privat (2)	SA
6003	RF-6C	1977		Modifiziertes Leitwrk	Wik
		03.1977	D-ECSQ	Privat (1)	SA
6004	RF-6C	1977			
	RS180		D-ENNI	Luftsportclub Heini Dittmar	18
			D-ENNI	w/o Euskirchen	
6005	RS180	1978			
			D-ENTY	Privat (1)	SA
		22.08.1982	D-ENTY	w/o Bleckenau, 3X433-82	BFU
6006	RS180	1978			
			D-ENOK	Akaflieg Stuttgart	SA
		21.06.1982	D-ENOK	w/o Tübingen, 3X269-82	BFU
6007	RS180	1978			
			D-ENKY	Privat (1)	SA
		25.09.2005	D-ENKY	w/o	AM
6008	RS180	1978		Sportavia, O360-A3A	
		04.1979	D-EMUR	Flugsportverein Offenbach	SA
6009	RS180	1978			
		24.01.1979	D-EBPK	Privat (1)	SA
			D-EBPK	wfu	
6010	RS180	1978			
		27.07.1980	D-EBPL	w/o Werther, 3X265-80	BFU
6011	RS180	1978		Sportavia	
		07.1978	D-EBPM	Privat (2)	SA
6012	RS180	1979	D-EBPN	Sportavia	SA
			HB-EWW		3
		14.04.1979	HB-EWW	w/o Montricher, Stall bei Start	3
6013	RS180	1979		Sportavia	1
		30.05.1979	D-EBPO	Privat (1)	SA
6014	RS180	1981		Sportavia, Lycoming O360-A3A	
		19.06.1981	D-EFBF	Flugbetrieb Rudolf Niederprüm	SA
			D-EFBF	Luftsportverein Kölner Schüler	SA
		(2014)	D-EFBF	Luftsportverein Rodenkirchen	
6015	RS180	1979		Sportavia	
		17.01.1980	D-EFBH	Sportflug Niederberg e.V.	SA
6016	RS180	1979		Sportavia	
		09.1979	D-EFBI	Rhein-Flugzeugbau GmbH	SA
6017	RS180	1979	D-EBFJ	Sportavia	1

		16.01.1979	HB-EWY	Privat (1)	SA
			HB-EWY	Sport Air AG	16
6018	RS180	1979	D-EFBK	Sportavia, Lycoming O360-A3A	SA
		25.10.1979	G-VIZZ	Executive Air Sport Ltd.	8
		09.06.1992	G-VIZZ	Exeter Fournier Group	8
6019	RS180	1981		Sportavia	
		07.1981	D-EFBM	Privat (1)	SA
			D-EFBM	Weser Luftsportverein	
6020	RS180	1982		Sportavia, letzte RS180	1
		03.1983	D-EFBN	Gröner	SA
6021	RS180	1982		Sportavia	
		25.06.1982	D-EFBQ	Rhein-Flugzeugbau Dahlem	SA
		(2003)	D-EFBQ	E.I.S. Aircraft GmbH	
6022	RS180	1982		Sportavia	
		05.1979?	D-EFBS	Aeroclub Kehl	SA
		16.05.2004	D-EFBS	w/o Kehl, Schlepp, 3X049-0/04	

RF-7 Produktionsliste

7001	RF7	1970		Sportavia, SL1700D	1
		26.02.1970		Erstflug in Nitray	0
		05.03.1970	F-WPXV		2
		04.1970	F-WPXV	ILA 1970	WIK
			D-EHAP	Sportavia	18
		1978	D-EHAP	wfu	WIK
			G-BGVC	ntu	1
		26.09.1979	G-EHAP	Exeter RF Group	8
		08.06.1990	G-EHAP	Old Sarum Fournier Group	8
		01.06.1992	G-EHAP	Privat (1)	8
		10.12.1997	G-LTRF	Privat (1)	8
		12.06.2002	G-LTRF	Skyview Systems Ltd.	8
		22.06.2010	G-LTRF	Privat (2)	8
		29.05.2015	D-EJRF	Privat (1)	8
02	RF7	1983		Serge Boinet	1
		18.08.1983	F-PYPL	Privat (1)	7
		30.09.1988	F-PYPL	Privat (5)	7
03	RF7	1999		Frederic Sire	1
		15.06.1999	F-PSIR	Privat (2)	7

RF-8 Produktionsliste

1	RF8	19.01.1973	F-WSOY	Erstflug in Argenton	WIK
		1973	F-WSOY	Aero Salon 1973 „U2 du pauvre	WIK
		1975	F-WSOY	Aero Salon 1975	WIK
		1976	F-WSOY	wfu, eingelagert bei Indaero	WIK
		06.2013	F-WSOY	Muse de Angers-Marce	WIKf
		24.01.2015			

RF-9 Produktionsliste

02	RF9	20.01.1977	F-WARF	Avions Fournier, Erstflug	
		26.02.1981	F-CARF	RRG, Fournier Aviation	7
		11.06.1981	F-CARF	CM-CIC Bail	7
		16.10.1984	F-CARF	Aeroclub les Ailes Tourangelles	7
		02.03.1987	F-CARF	Privat (2)	7
		11.08.2002	F-CARF	w/o Nympsfield bei Start	3
03A	RF9	1977/79		Avion Fournier / Fournier Aviat.	
		04.1979	F-WRRP	Fournier Aviation, Erstflug	
		30.05.1997	F-CRRP	Privat (2)	7
1	RF9	06.10.1980	F-CAHJ	Privat (3)	7
2	RF9	12.11.1980	F-CAHY	CM-CIC Bail	7

		02.11.1984	F-CAHY	SA de Fabrications Industrielles	7
		07.04.1988	F-CAHY	Aeroclub du Lys	7
		09.04.1990	F-CAHY	Privat (1)	7
3	RF9	24.11.1980	F-CAHM	Privat (3)	7
4	RF9	1980		Fournier Aviation	1
			F-ODPB		TX
		23.02.1981	EC-DML	Aeroclub Las Gaviotas	22
		13.07.1990	F-CBPF	Privat (2)	7
		24.09.1997	F-CBPF	Aeroclub des Jeunes Tiges	7
		17.12.2012	F-CBPF	Privat (8)	7
5	RF9	1980		Fournier Aviation	1
		19.02.1981	F-CAHP	Privat (1)	7
6	RF9	1981		Fournier Aviation	
			F-ODNP		TX
			F-BZCX		TX
		21.07.1981	EC-DOB	Aeroclub de Benidorm	22
		2005	D-KDOB		25
7	RF9	1981		Fournier Aviation	
			D-KNAK	Bad Neuenahr	
8	RF9	28.07.1981	F-CAHK	Direction Gen. l'Aviation Civile	7
		27.05.1997	F-CAHK	w/o	7
9	RF9	18.09.1981	F-CAHL	Direction Gen. l'Aviation Civile	7
		17.10.1990	F-CAHL	Federation Franc. De Vol	7
		24.04.1992	F-CAHL	Vol Montagne Noire	7
		04.05.1994	F-CAHL	Privat (1)	7
10	RF9	1981		Fournier Aviation	
			D-KEUK	Gomolzig	
11					
12	RF9	1992		Jean Guerrero	1
		17.06.1992	F-CRGF	Privat (1)	7
13	RF9	1994		Emeriat Roger	1
		01.09.1994	F-CRBG	Ass. Les Ailes de la Cotiere	7
		23.12.1994	F-CRBG	Club Fournier de Druillat	7

ABS Aircraft RF-9 Produktion

ABS 01	ABS	1993	D-KHGO	ABS Aircraft GmbH	
9021	RF9	30.06.1995	D-KHGO	Gomolzig Ingenieurbüro	
				ABS Aircraft AG, CH	
		1997	D-KHGO	LSGS Siebengebirge	
ABS 02	ABS	1997		ABS Aircraft GmbH nur Baugruppen	
	RF9	2008		Polavia, Polen	
		2009	SP-0065	Erstflug	
ABS 03	ABS RF9	1997		ABS Aircraft GmbH nur Baugruppen	
9022		03.10.2013	PH-1533	Amateurbau WZL, Zulassung	4

Fournier Aviation RF-10 Produktion

01	RF10	06.03.1981	F-WARG	Fournier Aviation, Erstflug	
		11.04.1981	F-CARG	w/o Absturz Trudelversuche	25
02	RF10	06.1981	F-WARH	Fournier Aviation, Erstflug	1
		11.06.1991	F-CARH	SA Ermans	7
		23.03.1994	F-CARH	Privat (5)	7
3	RF10	1981	F-WARI	Fournier Aviation, Nicht fertiggestellt	25
		2011		gelagert Aeroclub Nostradamus	
4	RF10	1982		Aerostructure SARL	1
		13.12.1983	F-WARJ	1. T-Tail, Erstflug	7
		24.09.1985	F-CARJ	Federation Franc. De Vol	7
		07.04.1988	F-CARJ	Ass. Escadrille Weissach	7
		23.01.1989	F-CARJ	Privat (3)	7
5	RF10	10.05.1984		Aerostructure SARL, Erstflug	7
		02.06.1987	F-CGDA	Federation Franc. De Vol	7
		03.07.1991	F-CGDA	w/o	7
6	RF10	12.1984	1201	Force Aerea Portuguesa	AB
		1993	11201	RRG	
			1201	Museo do Ar, gelagert Alverca	
7	RF10	12.1984	1202	Force Aerea Portuguesa	
		1993	11202	RRG	
8	RF10	1984		Aerostructure	1
		13.08.1985	F-CGDB	Aeroclub du Bas Armagnac	7
		14.09.1989	F-CGDB	Privat (4)	7
9	RF10	1984		Aerostructure	1
		28.08.1985	F-CGDC	Ass. Pour L'initiation au Planeur	7
		07.05.2004	F-CGDC	Privat (2)	7
10	RF10	1985		Fournier Aviation	1
		20.09.1985	F-CGDD	Comite Vol Aquitaine	7
		17.08.1992	F-CGDD	Privat (2)	7
11	RF10	1986		Nach Brasilien, Aeromot S.A.	
	AMT200			Umbau Aeromot AMT-200S	6
	AMT300	07.1997	PT-ZAM	Umbau Aeromot AMT-300	0
		06.06.2001	PT-ZAM	Privat (1), Weltflug	
		21.07.2017	PT-ZAM	Privat (1)	6
12	RF10	03.1985	1203	Force Aerea Portuguesa	
		1993	11203	RRG	
			11203	Museo do Ar, gelagert Alverca	
13	RF10	03.1985	1204	Force Aerea Portuguesa	3
		29.03.1985	1204	w/o Tancos, Portugal	3
14	RF10	1984		Aerostructure	1
		16.08.1996	F-CGDE	Privat (3)	7

Aeromot AMT Produktion

100-001	AMT100	1986		Aeromot	6
		05.05.1988	PP-RAN	Aeroclub do Planalto Central	6
		26.10.2010	PP-RAN	wfu, Museo Aeroespacial, Rio	6
100-002	AMT100	1986			6
		11.09.2014	PT-PMA	Gampert	6
100-003	AMT100	1986		Aeromot	6
		16.12.1999	PP-KCA	Aeroclub de Voo a Vela CTA	6
		29.12.2014	PP-KCA	wfu	6
100-004	AMT100	31.08.1987	PP-RAP	Aeroclub Pl. de Balsa Nova	6
	AMT200	22.12.2011	PP-RAP	wfu	6
100-005	AMT100	1987		Aeromot, L2000	1
		20.10.1999	PT-PMB	Privat (1)	6
		13.04.2005	PT-PMB	Abgabe ins Ausland	30
		03.06.2006	N69FW	Privat (1)	1
		13.10.2007	N69FW	Rhinelander Flying Service	
		18.07.2015	N69FW	Privat (2)	
100-006					
100-007					
100-008	AMT100	21.05.1987	PT-PME	Privat (1)	6
		30.06.2003	PT-PME	wfu	6
100-009	AMT100	1987			6
		02.07.2010	PT-PMF	Privat (1)	6
		07.09.2017	PT-PMF	wfu	6
100-010	AMT100	1987			
		2008	PT-PMG	Privat (3)	
100-011	AMT100	1987		Aeromot	6
		30.01.2003	PT-PMH	Privat (1)	30
100-012	AMT100			Aeromot	6
		08.06.1992	PT-PMI	Privat (1)	6
		30.06.2003	PT-PMI	wfu	6
100-013	AMT100	1988		Aeromot	6
		08.06.2005	PT-PMJ	Privat (1)	6
		19.03.2010	PT-PMJ	wfu	6
100-014	AMT100	1988		Aeromot	6
		06.12.2013	PT-PMC	Privat (1)	6
		2017	PT-PMC	in Service	30
100-015	AMT100	1989		Aeromot	6
		16.09.2004	PT-PMD	Privat (1)	6
		04.04.2010	PT-PMD	wfu	6
100-016	AMT100	1989		Aeromot	6
	AMT200	21.01.2002	PT-PMQ	Tradibank Corret. De Seguros	6
		07.09.2017	PT-PMQ	wfu	6
100-017	AMT100	1989		Aeromot	6
		15.10.1990	PP-RAQ	Aeroclub de Bebedouro	6
		30.09.2003	PP-RAQ	wfu	6

100-018	AMT100	28.07.1989	PT-PMR	Aeromot Ltda	6
	AMT200	11.04.1990	PP-EOB	BRIGADA RIO GRANDE SUL	6
		15.08.2006	PP-EOB	wfu	6
100-019	AMT100	1989		Aeromot	6
		08.08.1996	PP-RAR	Aeroclub de Bage	6
		12.12.2009	PP-RAR	wfu	6
100-020	AMT100	28.07.1989	PT-PMS	Aeromot Ltda.	6
	AMT200	20.08.1990	PP-EIY	BRIGADA RIO GRANDE SUL	6
100-021	AMT100	1989		Aeromot	6
		09.01.1990	PT-PMT	Aeromot S.A.	6
	AMT200	16.08.1990	PP-EIZ	BRIGADA RIO GRANDE SUL	6
		22.08.2012	PP-EIZ	wfu	6
100-022	AMT100	1989		Aeromot	6
		09.01.1990	PT-PMU	Aeromot S.A.	6
		30.01.1991	F-CHXB	Aero Lys Brasil SARL	7
		29.08.1991	F-CHXB	Privat (2)	7
100-023	AMT100	1989		Aeromot	6
		09.01.1990	PT-PMV	Aeromot S.A.	6
		18.07.1991	F-CHXA	BNP Bail SA	7
		18.11.1991	F-CHXA	Aero Mer SARL	7
		13.03.1996	F-CHXA	Privat (1)	7
100-024	AMT100	1990		Aeromot	6
		25.08.1997	PT-PMW	Privat (1)	6
		27.09.2014	PT-PMW	wfu	6
100-025	AMT100	23.02.1990	PT-PMX	Aeromot Ltda	6
		30.01.1991	F-CHXC	Privat (6)	7
		10.01.1992	F-CHXC	Ass. Aeron. Foehn	7
		06.03.2000	F-CHXC	Privat (3)	7
		17.11.2016	OO-VDW	Privat (1)	11
100-026	AMT100	1990		Aeromot	6
		10.09.2008	PT-PMY	Privat (1)	6
		09.02.2012	PT-PMY	wfu	6
100-027	AMT100	13.09.1990	PT-PMZ	Marcps Antonio Fernandes	6
		30.01.1991	F-CHXD	Privat (9)	7
100-028	AMT100	1990		Aeromot	6
		01.10.2009	PT-POL	Aerojet Escola de Aviacao	6
		07.09.2017	PT-POL	wfu	6
100-029	AMT100	20.11.1990	PT-POM	Aeromot Ltda.	6
		12.07.1991	PP-RAO	Academia da Forca Aerea	6
		06.07.2011	PP-RAO	wfu	6
100-030	AMT100	20.11.1990	PT-PON	Aeromot Ltda.	6
		12.07.1991	PP-RAS	Aeroclub de Montenegro	6
100-031	AMT100	07.06.1991	PT-POO	AeromotLtda.	6
		25.10.1991	F-CHXE	SARL La Volerie des Aigles	7
		06.07.1999	F-CHXE	Privat (2)	7
100-032	AMT100	25.06.1991	PT-POP	Aeromot Ltda.	30
		10.10.1991	F-CHXF	Privat (4)	7
100-033	AMT100	06.04.1992	PP-RAT	Aeroclub de Tatui	6
		03.04.2010	PP-RAT	wfu	6
100-034	AMT100	09.01.1992	PP-RAU	Aeroclub do Oeste do Parana	6
		17.01.2013	PP-RAU	wfu	6

100-035	AMT100	30.07.1992	PP-RAV	Aeroclub de Campinas	6
		24.06.2008	PP-RAV	wfu	6
100-036	AMT100	30.07.1992	PP-RAW	Aeroclub de Bebedouro	6
		09.04.2005	PP-RAW	wfu	6
100-037	AMT100	1992		Aeromot	6
		16.10.1995	PP-RBB	Aeroclub de Voo a Vela CTA	6
		30.09.2003	PP-RBB	wfu	6
100-038	AMT100	17.07.1992	PP-RBE	Aeroclub de Tatui	6
		08.05.2012	PP-RBE	wfu	6
100-039	AMT100	1992		Aeromot	6
		09.11.1993	PP-RBF	Aeroclub de Jaciara	6
		30.09.2003	PP-RBF	wfu	6
200-040	AMT200	1993		Aeromot	7
		11.09.1995	F-CHXG	Aero Lys Brasil SARL	7
		27.08.2002	F-CHXG	Asendances SARL	7
		12.11.2009	F-CHXG	Privat (1)	7
100-041	AMT100	1992		Aeromot	6
		21.11.1995	PP-RBI	Aeroclub Planadores Albatroz	6
		12.08.2011	PP-RBI	wfu	6
100-042	AMT100	26.07.1993	PP-RBJ	Aeroclub de Bebedouro	6
		30.09.2003	PP-RBJ	wfu	6
100-043	AMT100	1993		Aeromot	6
		31.01.1995	PP-RBK	Aeroclub de Passo Fundo	6
		30.09.2003	PP-RBK	wfu	6
100-044	AMT100	17.11.1993	PP-RBL	Aeroclub de Pocos de Caldas	6
		30.09.2003	PP-RBL	wfu	6
200-045	AMT200				
		25.10.1996	HK-4093I	Rio Sur S.A.	25
		13.12.2005	HJ-252	wfu	6
200-046	AMT200	1995		Aeromot	1
		17.08.1995	N543X		1
		16.01.2013	N543X	Bauchlandung Crestview, FL	3
200-047	AMT200	1995		Aeromot	1
		27.09.2005	N757DM		1
200-048	AMT200	1995		Aeromot, Rotax 912-A2	1
		06.03.1995	G-RFIO	Privat (3)	1
200-049	AMT200	1995		Aeromot	1
		13.04.2005	N545X		1
200-050	AMT200	1995		Aeromot	1
		08.06.2011	N544X		1
200-051	AMT200	1995		Aeromot, Rotax 912A	1
		01.02.2007	N107MJ	Privat (1)	1
		17.10.2009	N107MJ	w/o Placerville, CA, Taxiing	3
		24.11.2015	VH-VLO	Privat (1)	5
200-052	AMT200	1996		Aeromot	1
		30.11.2011	N46CX		1
200-053	AMT200	1996		Aeromot	1
		11.04.2006	N62360	Red Baron Aviation Inc	1
200-054	AMT200	06.03.1996	N6232C		1
		17.12.1998	N6232C	wfu	1
		18.11.2009	C-GXMJ	Privat (1)	1

200-055	AMT200	1996		Aeromot, Rotax 912-A2	1
		11.06.1996	G-BWNY	Privat (2)	8
		16.08.2007	G-BWNY	Powell-Brett Associates Ltd	8
200-056	AMT200	1996		Aeromot, Rotex 912A	1
		17.09.1996	VH-GFU		5
		07.03.2008	VH-GFU	Privat (1)	5
200-057	AMT200	02.07.1996	N48BM		1
200-058	AMT200	1996		Aeromot	1
		09.02.2006	N70TD		1
200-059	AMT200	1996		Aeromot	1
			PP-AMR		1
		10.09.2009	N633X	Xiamango Llc	1
060					
061					
200-062	AMT200			Aeromot	1
		03.05.2006	JA201X	w/o Tajima, Startunfall	3
200-063	AMT200			Aeromot	1
		07.03.2000	N632X		1
200-064	AMT200	1996		Aeromot, Rotax 912A	1
		11.12.1996	VH-ZBN		5
		04.12.2012	VH-ZBN	Privat (1)	5
200-065	AMT200			Aeromot	1
		13.09.2002	N631X		1
200-066	AMT200			Aeromot	1
			N357DE		1
200-067	AMT200	1996		Aeromot, Rotax 912-A2	1
		28.05.1997	G-JTPC	G-JTPC Falcon 3 Group	8
		18.11.2010	G-JPTC	Privat (1)	8
200-068	AMT200	1996		Aeromot, Rotax 912A	1
		11.03.1997	VH-KIR	Privat (2)	6
200-069	AMT200	1996		Aeromot, Rotax 912A	1
		04.03.1997	VH-ZAO	Privat (1)	5
200-070	AMT200				1
			D-KFBW		1
200-071	AMT200	1997		Aeromot	1
		14.02.1998	N644X	Elliott Farms Inc	1
		19.01.2011	ZS-GBC	Reef Air Brakes Marketing	6
		12.03.2013	ZS-GBC	wfu	6
200-072	AMT200	1997		Aeromot	1
		14.03.2001	N6284Q	Meidum Pyramid Llc	1
200-073	AMT200	14.11.1997	PP-KDA	Aeroclub de Pernanbuco	6
		06.12.2008	PP-KDA	wfu	6
200-074	AMT200	14.11.1997	PP-KDB	Aeroclub de Blumenau	6
		24.02.2011	PP-KDB	wfu	6
200-075	AMT200	07.11.1997	PP-KDC	Aeroclub de Feira de Santana	6
		29.12.2014	PP-KDC	wfu	6
200-076	AMT200	07.11.1997	PP-KDD	Aeroclub de Brasilia	6
		29.12.2014	PP-KDD	wfu	6
200-077	AMT200	23.12.1997	VH-XJH	Rotax 912A	1
		22.08.2005	VH-XIH	Privat (1)	5

200-078	AMT200	16.12.1997	VH-ZAN	Rotax 912A	5
		24.07.2006	VH-ZAN	Privat (1)	6
		15.02.2017	VH-ZAN	Privat (1)	5
200-079	AMT200			Aeromot	6
		03.11.1998	PP-KDE	Aeroclub de Goias	6
		05.09.2012	PP-KDE	wfu	6
200-080	AMT200	07.11.1997	PP-KDF	Aeroclub de Taubate	6
		05.08.2003	PP-KDF	wfu	6
081					
200-082	AMT200			Aeromot	6
		02.12.1999	PP-LLT	Academia da Forca Aerea	6
		27.09.2014	PP-LLT	wfu	6
200-083	AMT200			Aeromot	6
		02.12.1999	PP-KDG	Academia da Forca Aerea	6
		23.07.2014	PP-KDG	wfu	6
200-084	AMT200			Aeromot	6
		19.03.1999	PP-KDH	Aeroclub de Rio Carlo	6
		29.12.2014	PP-KDH	wfu	6
200-085	AMT200			Aeromot	6
		02.12.1999	PP-KDI	Academia da Forca Aerea	6
		18.12.2003	PP-KDI	wfu	6
		27.09.2014	PP-LLT	RRG	6
200-086	AMT200	1998		Aeromot	6
		06.07.1999	PP-KDJ	Aeroclub do Espirito Santo	6
		29.07.2008	PP-KDJ	wfu	6
		29.12.2014	PP-KDJ	wfu	6
200-087	AMT200	01.10.1998	PP-KDK	Aeroclub de Varginha	6
		12.07.2011	PP-KDK	wfu	6
200-088	AMT200	06.10.1998	PP-KDL	Aeroclub de Novo Hamburgo	6
		03.05.2011	PP-KDL	wfu	6
200-089	AMT200	1998		Aeromot	6
		15.01.1999	PP-KDM	Aeroclub de Rondonia	6
		31.03.2002	PP-KDM	wfu	6
		29.12.2014	PP-KDM	wfu	6
200-090	AMT200	1998		Aeromot	6
		15.01.1999	PP-KDN	Aeroclub do Para	6
		30.12.2008	PP-KDN	wfu	6
200-091	AMT200	05.05.1998	G-KHOM	Privat (3)	8
		19.10.2005	G-KHOM	Bowland Ximango Group	8
		14.07.2012	SE-UJO	dmg. Stöde, Startunfall	3
200-092	AMT200	02.10.1998	PP-KDO	Aeroclub Polyt. Planadores	6
		20.02.2004	PP-KDO	wfu	6
093					
200-094	AMT200	01.10.1998	PP-KDP	Aeroclub de Carazinho	6
		15.05.2004	PP-KDP	wfu	6
200-095	AMT200	30.09.1998	PP-KDQ	Aeroclub do Ceara	6
		23.11.2010	PP-KDQ	wfu	6
200-096	AMT200	1998		Aeromot	1
		24.08.2000	N96SX		1
200-097	AMT200	1998		Aeromot	1
		18.02.1999	N97SM	Sailplane + More Inc.	1

200-098	AMT200	1998		Aeromot	6
		15.01.1999	PP-KDR	Aeroclub de Canela	6
		25.11.2011	PP-KDR	wfu	6
200-099	AMT200	1998		Aeromot	6
		15.01.1999	PP-KDS	Aeroclub S. Joao Nepomuceno	6
		13.04.2012	PP-KDS	wfu	6
200-100	AMT200	1998		Aeromot	6
		15.01.1999	PP-KDT	Aeroclub de Blumenau	6
		14.09.2016	PP-KDT	wfu	30
200-101	AMT200			Aeromot	6
		15.01.1999	PP-KDU	Aeroclub de Dourados	6
		31.03.2002	PP-KDU	wfu	6
		29.12.2014	PP-KDU	wfu	6
200-102	AMT200	1998		Aeromot	6
		15.01.1999	PP-KDV	Aeroclub de Carzea Grande	6
		20.08.2008	PP-KDV	wfu	6
103					
200-104	AMT200	1998		Aeromot	6
		21.06.1999	PP-KDW	Aeroclub de Caruaru	6
		27.06.2012	PP-KDW	wfu	6
105					
300-106	AMT300			Aeromot	1
		13.08.2008	N117MQ		1
300-107	AMT300			Aeromot	1
		22.07.1999	N111TE	Tropicana Charters Inc.	1
		25.08.1999	N111TE	w/o Block Island, RI Startunf-	3
108					
109					
110					
200-111	AMT200	1999		Aeromot	6
		21.12.1998	PP-KDX	Aeroclub de Juiz de Fora	6
		08.10.2010	PP-KDX	wfu	6
		29.12.2014	PP-KDX	wfu	6
600-112	AMT600	13.07.1999		Aeromot, Erstflug AMT600	6
		03.02.2000	PP-XBS	Aeromot	6
		31.03.2005	PP-XBS	wfu	6
		2014	PP-XBS	wfu	6
200-113	AMT200			Aeromot	1
		20.09.1999	N6767E		1
200-114	AMT200	1999		Aeromot	6
		09.05.2001	PP-KFA	Aeroclub de Barretos	6
		12.01.2007	PP-KFA	wfu	6
300-115	AMT300	1999		Aeromot	1
		16.10.2008	N824PS		1
200-116	AMT200	12.01.1999	PP-KFB	Aeroclub de Bauru	6
		31.01.2006	PP-KFB	wfu	6
200-117	AMT200	24.04.2000	PP-KFC	Aeroclub de Marilla	6
		31.03.2014	PP-KFC	wfu	6
200-118	AMT200	21.09.2000	PP-KFD	Aeroclub de Alegrete	6
		21.03.2006	PP-KFD	wfu	6

200-119	AMT200	2000 12.11.2000	 VH-ZBF	Aeromot Rotax 912-A2 Privat (1)	1 5
120					
200-121	AMT200	21.09.2000 26.04.2006	PP-KFE PP-KFE	Aeroclub de Lavras wfu	6 6
122					
200-123	AMT200	2000 04.05.2004	 N912SE	Aeromot	1 1
200-124	AMT200S	2000 08.07.2008	 N124XS	Aeromot Mid America Sprayers Inc.	1 1
300-125	AMT300	2000 15.11.2000	 N125TX	Aeromot	1 1
200-126	AMT200	15.11.2000 18.06.2004	G-LLEW G-LLEW	Lleweni Parc Ltd Echo Whiskey Ximango Synd.	8 8
200-127	AMT200	2000 18.04.2001	 G-XMGO	Aeromot, Rotax 912-S4 Privat (2)	1 8
128					
200-129	AMT200S	2000 21.12.2012	 ZS-GUP VH-XNO	Aeromot, Rotax 914-S4 Privat (1)	5 5 5
200-130	AMT200	2001 	 01-130 N9154H	Aeromot USAF Soaring Fun Inc.	1 1
200-131	AMT200S	2001 26.04.2005	 N131SX	Aeromot	1 1
200-132	AMT200S	2001 22.05.2008	 N132SX	Aeromot Drawns Aircraft Co.	1 1
200-133	AMT200	2001 29.03.2004	 G-MOAN	Aeromot, Rotax 912-S4 Privat (3)	1 8
200-134	AMT200S	2002 18.08.2003	 N134XS	Aeromot	1 1
200-135	AMT200S	2002 2002 2002 08.05.2007	 01-135 N135XS N135XS	Aeromot USAF USAF	1 1
100-136	AMT100 TG-14A	2002 19.03.2008 18.05.2011 14.04.2011	N136XS N215GA N117LS N136XS	USAF reserviert, ntu wfu Comwealth of Virgina	26 26 1 1
200-137	AMT200S TG-14A	2002 2002 30.06.2009	 N137XS N137XS	Aeromot USAF Covington County Sheriff	1 26 1
200-138	AMT200S TG-14A	2002 22.07.2009 27.08.2009	N138XS N386NF N138XS	USAF reserviert, ntu Calhoun County Sheriff	26 1 1
200-139	AMT200S TG-14A	2002 27.09.2012	N139XS N139XS	USAF wfu	26 26

200-140	AMT200S TG-14A	2002 14.03.2008 14.03.2008 12.03.2009	N140XS N215GS N307JZ N140XS	USAF reserviert, ntu Dale County Sheriff	26 26 1 1
200-141	AMT200S TG-14A	2002 27.09.2012	N141XS N141XS	USAF wfu	26 26
200-142	AMT200S TG-14A	2002 14.03.2008 12.03.2009	N142XS N307DZ N142XS	USAF reserviert, ntu Al Henry Co Sheriff	26 26 1
200-143	AMT200S TG-14	2002 2002 05.06.2009 10.09.2009	02-0143 N143XS N382WZ N143XS N143XS	USAF USAF reserviert, ntu Classic Rotor Museum	26 26 1 1 26
200-144	AMT200S TG-14A	2003 2003 2003 14.03.2008 12.03.2009	PT-PRG 02-0144 N144XS N307BZ N144XS	Aeromot USAF USAF Dale County Sheriff	1 26 26 1 1
200-145	AMT200S TG-14A	2003 2003 2003 05.06.2009 10.09.2009	PT-PRH 02-0145 N145AX N383AX N145XS	Aeromot USAF USAF reserviert, ntu Lake Area Technical Institute	1 26 26 26 26
200-146	AMT200S TG-14A	2003 2003 2003 05.06.2009 31.01.2013	PT-PRI 02-0146 N146XS N383BY N146XS	Aeromot USAF USAF reserviert, ntu wfu	1 26 26 1 26
200-147	AMT200S TG-14A	2003 2003 2003 05.06.2009 31.01.2013	PT-PRJ 02-147 N147GS N383CZ N147XS	Aeromot USAF USAF reserviert, ntu wfu	1 26 26 1 26
200-148	AMT200S TG-14A	2003 08.09.2003 11.06.2013	PT-PRK N148XS N148XS	Aeromot USAF, 94th Flight Trg Sqr. wfu	26 1 26
200-149	AMT200S TG-14A	2003 08.09.2003 11.06.2013	02--149 N149XS N149XS	USAF USAF, 94th Flight Trg Sqr. wfu	1 26
200-150	AMT200S	2002 08.04.2008	N321XS	Aeromot	1 1
200-151	AMT200S	2003 09.10.2003	PR-AMD N234ZZ	Aeromot Ltda (ntu)	30 1
200-152	AMT200S	2003 01.12.2003	N319BS	Aeromot Sidlinger Computer Corp.	1 1
200-153	AMT200S	2003 16.03.2004 11.02.2016	PR-AMF PR-AMF	Aeromot Policia Militar do Estado wfu	6 6 6
200-154	AMT200S	02.07.2004 23.02.2016	PR-AMG PR-AMG	Gov. Estado do Parana wfu	6 6

200-155	AMT200S	09.07.2004	PR-GSJ	Policia Militar do Estado	6
		06.04.2010	PR-GSJ	wfu	6
200-156	AMT200S	2004		Aeromot	1
		18.05.2005	N37MQ	Delta Aircraft Holding Llc	1
200-157	AMT200S	2004	PR-AMJ	Aeromot, Rotax 912-A2	1
		16.11.2007	N579JG	wfu	1
		22.04.2008	VH-XIM	National Australia Bank	6
		20.04.2009	VH-XIM	Privat (1)	5
200-158	AMT200S	31.08.2004	PR-GRR	Gov. Estado Do Parana	30
		29.09.2016	PR-GRR	wfu	30
200-159	AMT200S	2004		Aeromot	1
		15.09.2004	N46068		1
200-160	AMT200S	2004		Aeromot	1
		04.02.2009	N40CG	Purple Honker Aviation Llc	1
		03.10.2009	N9MQ		1
		15.02.2011	N9MQ	Ximango of Florida Llc	1
200-161	AMT200S	2005		Aeromot	1
		14.04.2010	N7MQ	Dbl Aircraft Inc	1
200-162	AMT200S			Aeromot	
		13.06.2006	N162SX	Ximango of Florida Llc	1
		26.07.2010	N162SX	wfu	1
200-163	AMT200			Aeromot, Rotax 912-A2	5
		ntu	PR-AMO	Aeromot Ltda (ntu)	30
		23.08.2005	VH-XCQ	Privat (1)	5
200-164	AMT200S			Aeromot	1
		ntu	PR-AMP	Aeromot Ltda (ntu)	30
		19.11.2008	N797PP	Kurt Aviation Inc	1
200-165	AMT200S	2006		Aeromot	1
		14.06.2010	N165SX		1
300-166	AMT300			Aeromot	30
		Ntu	PR-AMR	Aeromot Ltda (ntu)	30
300-167	AMT300			Aeromot	30
		ntu	PR-AMS	Aeromot Ltda (ntu	30
200-168	AMT200	2006		Aeromot	1
		ntu	PR-AMU	Aeromot Ltda (ntu)	30
		14.11.2006	G-CECJ	The G-CECJ Syndicate	8
200-169	AMT200SO	2007		Aeromot	6
		11.06.2007	PR-BPM	Policia Militar do Bahia	6
200-170	AMT200SO	2007		Aeromot	6
		11.10.2007	PP-APM	Bahia Secret. Da Seguranca	6
		07.09.2017	PR-APM	RRG	6
		2017	PR-APM	in Service	30
300-171	AMT300O	2008		Aeromot	6
		06.01.2012	PR-SEN	Fund. Aplicaoes de Tcn. Crit.	6
		14.12.2016	PR-SEN	wfu	6
200-172	AMT200S	2006		Aeromot, Rotax 912S	1
		ntu	PR-AMY	Aeromot Ltda (ntu)	30
			N79DE		1
200-173	AMT200	2007		Aeromot Rotax 912S	1
		20.04.2007	N739Z		1

Serial	Type	Date	Reg.	Operator	
200-174	AMT200SO	2007		Aeromot	6
		05.06.2014	PR-SOR	Privat (1)	6
		2017	PR-SOR	in Service	30
200-175	AMT200S	2007		Aeromot	1
		16.07.2009	N175XS		1
200-176	AMT200S	2007		Aeromot, Rotax 912-S4	1
		19.06.2008	G-XYZT	Privat (2)	8
200-177	AMT200S			Aeromot	1
		27.09.2010	N177AX		1
178					
200-xxx	AMT200		EP-JMA/E	5 AMT-200 in den Iran	25
600-001	AMT600	1999		Aeromot	6
		01.08.2003	PR-AMT	Policia Militar Aereo	6
		22.07.2015	PR-AMT	wfu	6
600-002	AMT600	2003		Aeromot	6
		16.01.2004	PR-LCB	Aeroclub Rio Grande do Sul	6
		06.11.2015	PR-LCB	wfi	6
600-003	AMT600	2005		Aeromot	6
		20.06.2005	PR-CSG	Aeroclub Rio Grande do Sul	6
		28.01.2011	PR-CSG	wfu	6
600-004	AMT600	2005		Aeromot	6
		20.06.2005	PR-TFR	Aeroclub Rio Grande do Sul	6
		16.02.2011	PR-TFR	wfz	6
600-005	AMT600	2005		Aeromot	6
		10.01.2006	PR-SRP	Aeroclub Rio Grande do Sul	6
		20.04.2011	PR-SRP	wfu	6
600-006	AMT600	2005		Aeromot	6
		10.01.2006	PR-AJA	Aeroclub do Rio Grande Sul	6
		29.06.2011	PR-AJA	wfu	6
600-007	AMT600	2005		Aeromot	6
		27.07.2006	PR-RVA	Aeroclub de Campinas	6
		22.09.2011	PR-RVA	wfu	6
600-008	AMT600	2005		Aeromot	6
		27.07.2006	PR-HDF	Aeroclub de Campinas	6
		11.10.2011	PR-HDF	wfu	6
600-009	AMT600	2005		Aeromot	6
		30.05.2006	PR-DCA	Aeroclub do Brazil	30
		23.07.2014	PR-DCA	wfu	30
600-010	AMT600	2005		Aeromot	6
		30.05.2006	PR-JMS	Aeroclub do Brasil	30
		07.09.2017	PR-JMS	wfu	30
600-011	AMT600	2006		Aeromot	6
		10.07.2006	PP-CMT	Aeroclub Rio Grande Norte	6
		22.08.2014	PR-CMT	in Service	6

600-012	AMT600	2006		Aeromot		6
		10.07.2006	PR-HFL	Aeroclub Rio Grande Norte		6
		22.08.2014	PR-HFL	wfu		6
600-013	AMT600	2006		Aeromot		6
		ntu	PR-AMV	Aeromot Ltda (ntu)		30
		05.09.2006	PR-RJC	Aeroclub do Para		6
		03.08.2012	PR-RJC	wfu		6
600-014	AMT600	2006		Aeromot		6
		ntu	PR-AMX	Aeromot Ltda (ntu)		30
		05.09.2006	PR-JFS	Aeroclub do Para		6
600-015	AMT600	2008		Aeromot		6
		10.07.2008	PR-NLW	Aeroclub de Porto Nacional		30
		07.09.2017	PR-NLW	wfu		30
600-016	AMT600	2008		Aeromot		6
		10.07.2008	PR-MCS	Aeroclub de Porto Nacional		6
		19.02.2014	PR-MCS	wfu		6
600-017	AMT600	2008		Aeromot		6
			PR-HCN	Governo Federal ANAC		6
		15.07.2014	PR-HCN	wfu		6
600-018	AMT600	2008		Aeromot		6
		11.05.2017	PR-JTR	Governo Federal - ANAC		6
		07.09.2017	PR-JTR	Centro Est. De Ed.Tec. Paula		6
600-019	AMT600	2008		Aeromot		6
			PR-DLS	Governo Federal ANAC		6
		17.10.2014	PR-DLS	wfu		6
600-020	AMT600	2008		Aeromot		6
			PR-SGP	Governo Federal ANAC		6
		18.11.2014	PR-SGP	wfu		6
600-021	AMT600	2009		Aeromot		6
			PR-PAC	Governo Federal ANAC		6
		30.04.2015	PR-PAC	wfu		6
600-022	AMT600	2010		Aeromot		6
			PR-WAV	Governo Federal ANAC		6
		20.04.2016	PR-WAV	wfu		6

01	RF47	1992		Tours Aviation, Sauer ST2500	1
		09.04.1993	F-WNDF	Erstflug	
		18.09.1996	F-PNDF	ARC Atlantique Aviation SA	7
		12.10.1999	F-PNDF	Privat (6)	7
		08.10.2016	F-PNDF	w/o Oordegern, Motorausfall	3
02	RF47	1994		Arc Atlantique, Limbach L2400	1
		30.03.1995	F-WWTJ	Erstflug	7
		07.08.1997	F-GSTJ	ARC Atlantique Aviation SA	7
		07.09.1998	F-GSTJ	Euravial SA	7
		17.10.2000	F-GSTJ	Aeroclub Rossi-Levallois	7
		19.04.2002	F-GSTJ	Privat (3)	7
		21.07.2016	F-GSTJ	Saintes Maires, Motorausfall	
03	RF47	1999		Euravial	1
		22.03.1999	F-GRTA	Euravial SA	7
		17.01.2001	F-GRTA	Aeroloisirs Ass.	7
		15.02.2001	F-GRTA	Privat (1)	7
		24.09.2002	F-GRTA	Aeroclub Louis Notteghem	7
		25.06.2008	F-GRTA	Privat (5)	7
04	RF47ACJ	2005		Ass. Air Cap Juby, 120 PS Jabiru	1
		10.01.2005	F-PGRF	Ass. Air Cap Juby	7
05					
06	RF47	2007		Gerard Pierre, Rotax 912ULS	1
		27.07.2007	F-PGRD	Privat (1)	7
		04.11.2008	F-PGRD	Privat (4)	7

/00A/   Rene Fournier

Mon rêve et mes combats

Editions SIER, 2005, ISBN 978-2951945807

Bezugsquelle:
René FOURNIER, "La Halbuterie", 37270 ATHEE sur CHER
oder Amazon.fr

/00B/   Bernard Chauvreau

Vols Impunis – Intimes et libres propos

France Empire, 2015, ISBN 978-2704813063

/00C/   Gerard Moss

**Asas do Vento
A Promeira Volta ao Mondo num Motoplanador**

Editora Record, 2002, margi@brasildasaguas.com.br

Rhein-Flugzeugbau GmbH und Fischer Flugmechanik
60 Jahre Luftfahrt-Entwicklungen von Hanno Fischer

von Paul Zöller

Im gleichen Format ist 2016 das Buch über die Sportavia-Muttergesellschaft Rhein-Flugzeugbau GmbH erschienen. Dargestellt wird die Unternehmensgeschiche des Rhein-Flugzeugbaus von seiner Gründung 1956 bis zum Konkurs 1993 und die Flugzeugentwicklungen und Projekte, mit denen Hanno Fischer das Unternehmen zu einer luftfahrttechnischen Innovationsschmiede formte. Zwischen 1969 und 1993 waren Sportavia-Pützer, die Dahlemer Binz und die Rhein-Flugzeugbau GmbH eng miteinander verknüpft. Auch Rene Fournier war nach dem Ende seiner Avions Fournier 1976 kurze Zeit mit Auftragsarbeiten für Rhein-Flugzeugbau tätig. Alfons Pützer gehörte bis zu seinem Tod dem Beirat des RFB als Mitglied und in den letzten Jahren als Berater an. Während RFB nach dem Konkurs verschwand, blieb Pützers Sportavia-Standort auf der Dahlemer Binz mit der E.I.S. Aircraft GmbH als einziger Standort noch weitere 20 Jahre erhalten.

Autor:
Paul Zöller

Erschienen im BoD-Verlag
im Dezember 2016

ISBN 978-3743118232

Bezugsquelle:
Books-on-Demand,
über http://www.bod.de
oder den
Buch- und Online-Handel

Weitere Titel aus dem Paul Zöller Luftfahrtarchiv finden Sie unter
www.luftfahrtarchive.bplaced.net